U0241439

建筑师的
自白

生活·读书·新知 三联书店

金磊 编

图书在版编目（CIP）数据

建筑师的自白／金磊编. —北京：生活·读书·新知三联书店，

2016.4

ISBN 978 - 7 - 108 - 05631 - 3

Ⅰ. ①建…　Ⅱ. ①金…　Ⅲ. ①建筑设计 - 研究　Ⅳ. ① TU2

中国版本图书馆 CIP 数据核字（2016）第 020743 号

责任编辑　唐明星
装帧设计　康　健
责任印制　徐　方
出版发行　生活·讀書·新知 三联书店
　　　　　（北京市东城区美术馆东街 22 号　100010）
网　　址　www.sdxjpc.com
经　　销　新华书店
印　　刷　北京隆昌伟业印刷有限公司
版　　次　2016 年 4 月北京第 1 版
　　　　　2016 年 4 月北京第 1 次印刷
开　　本　635 毫米 × 965 毫米　1/16　印张 25.25
字　　数　308 千字　图 196 幅
印　　数　0,001 - 8,000 册
定　　价　69.00 元
（印装查询：01064002715；邮购查询：01084010542）

目　录

费麟：匠人自白，白说也说

费麟： 1935年生，现为中国中元国际工程有限公司资深总建筑师，中国当代工业建筑领军人物。代表作：北京新东安市场（中外合作设计，获20世纪90年代"北京十大建筑"称号）、北京中粮广场、北京财富中心。著有《匠人钩沉录》《中国第一代女建筑师张玉泉》等。

1949年至今，转瞬已有66年。我国建筑业有了翻天覆地的变化，硕果累累，取得了许多有益的经验和教训。我的一生中，经历过"以阶级斗争为纲"和"改革开放"两个阶段，在这些难忘的岁月里，通过家庭、学校、社会与专业教育，我得到众多的批评、鼓励、支持和帮助。为此，我一直心怀感恩。应该说，这是一种缘分。常言说得好："百年修得同船渡，千年修得共枕眠。"我随着"建筑业"这条大船，渐渐渡向中国梦的理想远方。这就是我的"建筑缘"。

有缘与随缘

　　我的父母是建筑师（1934 年毕业于中央大学），受家庭的耳濡目染，我自小就喜欢建筑学，但自 1953 年进入了清华大学建筑系学习时，我才有机会全面、系统地学习建筑学。大学二年级时，胡允敬先生给我们上外国建筑史课，讲到两千多年前维特鲁威著的《建筑十书》；课后我到系图书馆，请教馆长毕树棠老先生，精通英、法、德、日、俄多国语言的毕老熟练地找到《建筑十书》（中译本）油印本，该书是由陈志华先生的哥哥陈志经翻译的。我借到此书，如获至宝，当晚就看完了。《建筑十书》说得很透彻："建筑师的知识要具备许多学科和多种技艺……因此建筑师应当文笔好，熟悉制图，精通几何学，深悉多种历史，勤听哲学，理解音乐，对于医学并非茫然无知，通晓法律学家的论述，具有文学与天体理论的知识。"全书闪耀着智慧的火花，经久不衰，是一本建筑学的经典启蒙教科书。1959 年我们建九班是毕

1942 年秋，我们一家人
在上海蒲园的最后合影

业班，有幸遇到国庆献礼工程，建筑系高低班分别参与了人民大会堂、国家大剧院（因故未建）、中国科技馆（建到二层后因故停建）、中国革命历史博物馆等部分设计和现场服务工作。同期，不少同学又分别参与了北京第二通用机械厂、200 号原子能反应堆工程、丹江口水电站、徐水共产主义新农村、北京垂杨柳小区的装配式大板住宅等项目的规划设计。这些实践工作为即将投入第二个"五年计划"建设的毕业班，打下了十分有益的思想和业务基础。

毕业后 56 年的岁月中，我学会了随遇而安，在建筑业的舞台上经历了不以人的意志为转移的、风风雨雨的社会实践，有机会参加了工程咨询、规划设计、建筑教学、技术管理等工作，并在清华大学江西鲤鱼洲实验农场（血吸虫疫区）"修理地球"一年。种种经历，使我加深了对建筑学的理解，更懂得了一些做人与做事的道理。

艺术与技术

法国现实主义文学家福楼拜说得好："越往前进，艺术越要科学化，同时科学也要艺术化。两者在山麓分手，回头又在山顶会合。"在工业化、电子化、信息化、数字化的不同时代，建筑受到不同时期的文化艺术和科学技术的深刻影响。法国巴黎美术学院（Beaux-Arts）和德国魏玛包豪斯大学（Bauhaus）在建筑教育上各有特色，但殊途同归，培养了许多优秀的建筑师，在世界建筑历史上贡献了许多脍炙人口的建筑文化遗产。综观当今中外建筑的百花园，真是百家争鸣、百花齐放，令人目不暇接。当然，不可避免的是，和谐的争鸣中出现了不协调的杂声，百花竞开中出现了良莠不齐的现象，由此引起了业内业外的热烈争论、评论和批评，如法国当代哲学家、社会学家埃德加·莫兰提出复杂性思想的理论。世界著名建筑理论家亚历山大·楚尼斯认为："近来在国际设计领域广为流传着崇尚杂乱无章的非形式主义和推崇权力至上的形式主义……大量的先进技术手段被用于满足人们对形式的热切追求，这已成为当今时代的一大特征。"某些建筑"光泽其外，败絮其中”，不惜工本的倾向在我国虽然不是主流，但是影响极大，往往赢得某些官员、开发商和建筑师的青睐。这再次证明，建筑艺术往往反映了统治者的意志。

一般的绘画和雕塑是个人创作，不满意可以推倒重来。建筑不同，它是精神和物质财富的载体，不仅要求美观（愉悦），而且有安全、功能、经济的要求，并受到环境、资源的限制。建筑设计要满足社会效益、经济效益和环境效益。在建筑舞台上，建筑师往往要“戴着镣铐跳舞”，这些“镣铐”有主观的也有客观的，有精神的也有物质的，有柔性的也有刚性的。建筑设计必须尊重建筑设计的游戏规则。当前除了新材料、新设备、新施工技术的出现之外，我们同时面临了大数据的信息时代。设计中建筑信息模型（BIM）的应用、3D 与 4D 打印技术的出现、互联网时代的突飞猛进等等，都为中国的现代建筑创作带来新的机会和挑战。建筑依靠艺术和技术两个翅膀，在新的时代将飞得更远。建筑师有必要把控好这个飞跃的“度”。说到底，建筑是生活资料和生产资料，要满足人们的物质和精神需要，要为社会生产和生产力中最活跃因素的劳动力提供生产条件、劳动条件和生活条件；要明白建筑是艺术与技术相结合的产物，建筑学是一个艺术性很强的系统工程。

安居与乐业

人是最宝贵的财富，一个强盛的国家，必须为老百姓提供安居乐业的条件。只有安居才能乐业，乐业才能更为安居。一个城市的生命力就在于为居民提供一个健康的人居环境和人劳环境，让每个人都能自由地、幸福地生活，快乐地、创造性地劳动，为国家的建设和进步发挥出一份光和热。

世界各国政府都要逐步实现《人居议程》提出的“人人享有适当住房”权利的目标。（注意：这只是享有，并不强调所有；既可租房，也可买房。）

建筑师有着责无旁贷的住宅设计责任。柯布西耶说得好："设计为普通而平常的人使用的普通而平常的住宅，这是时代的标志。"大量建造的普通住宅区建筑是一个城市文脉的底景，或称"母体"（matrix），它不同于公共建筑的标志性。这种绿叶与红花相辅相成的关系，往往反映出一个城市的风貌、特色、居民素质和政府管理者的水平。

至今我国城市总数已有 657 个，另有两万多个镇。常住人口城镇化率为 53.7%，低于人均收入与我国相近的发展中国家 60% 的平均水平。在快速城镇化的带动下，自 1978 年至 2010 年，我国城镇人均住宅建筑面积水平已从人均 6.7m^2 提高到 33.6m^2，成绩斐然。但住宅建设出现了新的"大跃进"，各地大、中、小城市大规模地开发住宅区（包括规划无序、管理不善的"睡城""死城"），豪宅别墅与高档公寓也不断出现，住宅的价格与价值背离。为了解决"中低收入"居民的住房问题，政府出台了"经济适用房"政策。由于在标准、质量、管理上没有及时到位，有些经济适用房小区就出现了开着豪华轿车的人住进大面积、超标准的经济适用房的现象。后来，明确了经济适用房的服务对象为"低收入"人群，建筑面积限制在 60m^2。2007 年国务院发布了《关于解决城市低收入家庭住房困难的若干意见》（24 号文），保障房建设提上日程。"意见"进一步要求，未来五年开工建设 3600 万套保障房，这成为地方政府的最重要政治任务之一。然而因为缺乏顶层设计，没有《住房保障法》制度，没有执行细则，缺少建设资金、分配与退出机制，在执行中又出现"水分"。各地为按时完成计划任务，出现了五花八门的保障房内容：廉租房、公租房、两限房、拆迁房（包括棚户区改造）、经适房、人才房和企业自建房。保障房和商品房逐渐相互交叉，彼此错位。

如果保障房一味追求高指标、高速度，"萝卜快了不洗泥"，就会在质量上不可避免地出现问题，甚至发生质量安全事故，造成悲剧。为了保证质量，相关管理部门又提出保障房实行工业化、标准化、模数化、装配化，要针对 35m^2、50m^2、65m^2、80m^2 四种套型面积标准，进行标准化设计；在

1999 年，费麟一家四代留影于国际建筑师协会（UIA）北京代表大会会场。前排左起：费母张玉泉（20 世纪 30 年代师从梁思成），外孙钟楚雄（现已从天津大学建筑规划学院毕业），二女儿费芸；后排左起：费麟，夫人李彤

没有城市住宅工业化、标准化、模数化、装配化的顶层设计的条件下，孤立地在保障房建设中实行"四化"，这给规划、设计、施工、材料、设备和管理出了很大难题。

　　住宅（包括保障房）建筑不是孤立的产品，还要精心布局，合理规划。有了住宅，不等于已经安居。人们要有一个良好的物质与人文环境；要有基本的生活质量，要具备方便的交通、教育、医疗、购物、文化、休闲和就业的条件。美国建筑师 E. 沙里宁说过："通常做设计是要把它置于它所属的更大的环境中——就像将椅子置于一个房间中，将房间置于一栋房子中，将一栋房子置于周围环境中，将周围环境置于一个城市的规划中。"保障房在住宅区中是和商品房混建还是单建？是建在市区附近还是远离市区？根据小面积保障房户数（人数），如何按国际上规定的千人指标计算合理的居住小区配套公建面积和机动车车位等？除了新建之外，能否改造利用旧房和废弃厂房？这些难题都值得研究和实施。住宅设计离不开城市规划，住宅区的规划不能只有一种小区模式。例如里弄式、四合院式都有地方特点，应该多样化，在传统的基础上有所发展。当前各地的住宅小区规模越来越大，每个小区都是封闭式大庄园，建在城区，打断城市路网，造成"肠梗阻"；建在城郊，形成"羊拉屎"，与城市脱节。例如北京的交通堵塞，50%是属于规划问题，城市支路路网密度远远低于国家标准（4km/km²）。北京远郊的回龙观、天通苑就是一个"睡城"，早晚上下班时间形成钟摆式交通。

上述问题，在住房"大跃进"中出现并不意外，"亡羊补牢，未为晚也"，问题是要及时总结经验教训，调整速度，采取补救措施。历史的经验值得注意，面对1958年北京人民大会堂要在一年内设计、施工建成并使用的政治任务，周恩来总理较为实事求是，他说过："一年建成，三年维修。"高速建设就像驾驶汽车一样，必须控制好油门加速和刹车制动两者的关系。1958年"大跃进"之后，我国进入了"调整、巩固、充实、提高"的阶段。1958年12月26日，中央和建工部在杭州半山钢铁厂召开建筑工程质量问题现场会。时任国家建委主任的陈云在会上说："当前的主要倾向是注意多、快、省，而注意好不够。"

咨询与设计

一个建筑工程项目要经过设计前期阶段、设计阶段和施工建设阶段。前期阶段包括工程立项、可行性研究、融资、选址、方案设计、策划。设计阶段包括方案深化调整、初步设计（扩大初步设计）和施工图设计。施工建设阶段包括招投标、施工、采购、设备安装、试运行、验收。建筑师可以根据业主的要求和自身条件的情况，选择参加全程工程服务还是提供部分设计服务。

早在1979年，国家建设部和西德签订了中德政府合作协议，邀请德国工程咨询学会会长魏特勒（Weidle）先生来华讲课，介绍德国开展工程咨询工作的经验。随后魏特勒先生热情发出邀请，希望中国能够派出两位工程技术人员（建筑师和工程师）到他的工程咨询公司魏特勒规划设计公司进行为期八个月的在职培训。建设部接受了这个邀请，于是要求机械部承担这个任务，决定由机械部设计总院（中国中元国际工程有限公司的前身）派我和结构工程师陈明辉两人于 1981 年 1 月赴斯图加特市培训。我第一次知道有工程咨询工作，临行前匆匆翻阅了国际咨询工程师联合会（FIDIC）条款的中译本。到魏特勒规划设计公司后才知道该咨询公司和我们的综合设计院差不多，可以承接城市规划、航空港、体育场馆、住宅、办公楼、军事工程和造纸厂等项目。他们没有造纸工艺设计师，而是聘请了有关造纸厂专家作为工艺设计顾问。公司设建筑、结构、机电、经济、方案组，根据任务组织临时项目工作组（由公司指定工程负责人）；并设有一个项目管理组，有专业工程师负责项目管理和现场监理工作。除德国

1981 年，费麟在德国魏特勒工程咨询公司工作

外，该公司还承接阿拉伯、苏联、美国等国家和地区的前期咨询、规划、设计等项目。1981年回国之后，发现由于行政上条块分割，中国的工程咨询任务呈现前后"两张皮"的现象。咨询工程的归口单位是计委（现在的发改委），工程设计的归口单位是建设部（现在的住建部）。

经过多年筹备，由全国各大设计院发起（机械部设计总院是发起单位之一），我国终于在1992年正式成立中国工程咨询协会。直到1996年10月，我国才以中国工程咨询协会名义正式加入国际咨询工程师联合会，成为FIDIC会员国。国际建协（UIA）制定的建筑师职业实践导则中对建筑师的服务内容也有类似的规定。这些协议、条款和导则都明确了建筑师在承接工程设计任务时的应有的责、权、利。1999年我应邀参加了建设部召开的"全国勘察设计咨询管理工作会议"，会上很多专家主张我国应该用国际通行的"工程咨询业"这个行业称呼，但是建设部有关领导根据国情，作为过渡，还是坚持要求用"勘察咨询设计业"这个称呼。2001年12月11日我国正式加入世界贸易组织（WTO），咨询工程FIDIC条款和WTO服务协议完全一致。

2003年中国中元国际工程公司参加项目管理的竞标，中标后，受外交部委托，承接了在华盛顿的中国驻美大使馆的全程"工程项目管理"任务。该项目的建筑方案由贝聿铭建筑师事务所负责，我单位作为合作设计方与美方共同深化方案设计，建筑、结构、机电专业配合设计。零标高以下建筑工程设计工作全部由中方负责。初步设计全部由中方负责，以此作为招标文件。然后我们中方协助外交部负责招标主施工单位。根据美国的习惯，由施工单位负责施工图设计。有意思的是，中国的主施工单位经过考虑，还是选择了我公司来完成全部施工图设计和现场监理工作（我公司原来已有一个下属的京兴监理公司）。通过这个项目，我公司完全按照FIDIC条款，全程参加了工程咨询设计全过程。这次，我有机会与设计组参加了在美国的设计前期的设计联络工作，也了却了能参与工程咨询前期阶段实践的一个心愿。

团队与合作

我在中学喜欢打篮球，作为上海南模中学篮球代表队成员多次参加比赛，1951 年还获得上海中学杯篮球联赛冠军。我通过篮球运动不但锻炼了身体，还懂得了比赛前要研究战略、战术等方面的问题。比赛中，要随时根据对方的布阵情况叫暂停，研究是否换打"人盯人"或"联防"；在"联防"时是打"2-1-2"还是"3-2"或"2-3"的战术。打篮球绝不能单枪匹马地蛮干，必须有高度的团队精神，在场上要和队员保持默契。没有想到这些习惯的养成在后来我从事的建筑设计中，起到了不小作用。

一位交响乐队的指挥，要有极高的音乐修养，他精通某种乐器，但不是万事通。他的指挥要能够让各位演奏家使用不同的乐器同台演奏出和谐的华丽乐章。建筑师犹如一位交响乐队的指挥，在整个工程项目中，内外协调各专业、各单位，共同完成设计任务。他要熟悉除了建筑学之外的各种专业知识，更要学会协调、处理各种矛盾，要学会必要的妥协。这就是团队合作精神。

这种精神在中外建筑合作设计中也显得十分重要。在 FIDIC 条款中关于跨国承担建筑设计任务也有明确的规定，要求外国建筑师必须和当地建筑师合作，尊重当地的法规、风俗习惯。在我国第一个"五年计划"中，苏联援助我国建设的 156 个重点工程，都是中外合作设计。齐齐哈尔第一重机厂的施工图合作设计单位是机械部一院。有包豪斯风格的北京 798 无线电元件厂由东德建筑师设计（苏联用德国的战争赔款，委托东德设计该援华工程项目），合作设计单位是七机部七院。苏联负责设计北京苏联展览馆（现在的北京展览馆），当时北京工业建筑设计院（现在的中国建筑设计院）的总建筑师戴念慈负责配合设计。由国外设计的北京奥体中心部分场馆和北京新机场重点工程中，建设部设计院和北京市建筑设计院都是中方合作设计单位。

中国中元国际工程有限公司的前身是机械部设计总院，重型机械工厂设

1951 年获上海市中学篮球联赛总冠军时合影。左前一为费麟，左后一为沈同校长

计是原来的主业。1980 年后，重型机械工厂没有新建任务，大部分都是技术改造项目，而且都是由国外引进新型工艺设备。工业设计院的综合技术，不能发挥更多的作用，英雄无用武之地。1982 年国务院提出设计院要改革，要面向市场、走向社会。我院认为，一个有 800 名在职员工的大院，业务范围不能仅仅吊死在重型机械工业一棵大树上，因此提出要有工业、民用、能源三大支柱，面向市场，并且应该以设计为中心向两头延伸。

为了尽快开拓业务，积极培养一个综合队伍成为当务之急。中外合作设计是一条捷径，我们采取"走出去、请进来"办法来培养设计队伍，争取让各个专业的骨干都有机会参加中外合作设计工作。1983 年前后，我院与德国合作设计某工程机械厂，与意大利合作设计北京制药厂。1985 年与新加坡 DP 建筑设计公司合作设计燕山大学。1988 年与法国赫伯特（Herbert）建筑师事务所合作设计中法合资的"北京国际金融中心"（即 BIFB，1989 年后法方因故退出合作，由中方独立投资和设计，改名为"中粮广场"）。

1993 年与美国 RTKL 建筑设计公司和香港王董建筑顾问设计公司合作设计 "新东安市场"。2001 年与香港凯达柏涛建筑师有限公司和王董建筑顾问设计公司合作设计北京财富中心一期、二期工程。

通过中外合作设计，我们学到了许多新理念、新方法、新技术，培养了工业和民用各专业的骨干力量，积累了技术储备，取得了经验，建立了多种行业人脉关系，为公司进一步向工程咨询公司和工程总承包公司的发展打下了思想、技术和管理的基础。

张家臣：心之所向，甘之如饴

张家臣：1935 年生，全国工程勘察设计大师，现为天津市建筑设计院顾问总建筑师。代表作：天津体育中心体育馆、天津铁路客运站、平津战役纪念馆、天津华苑居华里小区。编有《天津公共建设》（副主编），参编《建筑设计资料集》（第二版）等。

我是土生土长的天津人，1935 年 8 月 17 日出生，成长在一个比较大的家族环境中；家族办有生产现代砖瓦的建材工厂，家族中很多人都在这个厂工作，我父亲也是其中一个职员。

一

儿时的我最喜欢去的地方就是姑姑家，姑父任育光开办的建筑师事务所就在他家的一楼。记忆中，他的绘图房墙上挂满了建筑渲染画，有北京图书馆、天津国民饭店、李吉甫住宅、中国大戏院等，这些图画潜移默化地使我对绘画和建筑有一种特别的情愫。那时我便开始向往长大后做一名建筑设计师，幻想也能用自己的画笔设计出这样精彩的建筑，甚至还给自己设计了一套未来的梦想住宅，这可以算作我人生的第一个设计作品了。

新中国成立后，按照我的志向，父亲把我送到姑父的建筑师事务所，学习建筑设计绘图。经过姑父半年多的细心培育，言传身教，我达到了该事务所的用人标准，于 1950 年被正式录用为华胜工程司的一名从业员。在这个事务所工作期间，我参加了天津大舞台戏院、新生戏院改扩建工程，天津市第一个竞标项目"天津运输公司办公楼"设计绘图，还参加了近代化工厂新建车间和北京坦克学校礼堂等工程设计绘图。

二

随着国民经济恢复，城市建设项目日益增多，建设规模不断增大，小型事务所逐渐无法适应新形势的要求。1951 年中期，由基泰工程司继承人关颂坚为首，联合了津沽大学建筑系主任黄廷爵教授开办的大地工程司、以杨学智为首开办的安宁工程司、林世民、冯建逵等建筑系老师以及朱淳等人成立了联合工程司。我也随姑父的华胜工程司被联合到该工程司，成为一名绘图员。这段时期是我一生中至关重要的一个阶段，如果说在这之前对建筑设计还是喜欢和向往的话，这时就是发自内心的热爱，并且下定决心要以建筑设计作为我一生的职业和追求。后来的事实证明，我是幸运的，选择也是正确的。

这个新的设计集体多数是执教建筑学的老师，他们的设计理念都比较新潮，研究方案非常活跃，各抒己见，有不谋而合，也有争论探讨。特殊的工作环境使我能够接触到那么多杰出的建筑师，受到他们的熏陶，得到他们的指点，使我眼界大开，受益匪浅。每个人学习知识时会有很多不同渠道，而我则荣幸地成为一个建筑精英"大课堂"里的小学生，从中获得了许多课本上学不到的知识。当时主要设计方案是由黄廷爵主笔构草图，讨论后由我和家兄张家驹绘成方案乃至最后的施工图，设计文件最后都由关颂坚签署。

三

1952 年初社会开展"五反"运动，天津市建设局组织建筑师事务所全体人员集中学习与参加运动；规定大学老师开办的事务所，老师在学校参加学习，其他人都在建设局学习。学习后，根据国家规定不允许私人开业的政策要求，相关部门于 1952 年 6 月 1 日成立天津市建筑设计公司，全体事务所人员都加入到国营企业行列，成为国家工程技术人员。

年轻时的张家臣

天津市建筑设计公司成立后承接的第一个设计项目是天津市第二工人文化宫剧场；此项目与 1953 年承接的天津市公安局办公楼和 1954 年承接的天津市人民体育馆，被称为天津解放后的"三大工程"。我有幸参加了三项工程的设计绘图，尤其在后两项工程中还承担了建筑负责人的角色，这成为我专业成长道路上的一个重要节点。

四

回溯 60 年漫长的设计岁月，我始终没离开建筑设计工作。在组织的培养和关颂坚、董大酉、黄廷爵、虞福京、任育光等众多老师指导下，我对建筑设计意义的认识不断加深。建筑不仅要为人创造舒适、健康的工作与生活空间环境，也要让人获得精神、文化上的享受，它是技术与艺术的结晶。建筑承载光阴，见证历史，没有任何文化形态能够像建筑那样长久地震撼人类的心灵。这使我在成长过程中对自己的专业更加热爱，决心把建筑设计作为终身奋斗目标和追求，作为一生的伴侣。

要有正确的指导思想以及必不可少的责任心，要掌握先进科学技术，将国内外先进设计理念与中国文化相结合，才能做好设计，有所进步和创新，而这都离不开"学习"二字。要想成为一名合格的建筑师，就要不断地学习，学习是多方面的，不仅要学习建筑的新技术、新理论，还要学习哲学，让你不脱离实际；学习政策，让你紧跟时代；学习传统文化，让你学会摒弃和继承……这些都是一名建筑师应该具备的素养。

五

60 年来，由我负责设计的工程有五十多个大项，几百个子项，其中国家、省、市重点工程有二十多项，这些在不同年代、不同经济条件下的工程设计，我虽不敢说有突出成就和骄人之作，但也没有大的失误和遗憾。有些工程设计今天看起来还是有些特点的，譬如：

1956 年我参与设计的中央档案馆和国家档案馆工程，当时是北京最大的工程，建筑面积 70000m²，要求抗震、防原子弹，在空调尚未普及情况下要保持恒温、恒湿，并要满足防光、防紫外线、防虫、防火、防潮、防盗、防尘等条件；在当时技术条件下，这些要求在国内尚属首例，经过各专业人士共同努力，我们圆满地完成任务，为档案馆建筑积累了经验。

1964 年天津市人民政府决定将市人民体育馆兼做中心会场使用，要求音质达到会议标准，但经过专业部门多次电声系统改造仍达不到要求。我院承担任务后，把任务交给我负责。经过研究，我首先对音质状态进行了全面测定，包括混响时间、声场分布、脉冲响应、噪声、电声状态等，经过分析找出了音质不佳原因，对症下药进行改造，在改造设计中，为了控制声柱指向性范围，创造性地设计了曲线型声柱；改造后经过测定，各项声学指标都达到了会议标准。在第四届全国建筑物理学术会议上，我应邀在大会上将此改造过程与参会者们进行了交流。

1979 年我负责设计了航天工业部 8358 研究所工程。这是一座超大型洁净建筑，洁净等级比较高，1000 级为主，部分 100 级。我对大面积 1000 级洁净室设计，并没有采用常规房套房做法，而采取严密的防尘构造措施，直接对外开窗，改善了工作环境，节省了大量投资和能源。这在国内尚属首例，经测试完全达到了洁净标准。

1982 年设计的天津交易大厦工程，是我国北方地区第一幢由中国人自己设计和全部采用国产材料建成的超高层建筑。在没有规范和经验的情况下，我们经过调查研究、方案比选，结合地形采取了缺角三角形平面，筒中筒结构体系，这个方案无论在交通设计、安全设计、标准层面积的合理性等方面都符合当今技术标准。

1988 年设计的天津铁路客运站工程，我负责将三个设计单位方案的优点综合成一个实施方案；综合后的方案完全能够与弯曲的海河空间和谐，在交通组织上采取了进出分流、前后进站、高架候车、上进下出的组织形式，成为铁路客运站好的设计范例；在建筑艺术上，此设计传承了地域文化，风格上中西合璧，整体既简约又有时代气质。

1989 年完成的天津游泳跳水馆设计，采取了游泳与跳水分设两个馆的方案，既减少了相互干扰又节省了投资和能源消耗；在跳水馆跳台设计上设计了双十米跳台，不仅提高了使用率，而且为发展双人跳创造条件，成为国际上第一个双十米跳台，受到国际建筑业界的赞誉。1990 年在北京召开的国际体育建筑学术会议上，我与国内外建筑同仁进行了交流，此设计方案后被收录到《国际体育建筑论文集》中。

1990 年设计的天津体育中心体育馆工程，经过对国内外体育馆调查总结，我提出了体育场地可满足室内田径比赛，用活动看台改变场地大小的方案，成为国内第一座可举办国际室内田径比赛的体育馆，填补了国内空白。在室内 30 万立方米（30m³/ 座）超大容积的声学设计中，结合屋面构造，设计了高效吸声结构，计算空场混响时间为两秒（500—1000 赫兹），实测 1.96 秒，充分满足了体育馆多功能使用要求，成为国内外少有的超大空间声学实例。由于该设计技术先进，功能领先和独特的建筑艺术形态，被天津市人民政府授予"科技兴市"突出贡献奖，同年被评为"国家优秀工程设计"金质奖。

六

体育建筑设计是我比较钟爱的设计类型之一，很多人说我做体育建筑是因为我喜欢体育，喜欢看体育项目的比赛活动。我承认我喜欢，但绝不仅仅是满足我个人的爱好。每次看完比赛后，我总是最后一个走，我要观察观众的疏散、观众的视觉质量、比赛场地和灯光效果等情况，有机会的话我也会征询比赛者的意见。建筑展示的是建筑师的思考与观点，即对城市和社会的观察，喜欢体育不是只看热闹，而是要真正结合到自己的工作中去。

使用者的感悟和体会能帮助我们解决很多设计瓶颈，也能激发出我们意想不到的创作灵感。要多到生活中去，向社会学习，在生活中发现问题，再用建筑师的智慧和专业知识解决问题，这就是进步。比如外国人喜欢看芭蕾舞、歌剧，他们爱看场面；而中国人喜欢看戏，除了看场面，更注重看细节，要求看表情、眼神，希望最大可能地缩小观众的视距，因此在做剧场设计时如果一味地效仿国外的设计，在我们国家是不完全合适的。

建筑设计是集体智慧的结晶，是多专业创造性的智力劳动，只有在集体的支持、帮助和合作下，才能够完成众多的设计项目。看建筑、看设计、看空间，吸收精华，避免不足，已经成为我的一种习惯，如今虽然已年届夕阳，但我将继续学习，努力工作，以"任他霜染鬓，乐于自加鞭"的态度，不断努力向前。或许这正是我生命的一部分，也算是我的自白。

罗德启：和建筑大师在一起

罗德启：1941 年生，曾任贵州省建筑设计研究院院长，现任该院顾问总建筑师。代表作：贵阳龙洞堡机场候机楼、北京人民大会堂贵州厅室内设计、花溪迎宾馆。长期从事贵州民居调研，著有《贵州民居》《花溪迎宾馆》等，是西南地区有理性深度的著名建筑师。

曾经，最珍贵和最难得的个人活动，便是记忆，因为它比日记或书信更加详实地保存往事的真情。纵观我这漫长的人生轨迹，往事如烟，但往事又并不如烟。

走进建筑

少年时代，我是个顽皮的孩子，但却爱好美术和体育运动。高中毕业时由于体育运动成绩突出，学校原本要保送我去体育学院，后因父亲主张要我学一门手艺，故报考了建筑专业。我被录取到南京工学院（现为东南大学）的建筑学专业，在建筑系五年的学习，让我从一个幼稚、不了解建筑的人，到喜爱并愿为其奉献终身。回首五年的读书生涯，东南大学校园里巍峨的大礼堂、苍翠的六朝松、研学的中大院、树人的群贤楼，还有张镈、戴念慈、吴良镛、戴复东、钟训正、齐康、程泰宁等毕业于母校的诸多知名前辈……都给我留下太多太多的感动和激励奋进的力量。

大学教给了我系统的学习方法，然而对建筑的真正领悟，是在后来不断将书本知识运用到实践工作中培养而成。从大学毕业后就从事设计工作至70岁退休，回忆我这几十年的人生，可分成三个阶段：第一个十年，1965年到1974年这十年是属于学习、认识、积累的十年，或者是自发、自强、自觉的阶段。由于刚走向社会，又经历了"文革"，也接触到一些设计项目，因此，是本着学习、认识、积累为主。第二阶段的十五年，是生产实践上开始显露专长、在学术研究上开始跨入探索领域的阶段。此时的我，像是含苞欲放的花朵，处于热切地想发挥自己潜能的一种状态。其间，我在学术刊物发表了二十多篇文章，精力也主要集中在地域文化研究和建筑设计上。第三阶段是1990年到70岁退休的近二十个年头，这是我一生中创作实践和建筑设计理论的收获期。学术成果和所获各种奖项，大都是在这个阶段取得，我一生中的21项获奖奖项中，有17项是在此阶段取得。此外，还出版了一本有关贵州民居的专著，以及另外六本独著或合著的书；发表论文约五十篇。

我于20世纪80年代开始研究民居。我认为，民居是民间朴实无华、高于乡土气息的建筑形态，也是与生活最密切、最富地域特色的文化类型，民居的个性在于对自然环境和地域文化特殊性的重视。建筑创作可以吸收其利用环境、处理环境的丰富手法和构思技巧，提炼它的文化标志性和识别性，成为建筑创作多元文化的补充与借鉴。

和戴复东院士在贵州

翻阅手边一本本相册，三十多年前的往事又一幕幕地展现……记得1982

年冬季，和同济大学戴复东院士以及另外两名贵州朋友三次去黔中地区的贵阳、安顺、镇宁一带对石头民居调查，并拍摄了大量照片。

戴复东先生 1928 年出生在安徽无为县，青少年时期曾在贵州生活过一段时间，并就读于贵阳花溪清华中学，因此他对贵州有一种特殊的感情。况且，其父戴安澜将军的衣冠冢至今还保留在贵阳花溪公园一隅。戴先生也是我大学母校的学长，他 1948 年就读于中央大学建筑系，1952 年毕业，多年来做出的理论与实践作品颇为丰富。

贵州黔中地区峰峦起伏，地形多变，在地表和地下水的长期作用下，形成了奇特的高原岩溶地貌，山多石头多是贵州的一大特点。这里的岩石具有三个特点：一是岩层外露，二是材质硬度适中，三是节理裂隙分层；因此黔中一带民间的建造住房多为石构建筑。

回想那个年代，我曾和戴先生及别的同行在黔中南盘江、打邦河、白水河等群山河谷一带考察多日，我们一起去过贵阳花溪、青岩、石板哨布依寨，去过安顺屯堡、镇宁石头寨、滑石哨等民族村落；每天白天走村串寨、访问农户、拍摄照片，晚上绘图或是整理资料。大家穿着厚重的棉袄，在寒冷的贵州山乡调查奔波，今天回想起来确实够辛苦的，但那时大家兴致却十分高昂。

花溪的石板民居非常美，对戴先生来说还更多一层情愫。我们一行刚到花溪时，他就匆忙要寻找青少年时期常去的、在记忆中从未消失的花溪河畔一座水磨坊，见到这座石板屋磨坊后，即从不同角度拍摄，并沉思良久。想来，那时戴先生的心情一定是回到青少年的时光了吧。

之后，我们来到镇宁县石头寨，那里又是另一番景色。寨边有一条清澈的小河，河上五座石桥各具风姿，桥孔构成一轮圆月形，桥下碧波荡漾；河与桥互为映衬，半动半静，实为奇景。这种依山临水、朴实厚重的民居，使久居城市的人们可享受一番开阔深远的山乡风光；漫步在石板路上，犹如置身于一片粉妆玉砌环境之中，顿觉心旷神怡。站到高处，眼前是一片如鱼鳞状的片石屋面，层层叠叠，在零乱中显出随意，散漫中颇有规律，展现出这

左上图：戴复东院士（中挎包者）、罗德启与贵州布依族妇女交谈

右上图：戴复东院士（左一）、罗德启（右一）询问布依族妇女蜡染情况

左下图：1982年在石头寨考察时合影，后排右三戴复东、左一罗德启

里民间建房就地取石、匠心独运的特色。

云山屯位于黔滇古驿道安顺市七眼桥东南四公里处的云鹫山麓，建筑布局四面以山为屏，利用坡、岩、沟、坎等自然环境，把一间间有枪眼的房屋、一栋栋带防御的宅院营造在半山之中。因军事需要和地形起伏的原因，用石头垒砌的屯墙，围合成坚不可摧的堡垒式山寨。民居多以石头营造，或依山据险，或平地建碉，明显具有防御功能。单体顺应地形起伏建造在极为陡峭的山地上，形式不拘一格。这里本寨的石头民居是按华夏建筑文化传统营造，布局严谨，主次有序，结构坚固；民居的外观，可谓具有石头建筑自然成趣的粗犷、素朴之美。

这里还有一座天台山，山上有座伍龙寺，伍龙寺建于悬崖之巅，仅余一线可通。于山巅举目四顾，可见龙眼、凤鸣两台与此山互为犄角，伍龙寺可谓山地建筑之精品。

我与戴先生的共同调研成果经整理，后来收入《石头与人》一书中，由贵州人民出版社出版。

此后，我还多次与谭鸿宾、黄才贵、田中淡、浅川滋男、林宪德、赖福林等中国与日本的学者到黔东南诸多县、乡共同考察贵州干阑建筑。多年来收集的资料，为我后来的建筑创作积累了丰富的文化素材。

徐尚志大师的"意在笔先"

谈起民居，我不能忘记曾经在20世纪80年代初提出过"建筑风格来自民间"这一理念的徐尚志先生。徐尚志是一位在业界倡导建筑师要到民间建筑中去吸取创作源泉的中国建筑大师。

徐尚志1915年生于四川成都，毕业于重庆大学，学的土木建筑学专业。徐先生的建筑思想，对我颇有影响。我和徐老是20世纪80年代初在北京"全国住宅设计竞赛评选会议"上认识的；后在汪之力主编的"中国传统民居"编辑工作会议期间，编委会决定由徐先生、云南的毛朝屏和我共

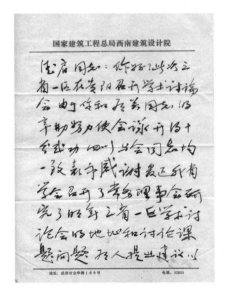

徐老给作者的信件一　　　　　　　　　徐老给作者的信件二

徐尚志的篆书，"意在笔先"

同合写一篇题为《西南传统民居建筑》的论文，用于"中日传统民居学术研讨会"上交流发表。这使我与徐尚志先生有了进一步接触的机会。20世纪80年代初，随着科学的"春天"到来，全国各省学术组织恢复，我们见面机会就更多了。徐老对西南地区的学术交流尤为热心，记得"首届西南地区建筑学术交流会议"在贵阳召开后，徐老尤为赞赏，会后写信给我以资鼓励。由于有徐尚志等前辈的关心，西南地区的这一交流机制至今已经举办过30届，参会省市也由原来筹办时的三个省扩大到五省（区）七方，学术交流至

徐尚志（中）、顾奇伟（左）、罗德启（右）在云南

今依然定期举办着。徐老对贵州的建设工作也非常关心，贵州民族文化宫方案评选、花溪召开的建筑学术研讨会等学术活动，凡是邀请，他都积极到会支持；贵阳筑城广场三叉形平面的贵州民族文化宫，当时就是徐老确定的设施方案。徐老对我的民居研究很支持，曾将"肯尼亚莫伊国际体育中心"采用非洲地方材料装修的室内设计幻灯片借我参考。由于接触越来越多，后来我凡去成都，必去他单位或家中拜访。和徐老近三十年的交往接触，彼此建立了深厚情谊。在离世前，他还寄赠我一幅"意在笔先"的书法作品，以鼓励我继续前行。徐老"神为形内、意在笔先"的原则，充分表达了一位中国建筑大师的创作深情。

张镈*大师与人民大会堂贵州厅

1997 年秋，为迎接全国九届人大的召开，贵州省委、省政府决定对北京人民大会堂贵州厅进行室内装修改造。当时我院作为向全国九届人大献礼工程承接了这项设计。贵州厅改造时间要求很紧，从设计方案选定到施工完成，仅有七个月时间。

为体现地方特色，贵州厅设计构思以"迷人的山国"作为创意主题，采用"基本单元 + 特色题材"的建筑语汇，以灰白大理石墙面镶嵌"基本单元"作为设计基本模式。"基本单元"下部为"山"字形硬木浮雕墙裙，寓意贵州高原山地特征的基本省情；中部嵌鼓楼玉石浮雕，上部为外凸的硬木吊脚楼变形符号，意指世居在高原山地的各族人民。大厅内共有八个"基本单元"，在三面墙上对称布置，协调统一。此外，巨幅的"黄果树大瀑布"羊毛壁挂、遵义会议镂空木雕屏风、两侧墙上的"民族大团结"和"苗家少

---

* 张镈（1911—1999），系 20 世纪 50 年代"国庆十大工程"之一——人民大会堂的设计者，他是我国第一批设计大师之一，是 20 世纪中国第二代建筑师中的代表人物，一生完成的设计项目逾百项。

罗德启与张镈大师在参与设计的
北京人民大会堂贵州厅合影

女"为题材的玉石浮雕，以及寓意群星灿烂的杜鹃花造型水晶吊灯，更使贵州厅增添了浓郁的地方色彩。大厅局部还布置有贵州地方漆器花瓶，以及采用牛形、鱼形、林木、禾穗、杜鹃花等造型的有地域特点的装饰符号，使室内空间环境统一中富于变化。

贵州厅项目完成后，人民大会堂管理局邀请了张镈先生、人民大会堂香港厅设计主笔清华大学王炜钰教授、北京市建筑设计院李国胜高级工程师等，此外还有大会堂管理局领导和其他技术人员出席专家验收现场评审会。与会人员都一致肯定了该设计。张镈先生给予了很高的评价，他赞赏"基本单元"的设计构思以及采用石、木材料的成功组合，他说此设计具有地域文化内涵，称赞设计好就好在把地方特点、民族特色与时代精神融合到了一起。

现在想来，贵州厅室内设计首先来源于我对民居研究成果的长期积累，虽然当时设计时间要求紧迫，但我仍能胸有成竹地自如应对。其次，建筑设计构思是关键，是成功与否的重要环节。可以这么说，设计成功的一半是来自于前期巧妙的构思。由此，也更使我深刻地领悟到徐尚志大师的"神为形内、意在笔先"的深切含义。再次是长期以来对民居的研究，增强了我对地域与本土文化的更深的认识；建筑本土化不是狭隘的民族主义，而是营造自身社会价值和艺术价值的场所，是强调建筑要体现创新的追求，使建筑师能真切地去感知人的生存和发展需求，真正承担起社会的义务和责任。

布正伟："环境艺术"观念与我的职业建筑师生涯

布正伟： 1939年生，现任中房集团建筑设计院资深总建筑师，是当代中国建筑师中最具批判精神与分析视野的学人之一。代表作：重庆江北机场航站楼。20世纪80年代以来，他主持设计的七项作品被收入《中国现代美术全集·建筑艺术》第三卷、第四卷。著有《创作视界论》《自在生成论》等。

补写在前面的话

每当我回首往事时，总希望能从中找到某种隐隐约约的内在联系，以期发现点什么。收到金磊先生为本书撰稿的邀请函之后，我就在想，在我这近半个世纪的职业建筑师生涯中，是什么原因，促使我走出了上学时对"建筑"和"建筑艺术"的原有认识，让自己后来的设计实践和理论探索，扩展到"建筑"和"建筑艺术"初始概念之外的那些部分了呢？

细细想来，连我自己都觉得不可思议：那是在风风火火的20世纪80年代，"环境"概念与"艺术"概念的"对撞"——即"环境的艺术化＋艺术的环境化"，促使我看清了"建筑空间"和"建筑艺术"的本质与本源。

这就好像有一双手从背后猛推了我一把，醒过来一看：原来，建筑就是"环境之子"，建筑空间就是从里到外对"具象环境"的一种合目的性的界定啊！说半天，建筑艺术不就是"环境艺术"领域中的另一类范畴吗？

我正是带着这种新观念、新思想，开始探寻走出风格与流派困惑的"自在生成"之路的，这一"探"就是十年，其中许多核心思想和理论观点，便是来自对环境和"环境艺术化—艺术环境化"的思索。其后，又把如何用建筑语言去表达带有环境艺术意识的建筑创作意图，当作一门要搞懂的基础学问来进行研究。更想不到的是，在进入花甲之年后，还借现代环境艺术大视野带给我的自信和韧性，在"环境—建筑—城市"三位一体的设计实践中着实地周旋和锤炼了一番。就这样一连贯地回顾下来，我终于明白：正是环境艺术观念，潜移默化地影响了我 40 岁之后的理论思维和设计行为。

说起以上这些回顾和思考的起因，还得感谢 2012 年 8 月在北京 798 艺术区举办的"清华大学美术学院环境艺术文献展"。这个展览会内容丰富，具有鲜明的启示性。我也应邀参与其中，展出了自己有关环境艺术方面的研究、设计与讲座大纲等资料，以及访谈视频。展览会后，清华大学美术学院苏丹先生希望我能参加主题为"中国环境艺术发展"一书的编写工作，我因忙碌而推辞了。没想到，2014 年快到年终的时候，由中国建筑工业出版社出版、苏丹先生精心编著、厚达 473 页的《迷途知返——中国环艺发展史掠影》摆到了我面前。该书除选收了 1986—1987 年我写的环境艺术研究笔记和与在京高校交流的课程计划等手稿之外，还收了 2012 年"清华大学美术学院环境艺术文献展"采访本人的文字纪要，原文共有 12 节。我觉得这篇采访纪要的内容，与金磊先生为本书组稿的旨意相符合，所以就推荐给金磊了，只是我在节选其中的前八节时，稍做了一些文字调整，在采用新标题的同时，还选配了一些图片资料，以此作为自己职业建筑师生涯的一段真实记录；同时，我也想借本书出版之机，与大家共同回味那个改革开放伊始激情燃烧的美好岁月和创作情怀……

何为"环境艺术"?

我想还是先从本质上把"环境艺术"的内涵说清楚,以免我们陷入"只见树木,不见森林"的狭隘概念的束缚之中。

20世纪80年代下半叶,在国内环境艺术思潮开始兴起的时候,我从系统论的观点,对"各门类艺术"与"各种生活环境"之间的联系,做了一番考察,并参考国外《艺术形态学》和《西方现代艺术史》等书籍,就新生艺术形态——"环境艺术"的本质进行了思考和探索,由此而将其概念确立如下:"环境艺术是指在一定的时空范围内,积极调动和综合发挥各自艺术手段与技术手段,使包围人们生活的物质环境具有一定的艺术气氛乃至艺术意境的大众艺术。"说得简单一点,"环境艺术就是介于底层实用艺术与上层纯粹艺术之间的综合性艺术",同时也可以理解为,"是创造环境艺术气氛乃至环境艺术意境的各系统工程的整合艺术"。这个概念涉及的面和因素很广,为此,我曾特意画了"现代环境艺术的构成系统"示意图来加以表达。之所以强调这个本质概念,就是想让大家不要把"环境艺术"只理解成20世纪60年代以来,在欧美城市迅速发展起来的"公共艺术"(Public Art)或"街道艺术"(Street Art),更不要理解为是孤立的环境雕塑或环境绘画之类的美术作品。换而言之,由于环境无处不在,因而环境艺术便有"宏观、中观、微观"不同层次之分,应该全面去看,切不可以偏概全。说清楚这个大前提,我们就好继续往下谈了。

领悟"环境艺术"

"建筑"本来就包含了"环境"的含义,作为建筑师,我对"环境艺术"的深层领悟,是从老老实实学习和研究室内环境设计开始的。

20世纪70年代末,我国旅游事业刚刚起步,急需兴建宾馆、酒店。那时，我在中南建筑设计院做宜昌桃岭宾馆设计，从设计构思到施工设计，都与室内环境的创造有密切联系。本来，建筑师就应该懂室内设计，但那时在大学没学过，所以我决心补上这一课。先是把北京市建筑设计院做的室内装修系统详图，如吊顶、隔断、门窗贴脸、暖气罩等收集来的资料，统统细心地描绘了一遍。此后，围绕着室内环境设计构思及其艺术表现问题，开始对公共厅室的室内空间环境设计规律进行研究，从中总结出了"形体空间、光照空间、色彩空间"三大构成系统，以及"空间构成的立意与设想、一次空间限定、二次空间限定"和"空间构成的整体协调"四个基本设计环节。我想，只要抓住了这三大构成系统和四个基本设计环节，就等于牵住了室内设计的"牛鼻子"，这些理论要点，也被我后来的设计实践所验证。

1985年，在北京全国室内设计学术会议上，我宣读了自己独立完成的第一篇有关环境设计的论文《公共厅室的空间构成》。在这次会议上，我与时读同济大学建筑系的研究生王小惠结识，她后来在撰写有关环境设计论文的过程中，一直与我联系，听取我的意见。她后定居德国，成为著名的摄影艺术家，但仍对环境艺术有着深深的眷恋之情。2000年，百花文艺出版社出版她的学术专著《建筑文化·艺术及其传播——室内外视觉环境设计》时，她特意请我为该书写序。我在序文中再次指出："处于信息时代的发达国家，近几十年来设计观念最本质的变化乃是对环境设计与环境艺术的普遍认同。"

"环境艺术化"的文化品位与艺术感染力

20世纪80年代，我在最初独立完成的建筑环境设计中，就已体验到"环境艺术化"的文化品位与艺术感染力并不是靠财力就能赢得的。

20世纪80年代初，当我成了中国民航机场设计院的工程主持人之后，就有机会把建筑的室内外环境设计一竿子做到底了。不过，那时我从不敢大手大脚地花钱，而是恨不得把一分钱掰成两半来花。举例来说，以海带草装饰顶棚、手工抹面造浮雕、白色颗粒喷涂饰墙面等而改建的"独一居"酒家，就是按"三低"（低材料、低技术、低成本）而"不俗"的路子去实施的。工程虽小，却让我看到了能给日常生活带来审美愉悦的"环境艺术"并非是金钱财富所能决定的。这一点，也同样体现在我做的青岛第二啤酒厂厂前区环境设计中，作为画龙点睛之笔的《鸡尾酒会》彩色钢雕群，一方面渲染了"酒文化"主题的欢愉气氛，另一方面，也借这一组色彩艳丽、造型轻快，且又与啤酒厂容器罐灰暗背景相映成趣的钢雕作品，大大地改变了该厂前区原来给人的狭窄、憋屈、零乱等不良印象，取得了设计、施工简便可行的环境艺术化的效果。天津中国民航训练中心教学综合体庭院环境设计中的钢雕——人性化模拟的《蓝色天使》，也是我创作完成的，既花钱不多，还深受学员们的喜爱，不论是从门厅正面、走廊、阅览室，还是从教学综合体外面东侧透空的底层，大家都可以看到"她"亭亭玉立的身影。

钟情于雕塑艺术与绘画艺术

摩尔和卡尔德的雕塑创作别具一格，其作品为环境增光添彩的艺术魅力堪称一绝，贝聿铭和他们的精诚合作，更使我深受感动和启发。

当年做学生看国外建筑资料的时候，联合国教科文组织巴黎总部办公大楼前那个圆浑敦实横躺着的人体雕塑，就给我留下了难忘的印象。20 世纪80 年代初，我从《世界建筑》杂志上，看到了坐落在芝加哥联邦中心广场上的"火烈鸟"钢雕，一下子就被它巨大的尺度、火红的色彩和夸张的造型深深地打动了。我从相关文章中得知，贝聿铭曾特别留意这两位艺术家的作品，并主动找到他们，在印第安纳州哥伦布城图书馆和华盛顿国家美术馆东馆的室外和室内环境设计中，与他们曾有过精诚合作，而那两件雕塑为这两座建筑都起到了锦上添花的作用。同样，在北京香山饭店四季大厅特意采用的赵无极抽象水墨画，也是公共厅室环境设计中的绝妙一笔。贝聿铭用建筑专业的眼光去关注和留心各门类姐妹艺术，并为其所用。这样的举动深深地感染了我，同时也使我顿时领悟到，"建筑艺术"就是"环境艺术"，建筑创作需要建筑师具有敏锐的环境艺术意识和环境艺术眼光。

从有关资料中我还了解到，摩尔为了把握联合国教科文组织巴黎总部办公大楼前那座雕塑的尺寸和建筑物尺度之间的协调关系，曾经用模型放大的足尺照片树立在大楼前面进行推敲、研究。我在国外各地的旅游和考察中，身临其境地体验到了摩尔和卡尔德作品与其特定环境相互交融的那种审美愉悦。所有这些，都加深了我对现代环境艺术的物质属性、技术属性和"无国界"的超越属性的认识（参见拙著《创作视界论——现代建筑创作平台建构的理念与实践》，机械工业出版社，2005 年 1 月出版）。可以说，我在职业建筑师生涯中，对环境设计中的雕塑艺术和绘画艺术是情有独钟的。

与艺术家的合作产生新的生命力

与艺术家们的交流和合作，使绘画、雕塑等"架上艺术"走出了"象牙之塔"，而这也使我在建筑师的职业生涯中又多了一处用武之地。

20 世纪 80 年代初期和中期，正是"环境艺术"概念在北京广泛传播的时候，也是我在建筑创作中与北京"少壮派"艺术家广泛交流、合作较多的时期。我曾先后与肖惠祥、朱理存、马振声、包泡、韩宁、张绮曼、庄寿红等人合作，为重庆白市驿机场航站楼、天津中国民航训练中心、重庆江北机场航站楼、烟台莱山机场航站楼，分别创作了不锈钢钢雕《螺旋》《太空》、巨幅抽象彩色蜡染、青石浮雕《飞天》、彩色钢雕《蓝色天使》、《山花》巨幅系列彩旗、系列彩色蜡染《水波》、巨型叠构彩色挂雕《阳光之歌》、系列水墨绘画《海天岛》等。这些作品，都是出自建筑特定环境创造的需要，是建筑创作的一个有机组成部分。其中的每一次合作，都有一个难忘的故事。在重庆白市驿机场航站楼改建工程完成后，我特意写了《建筑师与艺术家的合作关系》一文，其中提到"艺术家的创作不能代替建筑师的意匠经营""在环境艺术上要取得共同语言""探索与创新是合作的生命力所在""只有切实提高艺术素养才能成为艺术家的知音""要努力争取有效合作的外部条件"等概念（原载《新建筑》1984 年第 1 期）。在上面说到的那些与艺术家们的合作项目中，都是从设计意图、创作意向开始的，不仅自己要主动投入进去，而且，还要亲自把好各个环节，直到环境艺术作品的完成和就位。

教学相长的经历

20 世纪 80 年代，我应邀在中央工艺美术学院和中央美术学院做学术讲座和设计教学，在雕塑家包泡的引荐下，还差点儿在中央美术学院创办环境艺术系。

20 世纪 80 年代，应中央工艺美院室内设计系何镇强主任的邀请，曾给学生们做过学术讲座。那时候，室内设计还没有摆脱"室内装饰"的概念，当时，中央工艺美院有一本在全国发行的著名刊物就叫《装饰》。所以，我去讲"环境艺术"，大家听起来就有新鲜感。张绮曼继任系领导之后，"环境艺术"的概念就普及多了，我也曾应张绮曼主任的邀请，去带过高班的课程设计（包括研究生），其中成绩优秀的学生（如黄钢），给我留下的印象很深，至今未忘。

1987 年正当我主持设计重庆江北机场航站楼的时候，中央美术学院壁画系的领导请我为他们高年级的学生讲几周课，并带两个课程设计。我拟定了一个室外实地的环境设计（含现场设计构思交流），另一个是我当时正在设计的重庆江北机场航站楼中央大厅开有水波形采光口（防西晒）主墙面的艺术处理。在对学生们设计作业的讲评中，我把设计思路及其要点，还有材料运用、构造结点上容易出现的问题，都很自然地融合进去了。大家反映与一般教学不一样，收获很大。这一时期在高等院校的学术讲座和设计指导活动，给我职业生涯中传播环境艺术观念和思想，留下了十分温馨而又特别珍贵的记忆。

还有一件事，差一点改变了我后半生的职业生涯。20 世纪 80 年代末，雕塑艺术家包泡先生极力推荐我到中央美术学院（当时还坐落在王府井帅府园），去创办国内第一个环境艺术系。为这件事，当时靳尚谊院长专门抽出时间，约我在他办公室谈话。靳院长告诉我，虽然学院缺师资，缺经费，但可以给我很宽松的政策，全力支持我把这个系办好。经过再三考虑，我还是不想离开建筑设计系统。为了响应建设部关于设计体制改革作试点的号召，我于 1989 年申请调离中国民航机场设计院，和另外两位建筑师创办了建设部直属（甲级）中房集团建筑设计事务所，我任总建筑师，这是国内创建的第一个全民所有制的建筑设计事务所。1995 年我作为该事务所的法定代理人，担任了总经理兼总建筑师，这一转折，使我在建筑创作的舞台上有了更大的活动空间，也为我在环境艺术领域的广义思考和探索，创造了十分适宜的新条件。

"环境、建筑、城市"三位一体设计理念的形成

我曾在《美术》上呼吁创立"现代环境艺术"新学科，因忙于设计工作，未能完成《环境艺术概论》一书的撰写计划，但相继论述了一些核心思想。

20 世纪 80 年代，环境艺术观念在国内的兴起和传播，报纸杂志等媒体起了很重要的作用。1985 年，《美术》杂志向我约稿，让我写一写大家所关注的环境艺术。这就是后来在同年第 11 期上发表的《现代环境艺术将在观念更新中崛起》一文，文中呼吁创立"现代环境艺术"这一学科。文章重点论述了环境艺术的文化内涵，以及它在各门类艺术中的地位与作用。这是我经过认真的理论学习和考察研究之后，才慎重提出来的。大概是由于这个原因吧，有人说，是我最早在国内重要学术刊物上正式提出"环境艺术"这个学科称谓的，但我自己没有做过考证。

在后来的学习、思考和研究过程中，我曾计划撰写《环境艺术概论》一

书，其主要内容包括：（1）环境与文化的相互关系；（2）环境艺术的表现层次与表现系统；（3）环境艺术与审美信息的传播；（4）环境艺术与人的心理行为；（5）环境艺术与符号学；（6）环境艺术与民俗学；（7）环境艺术的形态构成；（8）环境艺术的整体把握；（9）环境艺术的欣赏与评价；（10）环境艺术的未来。

由于建筑设计工作繁忙，《环境艺术概论》一书的撰写计划未能实现，但我仍然挤出了不少精力和时间，相继完成了以下有关环境艺术和环境设计基本理论的研究，这其中包括：《环境艺术的表现层次与基本形态》（载《环境艺术》第 1 期）、《现代环境艺术与未来建筑师》（收入《建筑师》第 33 期）、《文化视角与未来环境的创造——与马国馨的对话》（收入《中国建筑评析与展望》一书）。在 1999 年出版的学术专著《自在生成论——走出风格与流派的困惑》中，我还专门写了《空间与环境——自在生成的艺术论》这一章，系统地论述了"从空间艺术到环境艺术""全境界的建筑艺术创造""空间与环境的合二而一"等问题，并由此而引证出建筑及其环境"自在生成"的艺术原理思维图式。

以上这些理论思想和基本观点，都是相互关联而自成系统的，几十年来一直影响着自己的设计实践，直到我的职业生涯走向"环境、建筑、城市"三位一体设计的大舞台。

"完整建筑师"的苦与乐

环境艺术观念助我做"大建筑师"的活儿：从建筑设计、环境设计直到城市设计，体验到了一个"完整建筑师"才能亲历的甘苦和快乐。

自 20 世纪 80 年代以来，随着环境艺术观念及其理论在自己头脑里的生根，自己的设计胆识由小到大，主持的设计任务也越来越重。最初，多为公共与民用建筑单体（包括室内外环境）的设计，后来扩展到了群体和组团、一条街、一个高校园区等。20 世纪 90 年代中期，开始进入城市节点的建筑设计与环境设计，如东营市市政中心广场及其建筑群，包括行政办公大楼、检察院、法院、审判庭、新世纪纪念门等。作为黄河三角洲中心城市的一个重要空间节点，其建筑与环境设计的理念与创意，自然就与该城市的历史文脉、地域文化有着更为紧密的联系。2000年后的社会机遇，让我又走上了更大空间环境范围的城市设计舞台，如：广饶城市核心区的调整设计、临沂市北城核心区（一期）及其中轴线城市设计、滨州市滨城区综合开发及管理中心城市设计、哈尔滨市哈南工业新城核心区（一期）城市设计、沧州市东光核心区城市设计，以及目前正在实施的临沂市东城核心区（一期）城市设计（包含环境设计与建筑设计）等。

坦率地说，以前自己对城市设计的认识很淡漠，也没有全身心地投入。20世纪90年代中期以后，随着空间环境设计视野的空前开阔，我对城市设计不仅产生了浓厚的兴趣，而且还越做越上瘾了。确实，乍一看，城市设计似乎有点虚头巴脑的，费半天劲，还不一定能见到什么成果。然而，一旦深入地坚持下去就会洞察到，城市设计富有更深层意义上的大环境艺术设计的文化意味，这其中就包含了丰富的物质文化和精神文化的内容。它要求我们去综合分析和缜密考量城市性质、建设规模、经济状况、未来发展以及自然条件、生态环境、历史文脉、民俗风情等诸多错综复杂的因素，需要我们同时从宏观和微观上去把握城市空间中生态环境、交通环境与建筑环境之间相互依托的和谐关系，并在贯彻先进设计理念的运筹帷幄中，赋予城市形态以生活美、形式美和艺术美的创造价值。十余年的城市设计实践，让我切身体验到了城市设计就是"环境艺术"在城市特定空间环境范围中的"创造行为"。它为我们的规划师、建筑师、工程师、环境设计师和环境艺术家，在创造城市的实践活动中提供了无与伦比的大舞台——正是这样的原因，所以我将"环境、建筑、城市"三位一体设计看成是建筑师的最高设计境界，并将"环境艺术观念与技能"当作是建构现代建筑创作平台的一个必要条件，缺少这个条件，就不可能成为"完整意义上的大建筑师"。

近半个世纪以来，自己经历了建筑设计、环境设计和城市设计实践的全过程，其轨迹大体上可以看作是青年、中年时期从微观做到"中观"，再到宏观；即将步入老年时，又反过来，是从宏观做到"中观"，再到微观了。在我职业建筑师生涯这个难得的"大往返"中，我真真切切地体验到了一个"完整建筑师"才能体验到的艰辛、苦楚、激情和快乐，而自己也为此深感幸运和欣慰——能树立起环境艺术大观念，且循此道去做了马拉松式的"大往返"，真的是很舒心啊！

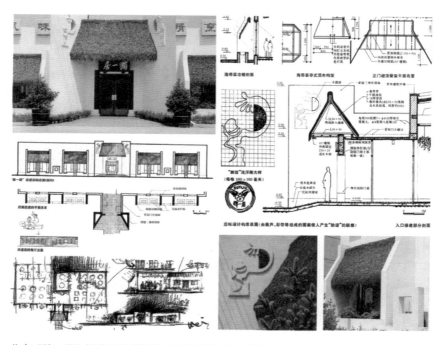

北京"独一居"酒家的改建设计，坚持建筑审美、"摒弃珠光宝气的商业习俗"的核心理念，在有限的条件下，确立了"逆流行，崇朴拙"的策略，将山东海带草这一鲜明特质形态符号元素引入酒家店面设计与室内设计中，并通过半明半暗、半私密性室内意境的渲染，创造了返璞归真的氛围

印度建筑大师 C. 柯里亚为新孟买拜拉普尔设计的低标准平民住宅（1983—1986），让每家 1 至 2 层多样化住宅形态围绕公共庭院展开且都有小院，同时实现紧凑的室内格局，在低标准、高密度条件下通过披檐、露梯、晒台、粉墙、红瓦、小院木门、草缝铺地等设计元素实现难得的建筑审美补偿，让平民感受到"家"的安逸

王小东：行云流水

王小东：1938 年生，中国工程院院士，新疆建筑设计研究院名誉院长、资深总建筑师。代表作：新疆友谊宾馆三号楼、库车龟兹宾馆、新疆博物馆、新疆国际大巴扎。2007 年获第四届"梁思成建筑奖"。著有《伊斯兰建筑史图典》《西部建筑行脚》等。

　　我念的小学、中学都在一座孔庙里，家父、家兄、家嫂也都在这所学校里任教。住家到学校不到一百米。学校环境很好，有牌楼、月牙桥、七十二贤的厢房和大殿，旁边的一座"文昌庙"也被纳入学校。对我来说学校和家是一体的，尽管离校很近，但从初一到高三一直住校，尤其暑假期间更喜欢住在环境优美的学校里，安静自由，唱歌看书画画，高兴了还去野外、山上、河边玩耍。家里人从来不督促我的学习，所以养成了喜欢自由无拘束的读书习惯。

　　直到现在我还对当年就读的小学里会有一个那么好的图书馆、会有《格林童话》和《东方快览》这样的中外优秀书刊而称奇，要知道那可是 20 世纪 40 年代啊！不管怎样，在小学时我就看了不少书，"四大名著"都是在小学时看完的。何况家里也有不少书，我看的第一部小说是《说岳全传》。小时候在邻居眼中我就是个书呆子。到中学时，读书更方便了，家嫂是学校图书馆的工作人员，这个图书馆创建于1941年，1949年后逐年扩充，所以藏书不少，记得有一套英文世界名著，其中的《金银岛》一书惹人眼馋，但那时我尚无能力阅读，直到20世纪60年代，才看了英国朗曼公司出版的英语简易版，"文革"后才真正读完了全书。

每年寒暑假就是我的阅读期，那时没有什么作业，经常从图书馆抱一大摞书回家或者到宿舍，记得三天看完了三大本《静静的顿河》，当时专门介绍外国文学的杂志《译文》也是每期必看的。那时，校园里、自家的院子里、河边的树林里都是阅读的好去处。直到现在这些场景还会在梦里出现，而且这些被阅读过的书存了脑海的深处。所以当时的我应该是一个"文艺少年"！这似乎与后来的职业无关，但我深知这少年时期广泛的阅读所积累的知识对我后来的职业发展大有裨益。

"文艺"两字常常不仅仅是指文学，那是一种与感性和形象思维连在一起的状态。我也喜欢绘画和音乐，所以在填写高考志愿时非常犯难，文理都喜欢，当时也想学物理或天文，但最后选择了建筑学专业，原因是它与科技、艺术都有关系，学制又是六年，可以多学一些。至于为什么选择了西安建筑工程学院，那是因为家兄也在西安读书。其实当时我对于建筑学这个专业一点也不了解，是文艺的"魂"将我勾到了这个领域。

对文艺的偏爱也影响了我的个性。我不愿附和、不愿趋时、随心、不计较、喜欢独立思考，所以在大学和中学期间，头上都有一顶"帽子"：只专不红。我做学生时，考试经常第一个交卷，哪怕有不会做的题也不管。尤其在大学里，课程设计和渲染图不去看别人的，且冲在前面早早完成，不像一些同学，总去观摩别人的作业，受到启发后而不断地修改。

大学的六年中，我还是努力保持了自己的个性和对文学艺术的喜爱，最喜欢上美术课，喜爱素描、水彩、雕塑等课程。大学的图书馆是开架式的，建筑方面的图书资料是好几个学校并在一起的，很丰富。阅读和写生大概是

2012 年，王小东（前排右三）与来工作室实习的法国贝勒维勒建筑学院的学生合影

我大学课外的主要天地。到现在我还在想，是课堂学习，还是学校的氛围熏陶抑，或是文艺的天分，究竟哪个造就了我成为一个建筑师的重要条件？不管怎么说，时至今日，我还深深地怀念那六年的校园生活和老师们的言传身教，以及同学之间的友情。

六年中我虽然做了努力，但始终没能入团，这种尴尬只有那个时代的人才会明白；后来到了设计院工作，往往开会后会叫党、团员留下来，我们少数人几个只好悄悄地退出会场。不能入团的原因，主要是我对造成"三年困难"时期的原因有看法。

在毕业分配的关键时刻，我对文艺的喜爱和个性把自己推向了一个今生无悔的境地。1963 年，国家的经济形势好转了，毕业分配的方案对于大部分同学来说应该是很好了。班上四十多个人，北京有色、黑色冶金设计院就要 15 人，长沙院要 11 人，还有昆明、沈阳、鞍山、南昌、重庆等城市的设计院都要人，但这些都是工业设计院；新疆要三人，是民用建筑设计院。

作为热爱建筑学的我，毫不犹豫地把"新疆"填写为分配的第一志愿，因为没人愿去新疆，我的这一愿望当然很容易就实现了。

好多年后，有人问我到新疆后悔不后悔，我回答不后悔。高考时填写的专业和学校，大学的毕业分配都是按我的第一志愿实现的。人生能有几次在关键时刻按自己的选择去做呢？如果要探究为什么这样选择，只有一个回答，就是我真心地热爱自己的建筑学专业，把它置于一种近乎神圣的地位，其他的如生活、物质等条件当时没有多想。

就这样，我西出阳关，只带了二十多公斤的行李，而且主要是书和水彩画等东西。去新疆报到前，回了一次家。离别时母亲含着泪说，这也许是最后一次见面了。在火车上，一位兵团农场的老头问我为什么去新疆？我说没考上大学要到新疆找工作，他一路劝阻我不要去，说太艰苦了。其实我当时幻想着，哪怕到一个小县城，自己能够参与这个小城的规划和设计，几十年后，看着它变成一座美丽的城市，那就是我人生最大的收获了。后来我画了一幅水彩画，名为《一个建筑师的梦》，那是天山雪峰脚下的一座城市。这个梦现在实现了，但不是我个人的功劳，自己仅仅起到了一些作用吧。

会被分到新疆什么单位，当时我也不知道。报到时，有关负责人告诉我有两家设计院可选，兵团和地方各一个；我当时说去兵团吧，那位负责人说还是地方好，就这样我被分到了新疆建工局设计院，一待就是五十多年，直到今天。

似乎我与新疆有缘，很快就爱上了这里的雪山、大漠、绿洲、戈壁以及生活在这里的人；喜欢这种气质，喜欢她的辽阔和胸怀，所以很快就融入和习惯了。当然我从没有放下对阅读和水彩画的偏爱。不管在农场、打井工地上劳动，还是节假日，我都背着画夹，只要空闲下来就到处去写生。这些年来新疆的大部分地方我都去过了，而且基本是坐汽车去的。我喜欢一天行驶一千多公里的那种奔放的历程，看茫茫戈壁，享受"千里暮云平"的遐想。在建筑创作的时候，这一切就是时空和背景，它们是息息相关的，我不可能和这些脱离，它们深深地植于我的灵魂之中。在与环境共鸣的同时，我也尽力收集有关新疆历史和文化的书籍，可以说这方面的收藏比设计院的图书室还要丰富。我是汉族人，但在特定的环境里不得不去研究伊斯兰文化尤其是其相关建筑，后来出国时，每到一个地方就会搜集伊斯兰建筑历史方面的书籍。这些行为没有功利的动力，纯属爱好。新疆对我来说，是生命中的重要组成部分，所以在自己的建筑作品中是自然的流露，没有刻意，没有矫情。

我经常会想，如果自己当年不是到新疆来，而是到另外一个地方又会怎样？依着自己的性格和爱好，我想还会凭着建筑这只"船"，航行于那块土地上和人文中，把自己融入。到哪个山唱哪个山歌，如果是一片云就在那里飘浮，化解成为水分流入土地；如果是一注流水，也会在那万物的生命里产生不同于别处的形色。行云流水虽无定处，但会在不同的地方注定因果。何

喀什老城区民居的鸟瞰（钢笔画，王小东绘）

况重大的选择是自己做的，有什么可后悔的呢?

当然，也有没按自己的心愿去选择的事，但也做对了。那是 1984 年的 11 月，我从北京出差回来，一下车，别人就告诉我，上级要我担任设计院的院长。我说不可能，因为事先从来没听说有这回事，自己又不是党员，也没当过副院长。但当天就被叫去谈话，而且任命文件都印好了，我说自己还是喜欢专业工作，又没行政工作经验。领导说这是经过考评和投票的结果，让我先试试，实在不行再说。这样我只好试试了，而且一试就是 16 年! 另一方面，我说试试也有一定原因，就是对设计院的发展有一些自己的想法。设计院的整体建筑创作水平提高了，也可了了自己的心愿。还有这个平台对我的帮助很大，如和国内建筑界的优秀人士结识，尤其一些学术会议包括国际会议更加深我对建筑的认识。我多次给上级和班子领导强调自己的精力是"三三"制，即三分之一管理，三分之一做设计，三分之一做研究，也得到了各方的支持，好多事情由副职和助理去做。这样凭着自己的爱好和信念，我基本没有放弃建筑创作与理论研究。

但在另一次人生的重大选择上，我坚决地按自己的心愿做出了决定。上级和自治区主席要我离开设计院去担任更高一级的行政职务，这次我毫不犹豫地拒绝了。我对主席说，设计院是水我是鱼，我离不开设计院这个地方，希望领导能理解我。由于自治区主席和我在设计院一起工作过十几年，他表示可以理解。这样就解救了我，不然我今天就是一个退休了的行政官员，远离了自己一生的喜爱和追求，这是无法想象的。

1999 年 12 月我终于被免去了院长的职务，成立了自己的工作室;正如一位老领导对我说的，这下你可以完全做你自己喜欢的事了。是啊! 这是多好的事。如今已有 15 年了，这 15 年是自己争取来的，是自己在建筑师道路上丰富多彩的 15 年。我没有像有些人说的去"安度晚年"，而是向自己的目标冲刺。记得 1993 年吴良镛院士问我对自己的专业有什么计划，我说感到时间很紧迫;吴先生说，你还紧迫，我才紧迫啊! 这话使我汗颜:二十多年过去了，其实是可以做很多事情的。2014 年 11 月在中国工

王小东设计的新疆国际大巴扎，获国际建筑师协会 UIA 奖

程院的一次会上见到吴先生，他还很精神。这二十多年吴先生在建筑、规划和教育的领域作了那么多的贡献。看来只要执着地去追求，紧迫感可以促使一个人更加努力。从院长位置上退下来的这 15 年我没有虚度，一些重要的建筑作品和论著也是在这段时间里完成的。其实并不是我想着如何去发挥余热为社会做贡献，只是骨子里的人生态度和对专业的挚爱推动着自己在不断地探求。我说过自己是一个一生中不断思考什么是建筑的人，就像有人喜欢下棋，有人喜欢练书法，没什么功利的目标。但这种内在的追求更胜于功利的推动。

正因为我没有宏大的目标，只是随着秉性和感觉去生活和工作，所以并没有"头悬梁、锥刺股"般的苦苦奋斗之感，自己的生活是多彩和愉悦的：在乌鲁木齐的南山有自己的"山居"，虽然简单，但也有花园和果木，可以爬山，可以去河谷游荡；水彩画也没有放下，2013 年出版了画册，书名的副标题就是"新疆五十年"；这两年又喜欢上了书法，经常沉醉于黑白方寸

1958 年读大学时的水彩写生作品

王小东的书法作业

之间；既有三朋四友品茗饮酒，也会静静地坐听天籁；用微博的方式写下了十几万字对建筑的思考，辑成《建筑微言》一书，将于今年出版；去年还出版了《绘读新疆民居》及《喀什高台民居》；自己也常常在网络空间里出现，QQ空间、微博、微信都有涉猎。就像自己在网络空间里的名字"眠云"一样，我随心、随性地在建筑、哲学等文化天地里游走。

　　这些大概是作为一个建筑师生活的另一个侧面吧！熏陶、本能、机遇，对职业的热爱和执着使得我像行云流水一样走着自己的人生道路。这里没有豪言壮语和雄心壮志，只有娓娓道来的流水账，但我更看重这些。自己的爱好与追求和建筑师一职密不可分地融合在一起，从这方面说，我应该算是幸运的了。

郑时龄：我在设计院的工作与生活

郑时龄： 1941 年生，中国科学院院士，中国现当代建筑评论理论的开创者之一。曾任同济大学建筑与城市规划学院院长、同济大学副校长等职。代表作：上海南浦大桥、浙江海宁钱君匋艺术研究馆、上海市南京路步行街、厦门市中山路步行街。著有《建筑批评学》《20 世纪世界建筑精品集锦（第四卷）：环地中海地区》《上海近代建筑风格》《建筑理性论——建筑的价值体系与符号体系》等。

在 1978 年回同济大学攻读硕士研究生之前，我在设计院工作了 13 年。1965 年 7 月，我从同济大学建筑系毕业后，分配到第一机械工业部第二设计院工作。虽然二院当时还在上海的外滩办公，但我被分配到二院在贵州遵义的筹建处，设计院正准备内迁至此。我在遵义的筹建处工地上劳动锻炼了一年，向泥水匠学手艺，用石头造房子，搬运水泥和建筑材料。当时的贵州正像传说的那样：天无三日晴，地无三尺平，人无三分银。城市的道路在天晴时是洋灰（"扬灰"）路，下雨天就是"水泥"（泥水）路。我们这一批三十多位大学毕业生于 1967 年年初回上海的二院参加运动，1970 年初又回到遵义参加筹建处的基建设计，准备全院的内迁。之后有八年之久，当大部分人在"抓革命"的时候，我做现场设计，辗转全国各地。1978 年 10 月回同济大学建筑系读书，在黄家骅教授和庄秉权教授门下攻读硕士研究生，1981 年 12 月研究生毕业后留在同济大学建筑系任教，正式离开二院；期间一共在设计院工作了 13 年，严格说是 16 年，因为攻读研究生的那三年仍然算是二院的职工，拿二院的工资。

　　我在二院建筑科工作的经历就好比是又上了一回社会大学，使我得到了磨炼，不但劳了筋骨，还苦了心智。我工作不到一年，就发生了那场史无前例的"文化大革命"运动，我在运动的洪流中晕头转向，不得不走向消极、犬儒，乃至"逍遥"。"文化大革命"期间，我和另外三位在大学里也受过绘画训练的同事被安排到"红画笔"工作室，从事"革命工作"。"红画笔"设在延安东路 7 号二院的食堂，我们的工作室就在食堂入口旁的工会图书室内。书架上的图书都用纸盖住，每天下班偷偷带本书回去看，第二天再将书归还原处，记得看过《静静的顿河》《红与黑》《最后一个莫希干人》等。在"红画笔"的主要工作是画毛主席像，也画大批判的报头和漫画，好处是画画就算参加革命运动了，可以逃脱许多会议和政治活动。二院的大批判专栏设在外滩，正对着南京路，因此颇有影响，经常

1974 年 4 月 29 日，郑时龄（前排中）与现场设计的同事在武当山天柱峰金顶合影

有好多人驻足观看。我们为大字报美化，也画漫画和宣传画。有一次我用炭笔画的一幅毛主席素描像贴在上面，某日晚上竟然不翼而飞，不知被谁"请去"。

已经不记得用油画、水粉、炭笔画了多少幅彩色的、素描的毛主席像了。我们曾经到派驻二院的工宣队所在的沪东造船厂和东沟船厂的厂区画毛主席像，算是工人阶级看得起我们，给我们改造的机会。天不亮就得从虹口的家中出发，换两趟公共汽车赶到复兴岛再摆渡过江，早上七点半要和船厂的工人们一起向毛主席像"早请示"，不准迟到。冬天在凛冽的寒风里站在黄浦江边高高的脚手架上虔诚地画像，画近十倍大的真人像绝对不能失真，没有工作服，身上穿的棉袄和棉鞋上沾满了色彩斑斓的颜料。我们也到派驻二院的军宣队所在的部队画毛主席像，也去学校、幼儿园、街道里弄画毛主席像；但画宣传画，条件就好多了，画幅也小得多。有一年夏天我们在瑞金路上的上海油画和雕塑工作室为江西南昌做过几个月的毛主席在井冈山时期的塑像，先用泥塑，再翻成石膏，当年的那座小楼如今已经拆掉变成新锦江大酒店。也曾经在西藏路上的工人文化宫布置展览，为当年在外滩 33 号的上海海员俱乐部做室内设计，画毛主席像，我临摹的是毛主席在延安窑洞里指挥解放战争、观看地图的一幅油画，画面背景中淡淡的黄灰色，层次极为丰富，至今仍有印象。和我们一起的还有一位真正的画家，他画的毛主席接见各族人民的画稿小样送给了我作为纪念。"红画笔"有一位同济的学长，他会吹单簧管，我也跟着他参加二院的铜管乐队学吹单簧管，吹了一年多后因患了肺炎，于是从管乐队"退休"。

三年的"画家"生涯随着 1970 年的内迁而结束，我开始参加"促生产"的设计工作组奔赴各地现场，建设三线。八年内我辗转于贵州的惠水险峰机床厂、贵州的风华机器厂、湖北十堰第二汽车厂、北京阀门厂、济南第二机床厂、沈阳水泵厂、杭州锅炉厂等工厂，进行现场设计和施工配合；期间也到过昆明、四川的成都和简阳、苏州、武汉、山东的博山等地参加项目的讨论；设计过各种复杂功能和类型的厂房、办公楼、研究所、住宅，也设计过一些公共建筑，如纪念馆和广场，为二院的学术刊物做过一些科研。1969 年年底进十堰第二汽车厂现场时由于没有道路，我们乘坐的车辆只好从河床中开过去，那种颠簸至今难忘。出差时也曾遇到红卫兵铁路"大串联"，于是我只能睡在火车的地板上，从火车的车窗爬进爬出，解决吃饭和方便问题。到建设现场往往要走险恶的山路，住过草棚和土房，有一次睡在湖北襄樊的骡马店，遭受到各种"微生物"的威胁。现场设计激发了设计人员的独创精神、研究能力和研究方法，我们除了睡觉和吃饭，其余时间几乎都扑在图板上面。冬天的严寒把鸭嘴笔上的墨汁都冻得流淌不下来，夏天的炎热常使图纸被手臂上的汗水浸得斑斑点点。不过那时候我们虽然仍属"臭老九"之列，但是工厂建设单位对我们这些工程师奉若上宾，因为项目的成功与否、项目的投资、建设的标准等都取决于我们的设计。

　　我常想，我的一生如果没有二院这段经历的话将会怎样？二院严谨的设计管理体制，领导与设计人员孜孜不倦的敬业精神，发挥设计人员创造精神的机制，培育了每个设计人员建立在调查研究基础上的工作方法、设计能力和社会责任感。回想起在二院工作的日子里，老同志以他们丰富的阅历和经验，谆谆教导我们这些年轻人，放手让我们挑重担，尽早让我们独当一面，主持项目的建筑设计。有一位曾经留学德国的机械工程师，找来一本引进设备的说明书，用来训练我的外语水平和翻译能力。在我设计杭州锅炉厂的伽马射线探伤室时，又给我找来一本有关射线防护的英文资料，使我即使在最艰难的时期，也没有放弃英语学习。现场设计不仅使我们与国家的建设实践密切结合，而且由于现场工作的关系，也去过不少地方，全国各地的建筑、历史的丰碑和大自然，培育了一个人的胸怀、情趣以及对大自然的热爱。工作之余，建设单位也会安排我们在节假日去游览，天安门的壮丽、长城的雄伟、长江三峡的壮阔、重庆朝天门码头的壮观、龙门石窟的俊逸、泰山的巍峨、武当山的险峻、杭州西湖的秀丽、辽宁千山的恢宏，至今仍使我难以忘怀。

　　1976 年 9 月 10 日，我正在离遵义 40 公里的建设工地为一家有色金属铸造厂做现场设计，单位来电话要我赶快回到院里，必须在三天内完成一幅大型黑白的毛主席油画像。于是我搭上一辆便车赶回遵义。这是我所画的最后一幅毛主席画像，那三天几乎没有时间睡觉。

1978年初恢复研究生考试制度，我在3月底得知放宽年龄限制后才决定报考同济大学的研究生，那时候离报名截止日期已不到一个星期。当时我正在杭州艮山门外的杭州锅炉厂现场做设计和施工配合，如果要走正规程序将报名表填好寄到遵义，让二院进行政审，再寄回杭州的高校招生办公室，按照当时邮政的效率，是万万来不及的。杭州高招办的老师非常通情达理，他们建议我只要让单位发一份同意我报考研究生的电报到他们那里就算报名完成了，再让我与同济大学的研究生处联系，让单位的政审表直接寄给同济大学，不必经过杭州高招办转。我一去同济大学研究生处，一位姓王的老师马上就同意这样的特殊处理办法。设计院的领导在我提出申请报考的第二天，就发电报到当时我所在的杭州锅炉厂现场，同意我报考，鼓励我深造。

因为是"文革"后第一次全国研究生入学考试，没有什么考试大纲，大家都不知道怎么考、考什么？当时，我只知道要考外语、政治、建筑设计、建筑结构和构造四门课。幸好现场设计的任务不重，可以有很多时间复习。在不到两个月的备考时间里，我在宿舍、在办公室、在下班后杳无人迹的厂区里一有空就看书，看到眼睛累得看任何直线都会有一个缺角。周末我就到龙井去复习，当时的龙井幽静而偏僻，不通汽车，要从九溪十八涧步行大约半小时到达；自己带一些干粮，泡杯茶，但环境好，眼睛也不会疲劳。

到考试的时候，正是5月中旬，杭州的天气也渐渐热了，家家户户的窗户都开着。晚上宿舍外面的建筑工人在空场上看电视，当时正在播放电视剧《红楼梦》，声音吵得让人无法入睡。考场在保俶山下的一所小学内，杭州的高招办也设在那里。第一天上午考政治，下午考英语，中午就在附近的面馆吃碗面。第二天考一整天的建筑设计，一大早我得从艮山门外带着图板挤公共汽车去考场。第三天早上我一到考场，高招办的老师告诉我，建筑结

郑时龄主持建筑设计的杭州锅炉厂

构和构造的考卷还没有寄到，他们已经与同济大学联系，同济会重新出一份考卷寄来，让我先回去等电话通知。过了一个星期，高招办的老师通知我去考试，告诉我考试卷来了，但仍然是老的卷子，说估计你也不可能见过考卷，就赶快考了吧。我就这样考了试。接到复试通知后，要去杭州的一家医院体检，当时规定，眼睛近视不能超过 600 度，而我早在中学时近视就已经是 1100 度，那位医生大笔一挥，让我合格。回想当年，只要有一个环节受阻，就不知道我的命运会怎样。这些老师具有爱心和同情心，他们和我素昧平生，但十分通情达理，如此"不合程序"的情况在今天简直是不可想象的。

　　研究生毕业后，我被留在同济大学工作，分在工业建筑设计教研室；而二院坚持要我回去，每月继续给我发工资，学校人事处就让我再退回去。如此拉锯整整一年，二院最终把我放了出来，而把尚在二院工作的我夫人扣为"人质"，直到 1983 年底才同意她调回上海。

程泰宁：文化自觉引领建筑创新

程泰宁：1941 年生，中国工程院院士，系中国工程院"当代中国建筑设计现状与发展"课题组的第一主持人，现为东南大学建筑理论与设计中心主任、中国联合工程公司总建筑师、中联筑境建筑设计有限公司主持人。代表作：杭州铁路新客站、加纳国家剧院、马里会议大厦、黄龙饭店、南京博物院（二期）。著有《中国建筑评析与展望》《当代中国建筑设计现状与发展》等。

一、价值判断与评价标准的同质化、西方化是建筑创新的思想障碍

改革开放三十多年来，我国城市面貌发生了巨大变化，在一座座建筑拔地而起的同时，如何延续并创新中国文化特色的问题，已日益凸显出来。一个众所周知的情况是：二十年来，西方建筑师"占领"中国高端设计市场已成为一道世界罕见的奇特风景，他们的作品以及大量跟风而上的仿制品充斥大江南北。"千城一面"与中国特色的缺失已引起国内外愈来愈多的关注，并常为人诟病。

一位国外同行最近说，"中国的城市建筑毫无自身特点"，"中国建筑设计急需考虑环境，否则就是毫无意义的复制品，甚至是垃圾"。其实不仅在建筑界，在很多媒体上也经常可以看到此类议论，只不过没有这样尖刻、直白罢了。"千城一面"和文化特色的缺失，反映了当前建筑设计领域中的诸多问题，但我更愿意把它看作一种社会文化现象。而价值取向和评价标准的同质化、西方化，则是产生这种现象的根本原因。

　　"五四"以来，中国文化在某些方面似乎依然处于破旧未能立新的境地，在中国现代文化未能形成自己体系的情况下，人们习惯性地接受西方强势文化的影响，自觉不自觉地把西方的价值取向和评价标准作为我们的取向和标准。在文化交流碰撞中，"失语"是文化领域中一种颇为普遍的现象，在文艺、科技的某些领域中表现得尤为突出。在建筑创作方面，多年来西方流行什么，我们就流行什么：现代主义、后现代主义（其典型表现是所谓"欧陆风"）都曾经风行中国。当下，以"消费文化"作为载体的西方后工业社会文明的价值观也已经影响我们。景观空间、图像化建筑，吸引了不少人的眼球，"非线性""超三维"又成为一种时髦。在建筑创作中唯西方马首是瞻，以他人之新为新已成为我们的惯性思维。价值取向的同质化、西方化在中国已蔓延成为一种集体无意识现象，令人感叹，也使人感到无奈。

　　与此相对应的是对中国文化缺乏自觉、自信。尽管近年来随着中国的经济崛起，在文化界包括建筑界谈论"中国特色"的人多起来了，但事实是，

程泰宁的黄龙饭店手绘图

赶时髦者多，认真思考者少。什么是"中国特色"？在很多人心里仍然是一个问号。建筑界以至文化界、科技界，至今仍然有人认为中国文化是科学艺术创新的障碍。"中国文化＝传统文化＝封闭保守"的认识，经常在不自觉中表现出来。中国经济崛起不等于文化崛起。路在何方？对于一部分建筑师来说，仍然是一个无法回避的问题。

价值取向同质化，再加以体制上的诸多原因，中国建筑师在很多方面无法享受与西方建筑师同样的待遇。行政权力的滥用和商业文化的不良导向，使得不少建筑师一直在看领导和开发商的脸色做设计。丹纳在他那本著名的《艺术哲学》中说："群众的思想和社会风气的压力给艺术家定下了一条发展之路，不是压制艺术家就是逼他改弦易辙。"同质化的文化导向和低俗的审美趣味也使得一些有思想的中国建筑师在创作中步履维艰，他们的"中国探索"很难得到社会的充分认同（尽管我所接触的一些西方建筑师对此倒有不错的评价）。应该说，当前的创作环境十分不利于建筑创新。因此，我认为，改变价值取向同质化所带来的"千城一面"和文化特色缺失的现状，一方面需要中国建筑师的自觉、自强，另一方面也需要引起全社会，特别是各级领导以及媒体的关注和反思。

二、文化的自觉、自信是建筑创新的前提

价值判断同质化、西方化与对中国文化缺乏自觉、自信是一个硬币的两面。它反映了我们对中西文化缺乏真正的了解，也反映了我们对世界文化的走向缺乏清醒的判断。因此，对中西文化的历史、现在和未来发展有一个基本的思考和把握，并在此基础上建构自己的历史观、文化观，对于建筑创作十分重要。

需要动态、全面地理解中西文化的发展历程。从中国历史看，"天不变道亦不变"的思想表现了传统文化封闭保守的一面，以致严重地阻滞了宋元直至近代的社会发展。但也应该看到，梁启超所说的"孔北老南，对垒互

南京博物院（二期）效果图

峙，九流十家，继轨并作"的多元开放的格局，也一直支撑着中国传统文化的前行。事实上中国传统文化是一个多元走向、动态发展的复杂系统，在悠长的中国文化发展过程中，产生过极为丰富、极具活力的哲学思想，至今仍闪现它智慧的火花，给全世界的科技文艺创新以重要启迪。日本第一位诺贝尔物理学奖得主汤川秀树曾在《创造力与直觉》一书中专门论述了东方思维——直觉对科技创新的特殊作用，并以很大篇幅阐述庄子的思想对他的研究所产生的重大影响。我也常说："现在很多人欣赏西方建筑师的创造力，其实这种创造力也并非西方人所独有，两千多年前庄子的《逍遥游》所表现出来的天马行空般的创造性思维不仅使中国人，也使现代西方人惊叹不已。"当达·芬奇还在研究透视、伦勃朗还在为光影效果苦苦探索的时候，青藤、八大已经超越时空，把人们引入了无限广阔的心灵世界。实践证明：只要我们调整心态，在现代语境下对中国传统文化进行认真的深度发掘，我们就会找到过去从未发现的思想闪光点，为我们构建新的中国建筑文化提供有力的支撑。若只看到中国传统文化消极的一面、低估以致否定其文化价值是片面的，也是不明智的。

反观西方，"以分析为基础、以人为中心"的西方现代文化推动了西方社会的快速发展，也极大地影响了世界文化的走向，但历史上没有一种文化能永远对社会发展起到促进作用。"以分析为基础"是否更应该强调综合，"以人为中心"，走过了头，是否会造成人与自然的对立，影响可持续发展，造成人对物质的无止境追求，产生越来越突出的社会矛盾？经历了两百年的发展，这些问题已经凸显出来。

对这些问题以及对世界文化的未来走向，中西学者都在思考，不仅不少中国学者对未来中国文化的发展有十分清晰的分析评述，一些西方学者在摆脱了"西方中心论"的影响后，观点也有所变化。弗里德曼说："世界是平的。"但他同时也说："在趋平的世界平台上虽然有将多元文化同质化的潜能，但它有更大潜能促发文化的差异性和多元性。"亨廷顿更明确承认："没有普世文化……世界正面临非西方文化的复兴。"可见，从根本上说，世界文化的多元化是日益进步的人类的共同要求，也是文化发展的客观规律。

应该看到，东西方文化正在重构，我们只有在这样一个文化大背景下思考中国现代建筑的现状和未来发展，才有可能走出价值取向同质化、西方化的怪圈，使我们有一个更为开阔的视野，从而建立起对自己文化的自觉和自信。这是中国现代建筑创新的思想基础。

三、立足自己，在跨文化对话的基础上实现中国现代建筑的创新

中国当代建筑创新的基本点是"立足自己"。但是，"立足自己"不是自我封闭。相反，在全球化语境下，我们需要对中西文化进行全面深入的比较和思考，互补共生，相辅相成，立足自己，转换提升，从而实现我们的理论创新和实践创新。也就是说，"各美其美""美人之美"——跨文化发展，这是一条向现代建筑发展创新的必由之路。当前，重点需要关注以下三个问题：

1. 从建筑本体出发解读西方现代建筑

观点一：西方现代建筑是一个相互矛盾的多元综合体，有益的经验和思想常常包含在观念似乎完全相反的流派之中。因此，把一个时期、一个流派看成是西方建筑的全部，既不符合事实，也对创作有害。

观点二：要向西方多元化的建筑流派学习，学习他们在形式上的创新精神，但更需要学习西方现代建筑重视理性分析的传统。这是一个具有普世价值的传统，这对于我们建构有中国特色的建筑理论体系，对于我们的建筑创作至关重要，实际上对西方现代建筑的发展也至关重要。

观点三：前面已经提到，近几十年来，西方由工业社会进入以"消费文化"为表现形式的后工业社会，西方文化出现了一种从追求本原逐步转而追求"图像化"的倾向。有法国学者认为，西方开始进入一个"奇观的社会"：一个"外观"优于"存在"、"看起来"优于"是什么"的社会。在这种社会背景下，艺术中的反理性思潮盛行，有些艺术家就认为"形式就是一切"，"只有作品的形式能引起人们的惊奇，艺术才有生命力"。他们甚至认为"破坏性即创造性、现代性"。对于此类哲学和美学观点对当今西方建筑、中国建筑所产生的影响，特别是对整个现代中国文化发展产生的影响，我们要有清醒的了解和认识。但如何来应对这种现象呢？建筑作品的产生过程是矛盾的、复杂的、混沌而又不确定的，建筑不是纯艺术，更不是一种"被消费""被娱乐"的目的物。建筑创作只有从建筑的本体出发，从一种社会责任出发，才不至于失去它创作的魅力和价值。

2. 在现代化、全球化语境下解读"传统"

观点一：对于中国建筑师来说，传统与现代，似乎是一对难解的结。在创作中如何借鉴传统，已成为我们长期以来挥之不去的困扰。其实，从根本上说，现代与传统是两个完全不同的时空概念和文化概念，传统将随着社会的发展而延续，但当它与现代社会发展相契合时，传统文化已升华为一种新的文化。现代中国文化源自传统，又完全不同于传统。以建筑论，脱离了现代的生活方式、生产方式，特别是现代人的文化理想和审美取向，笼统地讲传统，是没有任何意义的。不了解这一点我们就走不出"传统"的困扰。

观点二：如何借鉴、吸收传统呢？我认为，中国传统建筑作为一种文化形态，对其应作多层次的、由表及里的理解。形：形式、语言，形式语言的表达是多样的，并在不断变化；意：意境、心像，一种东方的创新性思维和审美理想；理：哲理与文化精神，建筑创作之"道"——境界。

在创作中，不囿于形式，不拘泥于一家一派，从中国的实际出发，在现代语境下，以"抽象继承"（冯友兰语）的认知模式来吸收和借鉴传统，可能会有更广阔的空间。建筑创作如此，其实，文艺创作亦如此。

观点三：我不太欣赏"中国元素""民族特色"这类提法。我所说的"道"，即现代中国文化精神应该是一种既有独特性，又有普世性的价值体系。只有承载着这样价值体系的中国建筑文化，才能为世界所理解，所尊重，所共享，也才能真正与世界接轨，并且在跨文化对话中取得话语权。

3. 传统≠中国，现代≠西方

我们的目标是在跨文化对话的基础上，探索"现代"和"中国"的契合，寻找中国文化精神，力求在创作中有所突破和创新。这是一个很有挑战性的过程，我国有不少建筑师已经从不同方面做出了自己的探索，值得关注。

在全社会的支持和关注下，以文化自信、自觉引领建筑创新，中国建筑师一定会有更多的优秀作品来装点祖国的大好河山，在城镇建筑中，圆"美丽中国"之梦。

张锦秋：我的建筑创作与文化观

张锦秋：1936 年生，中国工程院院士、全国工程勘察设计大师，现为中国建筑西北设计研究院总建筑师。中国建筑界首位"何梁何利奖"的获得者，陕西省科学技术最高奖获得者。代表作：陕西历史博物馆、西安大雁塔景区三唐工程、黄帝陵祭祀大殿、西安钟鼓楼广场、延安革命纪念馆。著有《长安意匠——张锦秋建筑作品集》（七卷本）等。2015 年，中国科学院紫金山天文台正式以她的名字命名了一颗小行星为"张锦秋星"。

和谐建筑

在多年建筑实践当中，我体会到要践行和谐建筑应该从三个方面入手。

1. 建筑自身的和谐。建筑是一个复杂的综合体，涉及建造的功能目标、经济条件、技术水准、生态节能、艺术特色和社会意愿。建筑的成败得失，往往取决于能否使这些因素有机平衡。

2. 建筑与城市的和谐。建筑文化的创造，首先有赖于城市规划的优劣，城市文化孕育城市建筑文化，建筑文化彰显城市特色。

建筑创作应该做到因地制宜，因题制宜，传承创新。现代建筑的多元传承，在不同性质的城市中许多都采取新老分区、各展风采的方式。现代建筑的多元创作，在城市规划对建筑没有特定要求的地区，突出现代生产技术、功能的"产品形式"和强调反映所在地域特色的"地域形式"都可以发挥；有特定历史环境保护要求和特殊文化要求的建筑，如历史文化名城的旧城区、文化遗产保护区周围的建设控制地带，在非法定保护的文化旅游景区以及与历史文化主题有关的标志性建筑等，有法定要求的当然要依法办事，没有法定要求的，就要在某些方面与保护对象具有一定的共同基因而和谐共生。

古迹的重建和历史文化名胜的重建，按照文保政策规定，不允许在列入保护名录的古遗址上恢复重建，而我国在此以外的历史名胜还有许多。中国自古就有不断修建或恢复名胜的传统，美好的历史故事和特色景观才能得以流传。这些设计尤其要注重历史性、科学性和艺术性，千万不能成为无本之木。

3. 建筑与自然环境的和谐。我们有必要重温中国古代"天人合一"的哲学思想。这里"天"是指物质存在的自然，认为人和自然本来就是一个有机整体。天与人的关系"应之以治则吉，应之以乱则凶。强本而节用，则天不能贫"（《荀子·天论》）。在西方，美国生态哲学家莱奥波尔德等人提出"生态意识"，可见中西方现在终于达成了共识：城乡建设都要有保护生态环境的基本理念，对已有的生态环境要在保护的基础上加以利用，对已经遭到破坏的自然环境则应进行修复。

文化自信

地域文化是生活于该地域的民族在长期生存实践中萌生、创造、发展的文化，因而，地域文化具有自己民族的和生态的特色。不同地域之间随历史的发展会出现自然的交流与融合，如"丝绸之路"就是一个交流、融合的纽带。当今，全球化文化与地域文化之间碰撞的过程引发了深层次文化理念的

陕西历史博物馆外景

冲突，对抗与竞争取代了心平气和的融合。强势文化以其强势的政治、经济为背景，对相对滞后地域的文化形成了以强凌弱、取而代之的形势。在这股大潮中，如果听之任之，不去自觉地将对抗转为交流、将对撞化为融合，在经济全球化的时代，就会出现文化的全球雷同化，那将是人类社会最大的悲剧。

如今，东方正面临现代与传统、外来文化与本土文化的冲撞与融合时期，具有鲜明文化属性的建筑自不例外地卷入了这一浪潮。从哲学思潮来看，当代城市建设体现了科学主义思潮和人文主义思潮的汇合。在这个汇合点上，物质的与精神的、传统的与创新的、地域的与世界的等两极的东西必然会神奇般地统一起来，从而构成一种洋溢着蓬勃生命气息和生活朝气的综合美。

在城市发展过程中，不同历史时期、不同地域的人们创造了不同的城市文化环境。美国建筑大师沙里文曾说过："根据你的房子就能知道你这个人，那么根据城市的面貌也就能知道这里居民的文化追求。"西方文豪歌德说："建筑是石头的书。"雨果在《巴黎圣母院》中写道："人类没有任何一种重要的思想不被建筑艺术写在石头上。"

空间意识

1. 天人合一

"天人合一"往往表现为"因天时，就地利""虽由人作，宛自天开"，肯定自然，顺应自然，在自然中寻找自己恰当的位置和姿态，而不是与自然相抗衡。空间布局强调自然界的整体性即事物之间内在关系的有机自然观，运用"易经"哲理，讲究阴阳结合、主从有序，从而把人与自然、自我和宇宙加以统一。

2. 虚实相生

"虚实相生""计虚当实"，在传统空间意识中是一个很重要的观念，同时也是中国传统艺术观念。中国画论强调"虚实相生"，要求"无画处皆成妙境"，更重视虚境的艺术表现；书法讲究"计白当黑"，认为空白适当与间架结构有着同等的艺术价值。

中国建筑艺术历史就是"计虚当实""虚实相生"，不但通过对建筑物的位置、体量、形态的经营有意识地去创造一个与实体相生的外部空间，而且实中虚、虚中实，内外交融，从而构成独树一帜的艺术特征。"虚实相生"的观念在古典建筑中从宏观到微观、从总体到单体等得到充分体现。

3. 时空一体

传统空间意识中，空间与时间是不可分割的，具有数千年历史的八卦图上就标识着春夏秋冬配合着东西南北，时间的节奏率领着空间的方位。在中国建筑空间构图中成就了节奏化、音乐化的"时空合一"。梁思成先生说："中国的建筑设计和中国的画卷特别是很长的画卷很相像，用一步步发展的手法，把你从开头领到一个高峰，然后再慢慢地收尾，比较有层次，而且趣味深长。"

4. 情景交融

中国人于有限中见到无限，又于无限中回归有限，于是在城乡、风景建筑空间中发挥其综合艺术的特点，除建筑本体外还借助于雕刻、绘画、植物、水体、小品、匾额、楹联创造出"小中见大""以景寓情、感物吟志"的意境追求。景观从形式美引起的快感谓之"美境"，只有使人触景生情的景观才能升华到"意境"的层次。通过立意被物化后的艺术，空间才能出现使人触景生情的"意境"。单就城市、建筑、园林三大基本形态的出现而言，已经使我们看到了华夏建筑体系之端倪，而规划、建筑、园林在此同时出现，更表明了中国古代人居环境一体化的实践活动。

建筑创作

在世界建筑发展史上，中国传统建筑以其鲜明的特点而自成体系。其特点主要表现为：木构架为结构体系，单幢房屋组成有特色的建筑群体，建筑单体艺术形象丰富多彩，建筑和山、水环境融为一体。由于结构、材料的特点和中国传统的美学哲理，中国传统建筑对其细部极为重视，而这些细部在形成中国传统建筑的鲜明特色中也起着重要的作用。

比起那些斗拱和彩画来，中国古典建筑的群体构图和空间艺术的基本规律更具有强大的生命力；中国古典建筑考虑"人"在其中的感受，更注重于"物"本身的自我表现。这种人文主义的创作方法有着我们民族深厚的文化渊源；中国园林建筑是凝固了的中国绘画和文学。它以意境为创作的核心，使园林建筑空间富有诗情画意。我国传统造园的立意、布局和手法已在国内外现代建筑中被广为借鉴。

群体组合，内外空间结合，建筑与环境结合，建筑与室内陈设，诗、画、雕塑的结合，等等，这些优秀的传统正是西方现代建筑家所刻意探索的领域。同时中国建筑师在系统地研究现代建筑中，也找到了和正在寻找着它与民族传统的交汇点和结合点。继承和发扬建筑文化民族传统的途径是多方位、多元化的。

建筑师以自己的设计构思和表达方式提出相应的空间形态，这才是我们创作的设计方案，所有这些因素都是错综复杂相互关联的，他们构成了建筑创作的基础和背景。不同的建筑、不同的环境、不同的时期诸多因素各有侧重，一个建筑作品应是与产生它的那些因素互相融合、权衡的结果。

冲破"一元化"的禁锢，进行多元化、多方位的探索，"古为今用""洋为中用""古今中外一切精华皆为我所用"，我们的创作道路会越来越宽阔。

就形式谈创新是得不到什么结果的。如果把追求西方新建筑的表面特征当作"时代精神"，如果把我国古典建筑的外部形式当作"民族传统"，那么两者的结合的确困难，甚至是互不相容的；但是，如果我们从西方现代建筑和我国传统建筑的精神实质来分析，就会看到它们之间有许多相通之处，其交汇点往往是创新的萌发点。

有一种观点认为，现代建筑的发展注定了要走"国际式"的道路。民族传统如果不是前进的反动力，至少也是用之鲜少、可有可无的。其实，这是一种早期现代建筑运动的偏见。中华民族在它自立于世界民族之林的时代，如不继承发扬自己的文化传统是不可想象的。

长安文化与遗址保护

首先，城市要满足多种多样的生活要求，包括要有美好的公共空间。其次，城市要保护、利用和创造美的自然环境。再次，城市需要具有丰富的文化传统和地方特色的建筑环境。从中也可看到城市文化、城市文化环境、城市建筑文化环境，每一个层次均具有广泛的内容，同时它们之间又具有多么密不可分的关系。建筑文化环境在城市文化环境的营造中，的确有着举足轻重的作用。

延安革命纪念馆

城市文化环境应有标志性建筑、城市文化设施、街区、风景名胜和城市整体特征五个要素。建筑毕竟是铆固在大地上的不动产，它不像时装那样可以轻易地弃旧换新。当更新的时尚潮出现时，那些曾经时尚的建筑就有可能被人视为食之无味、弃之可惜的"陈迹"。

一个城市如果真正做到以人为本，为市民和客人创造了舒适宜人的生活环境和公共空间；如果真正尊重自然，不仅保护好本城市、本地区的生态环境，还着意关注了城郊之间空间的连续性，在创造人工环境的同时有机地与原有自然环境相结合；如果在城市建设中正确处理好了新老关系，真正维护了本城市在历史文化上的连续性，该保护的历史环境都保护了，在相关地段还继承、弘扬了当地的历史文化；如果在城市建设中真正重视了综合性与渐进性，充分发挥了规划、建筑、环境园林等各专业的作用，还为后人留有继续开拓的可能性……真正这样去做，城市特色必然会在新的城市发展建设中被保存下来，更会得以发扬光大，创造出新的业绩。

对城市的发展要努力做好五个结合：

第一，保护、恢复和重新使用现有历史遗址和古建筑必须同城市建设过程结合起来，以保证这些文物在体现其历史文化价值的同时也有经济意义，

并继续具有生命力；

第二，历史遗址和古建筑的保护规划必须同相应的城市设计结合起来，以保证新老建筑在城市功能和体型环境上的和谐统一；

第三，古遗址、古建筑和历史区域与周边环境的保护相结合；

第四，保存和维护好城市的历史遗址与古迹要与继承一般的文化传统结合起来；

第五，物质文化遗产的保护与非物质文化遗产保护结合起来。

我们应该紧紧把握"古都"的基点，把握"古都"的特色，以城市设计的整体观点精心设计和精心"填空"。打个通俗的比喻：我们对历史古城的新建设是要对古城进行"织补"而不是简单的"打补丁"。整体永远大于、重于个体，建筑个性应蕴含于城市特色之中。

黄星元：建筑——在从容中求真知

黄星元：1938年生，全国工程勘察设计大师，现为中国电子工程设计院顾问总建筑师。代表作：海南广场会议中心、大连华信软件大厦、中国普天大厦。2009年获第五届"梁思成建筑奖"。在高科技建筑及现代工业建筑创作理论方面有专门的研究及著述。

　　中国的文化和西方的文化在传统上是差异很大的，但历史上中国自古就有对外的交流，两千多年前"丝绸之路"绵延不断的商贸交往，途经亚洲、欧洲、非洲各国，传递着中国的价值观，中国的青花瓷等器用和丝绸制品，给异域带去了丰富多彩的中国文化，同时我们也从中习得了许多异族的文明。其实不仅中国文化与西方文化不同，阿拉伯文化、印度文化、伊斯兰文化也与西方文化不同，虽有不同而又能交流，这是基于人类探索人生和世界的真谛的天性。

　　当今，"一带一路"的提出，众人称颂，在商贸共同发展的后面同样是文化价值观的互动。

　　在全球化的今天，反对封闭的思维成为主流，主张相互交往、相互吸收和消化，同时不怕相互碰撞和争论，这种推动文明进步的做法受到欢迎。

改革开放三十余年来，我国建设事业大发展是世界有目共睹的现实，谈到中国建筑理论和中国建筑师在世界的影响，的确仍需不断努力。自新中国成立后的六十多年来，中国建筑创作之路此起彼伏，在建筑创作的道路上，我们如何轻装前行呢？

我从事建筑行业至今五十余年，以设计为主，很少系统地去研究建筑理论，一般有所涉及也是有感而发，下面谈几点个人的想法和大家交流。

一、建筑的意义就在于建筑本身。建筑是人类的房子，用于解决生活和工作上的"住"的问题。建筑的存在需要场地，房子的修建需要材料和技术手段，任何建筑活动都不可避免地带有可识别的地域性，建筑的功能和形式都是自然生成的，经过历史、地域的印证成为可记忆的文化。

建筑也被称为文化的载体、文化的一角，建筑艺术实为建造之艺术。建造必须具备两个条件：一是合理的结构体系，二是需要非常了解材料的天性，并由现代技术手段完成。

但在建筑创作上，文化不宜捆绑建筑，过于强调文化的表现往往弄巧成拙，变成单纯的建筑形式的讨论，陷于建筑形式的随意性表达，结果只能成为一定历史时期的符号。

建筑创作应当依据建筑设计的理性原则，建筑应当涵盖社会、功能、愉悦、城市整体的诉求。在当前，简而言之的建筑应当是实用、经济而美观的。

二、现代主义建筑理论的现实意义。源于20世纪初的现代主义建筑理论起始于欧洲，被视为人类在建筑发展体系中的先进思想宝库。由于历史原因，中国没有经过这一现代思潮的实践洗礼，但其理性内核结合我国的实际条件，关注经济，反对建筑形式的随意性和过度设计的原则仍有现实意义。

现代主义建筑思想的重点归纳为：

强调建筑随时代发展变化，同工业社会条件与需要相适应；

强调建筑师要解决建筑实用功能，关心社会和经济问题，在建筑设计和艺术创作中发挥现代材料、结构和新技术特点；

2012 年 12 月，黄星元（右三）与专家们讨论室内设计方案

　　抛开历史上建筑样式的束缚，提倡新的建筑美学原则：其中包括表现手法和建造手段的统一、建筑形体和内部功能的融合。

　　以上各点最初的实践，首先体现在以实用为主的建筑类型，如工业建筑、中小学校、医院、图书馆和住宅等，有明显的大众化、人性化取向，强调与环境的融合，强调可持续发展、严谨务实，有着多年发展和实践的历史，仍然是大多数主流建筑师遵循的思维方式，表现了很强的可操作性和新的生命力。

　　三、中外建筑师彼此交流与合作。由于"一带一路"的提出，国际交流又上了新的台阶。当今社会经济发展、文化交流是不能间断的，改革开放的成果之一就是引进国外人才，在建筑设计行业与国外建筑师同行，在设计理念、设计方法和新材料应用上以及工程全过程的管理上，都有极大的进步和提升。"关于中国成为国外试验场"的说法，似乎责任不在外国建筑师，与我们自身的选择有很大的关系，国外建筑师的方案是市场化行为的体现，选择权在我们。如美国、日本、英国、法国等国家的许多重要项目的建设，也是由外国建筑师经过设计竞赛中标的。在此期间，中国建筑师水平提高很快，许多项目与外国建筑师同场竞技，都有中国建筑师参加而中标的。这更表明时至今日，我们是个开放的社会，不同文化、技术的对话和交流使我们感受到社会的进步带来的好处。

四、文化的交流和融合。每个国家文化的差异和特色是不言而喻的，不媚外但也不封闭，能真正吸收外来文化的才是强大的文化，能真正吸收现代建筑的精华并能融会贯通为我所用，才能使中国走出抄袭、仿古、复古的老路，创造出高水平的中国现代建筑。媚外现象的表现：一是有些业主对中国建筑师认识不足，没有信心；二是有些建筑师对国外理论概念的盲从，生搬硬套不结合中国国情。这些现象有待进一步改进。现在是国际化的社会，每年有大批留学生出国学习，又有许多留学生学成归来，成为我国建筑创作的推动力，各国文化的交流和融合，打开了中国建筑师走向世界的大门。

五、关于"原创"这个词。建筑作品的评价标准不宜简单用"原创"两个字评价，因为"原创"用作描述建筑，其定义并不标准和统一。

任何建筑方案，都有站在前人的肩膀上更上一层楼的痕迹，古人有"化

大连华信总部大楼外观

用"的说法，意为已有的成果可以借用。如宋词化用了唐诗仍然达到了诗词的顶峰。建筑也是从理念、技术、美学、功能的整体传承，正如在建筑界有诺贝尔奖之称的"普利兹克奖"对获奖者之评述，往往包含对建筑的本质、对空间与材料的应用、对环境的融合、对社会的贡献和建筑发展的启迪来描述，这样较为全面。我觉得建筑师可不必苛求作品的原创（原创应是第三方的评价较客观），业主也不必要求作品必须是原创，因为一项认真的建筑作品只要是建筑师的原作，非抄袭、非仿古很难分清何者是原创、何者不是。许多业主的着眼点也往往限于建筑外形。建筑从无到有发展了几千余年，人类的生活尺度没有变化，因而建筑的演变和进化其基本要素是靠技术进步传承连接的。许多事物的描述在语言上有相应的词汇才显得准确，如歌曲的原唱、音乐的创作、技术的发明、编剧的原作等专用的语言，但建筑创作这个复杂的命题如仅用"原创"来衡量就过于简单或文不对题，在此我觉得用原作和创意来描述建筑作品较为合适。如果谈到建筑发展史上的原创实例应当有如下几个阶段：

（1）原始人的隐蔽所——洞穴的原始空间；（2）埃及金字塔的雄伟造型；（3）意大利万神庙首创的直径44米的室内空间；（4）1929年巴塞罗那世界博览会上德国馆启迪了现代建筑的发展方式；（5）法国朗香教堂的非线性设计。

与之相比，处于当今复制手段和资讯来源极为发达的社会之中，自称原创的作品经得起认真推敲吗？用得体的词汇叙述作品的真实应会更恰当。

马国馨：拒绝炫耀，解决民生

马国馨：1942年生，中国工程院院士，第二届"梁思成建筑奖"获得者，全国工程勘察设计大师，现为北京市建筑设计研究院有限公司总建筑师。代表作：北京国际俱乐部、毛主席纪念堂、第十一届亚运会奥林匹克体育中心、北京国际航空港T2航站楼。著有《丹下健三》《日本建筑论稿》《体育建筑论稿——从亚运到奥运》《长系师友情》等。

王忭（中国艺术研究院博士研究生，以下简称王）：马国馨老师，您是中国工程院院士、全国工程勘察设计大师，是我国著名的建筑师。我们想请您就热点话题"摆脱浮夸：当代建筑的诉求是什么"谈一谈您的看法。

马国馨（中国工程院院士、北京市建筑设计研究院有限公司总建筑师，以下简称马）：说不上著名，就是做过几个设计。从改革开放以后，中国的建筑业有很大的发展，城镇化速度也很快。城市的面貌发生了很大变化；我们盖了很多房子，领导也很为这个成绩高兴，因为我们是世界最大的工地，市场很开放，也有很多让圈外人看了都"瞠目结舌"的房子，所以这些年来，很多人也为此自豪或是沾沾自喜。实事求是地说，我们既取得了成绩，也有很多问题。说得直率一点就是存在着很多乱象，有许多让人们感觉很混乱的东西，像建筑业就是我们国家的腐败高发区。建筑管理和建筑施工领域出现了不少腐败现象，从上到下不少人落马，建筑设计问题也不少，许多建筑的质量堪忧，出现了"恐楼""塌楼"，以及楼倒压死人的事故。另外也盖了很多华而不实的建筑，我认为你所说的这个浮夸也包括这个内容。我们盖了很多房子，拉动了GDP，但是很多房子华而不实，实效并不大，更主要的是对我们的民生没有太多的助力。虽然一栋栋高楼大厦盖起来了，新闻媒体上经常宣传，这个是世界第一，那个是世界第几，但到最后可能对改善民生没有太大的作用，很多老百姓急需解决的问题没有解决。一些城市的基础设施还没有弄好，一下雨城市就被淹，一下雪城市交通就会瘫痪。此外，很多城市的环境也在恶化，水资源告急，空气质量就更别说了。所以不能因为我们的成绩就讳言我们的问题，当然也不能因为问题就否定我们的成绩。习近平同志在2014年国际工程科技大会和两院院士大会上都特别讲到实施创新驱动发展战略。他列举了很多我们过去这些年来取得的成就，像"两弹一星"、载人航天、探月工程、三峡工程、移动通信、量子通讯、西气东输、西电东送、南水北调、北斗导航、载人深潜、高速铁路、航空母舰等等，但是他两次都没有提到我们的城镇化和城市建设。我觉得这说明领导对城市建设还是有一个比较清醒的认识。

2014年5月，中宣部、国家发改委又发出开展"节俭养德、全民节约行动"的通知，要求我们都要节俭养德，厉行节约，这和中共中央政治局在"关于改进工作作风、密切联系群众的八项规定"里提到的厉行节约的要求是一致的。我感觉厉行节约虽然是对老百姓个人提出的要求，但实际上我们的基础建设最应该讲节约，因为我们的基础建设投资量太大，在GDP中所占的比重越来越高。所以我们这个行业真是要节俭养德，要厉行节约，之所以考虑这个问题无非是我们有十四亿人口，资源非常缺乏。我们的水资源、土地资源都很不够，还有其他的能源都极度缺乏。我们经常讲这个行业消耗了世界多少钢材、多少水泥、多少电等等，但是这当中有多少是确实有效的，有多少又是无用功，有的可能还产生了反作用，所以建筑行业需要正确的价值观的指导，需要进行科学的审视。建筑业要节约，必须要考虑资源，要考虑环境，要考虑生态，要考虑民生，更关键的是相关的主管部门是不是对此有深刻的认识。

当然建筑业的繁荣成就了很多有名的建筑师，很多建筑师完成的作品名单都是长长的一串，可是当中到底有多少是符合我们国情的？有多少是能够满足老百姓的民生需求的？坦白地说，有很多作品只是建筑师个性的发挥。只是增加了建筑师们设计费的收入，改善了建筑师们自己的生活，对此我们必须要有清醒的认识。作为建筑师我们不能失掉社会责任感或者说起码的职业道德。在这里，我是将自己放在作一个"旁观者"的立场来说这个问题的。因为当前市场不规范，竞争激烈，或者说建筑师处在恶性竞争中，在这种情况下让建筑师坚守自己的职业操守和社会责任，他们可能连饭都没得吃了，所以建筑师来谈这些问题有点儿"投鼠忌器"，因为建筑师也很无奈；另一方面，我感觉也有一些建筑师还能够比较理性，能够在当前如此功利的大形势下保持自己清醒的认识，这是非常难能可贵的。

王：您从国家的新政策说起，谈到建筑工程应该厉行节约以及建筑师需要有社会责任感，从这个角度来认识建筑行业中的浮夸之风，非常深刻。

马：以前大家经常考虑外国建筑师来了以后怎么样，把我们中国建筑师的饭碗抢了，或者设计了很多奇形怪状的房子，使得城市面貌不统一甚至是凌乱。我有时候在想，为什么会出现这样的现象？我们最主要的问题是什么呢？最主要的问题应该说就是我们价值观的问题。我们到底应该用什么样的价值观来看待我们的建筑行业？因为，什么样的价值观决定走什么样的道路，做什么样的设计，导致什么样的结果。下面举例谈一下这个问题：

第一个问题，我认为是一些重复建设或者是对民生贡献不是特别大的立项和建设，这个和主管部门有直接关系。我们这个国家从改革开放以来在建筑领域已经刮过了各种各样的"风"，宾馆风、国际化大城市风、CBD风、剧院风、展览中心风、超高层建筑风……一个接一个。从沿海城市到内陆城市，从大城市到省会城市、中小城市，一股"风"接一股"风"，大家争相效仿。但是主管部门从没有一个非常冷静、非常理性的及时指示，常常都是事后诸葛亮，忽然哪个领导想起来了，就发一个指示不要这样了不要那样了，但是已经于事无补了。

王：这些问题得从管理口子上把关。

马：不仅是立项管理，而且有后续经营。投资巨大的项目到底有什么回报，必须要算这个账。比如剧院风，国家大剧院有"三大件"：歌剧院、戏剧场、音乐厅，现在全国各地全仿效这个，都要这"三大件"，但经营起来很困难，完全依靠国家补贴也不现实。这类建筑必须根据我们国家经济的情况以及随着人们审美水平的提高有计划、有步骤地分级来做，而我们现在是蜂拥而上，先是会展风，之后是剧院风、博物馆风、体育馆风；很多地方盖了博物馆、美术馆，里边却没有多少藏品。

王：还有城市规划馆风，很多县城建设的城市规划馆用以宣传领导的政绩。

马：但是城市规划馆有一个好处是便于公众参与，起码能让老百姓来看看你想干什么事，从整个政府和老百姓的沟通来讲会起到一些正面作用。但有一些建筑根本起不到作用，比如很小的县城都要盖一个几万人的体育场，还要看台上全部做挑棚，实际上根本没有必要；很小的地方也要搞一个游泳比赛馆，根本没有正式的比赛会在那里举行。这类场馆是非常花钱的，因为它运转起来就要空调、采暖、通风等等一系列花销。国外盖这类建筑的时候都非常谨慎。现在很多国家非常精明，偶尔举办一次游泳国际比赛，人家根本不盖游泳馆，就在体育馆里搭一个游泳池。我们现在的铁路客运站、航站楼，其中室内的空间又高又大，有一个火车站的停车站台上空的空间有六十多米高。

王：六十多米，那应该是 20 层楼那么高，完全失去尺度感了。

马：不光是尺度感问题。一般火车站台只有两边有顶棚，但这个火车站把整个站台都包起来了，六十多米高，这就是有钱没地花了。这种例子太多了，有的工程喜欢做大跨度空间，实际上根本没必要这么大跨度，当中加两根柱子马上会省下很多造价，而且不影响整体效果和使用功能，但就是非要把一个简单的事做得很复杂。另外，我们对拆除现有建筑一点儿也不心疼。比如沈阳五里河体育场，是我们国家足球的腾飞之地，很有纪念意义的地方，当年因2008年奥运会有两场预选赛要在那儿举办，就把这个建造不到二十年的体育场馆炸了，建设新的奥体中心。这些实际是对我们的资源、对我们的财富极大的浪费。类似的这种例子举不胜举。

上面提到的很多例子是"化简为繁"，自己给自己制造困难，然后再去解决困难，自己制造问题再去解决问题。这倒是让我们很多专业和很多施工单位能够有申报国家奖的机会，我们有很多获奖项目就是因为有这类工程才得到的。

王：现在很多外国朋友觉得我们的一些建筑太豪华了。

马：是的，这是一个普遍问题。只要涉及领导和外事方面的建筑，好像要更加讲究，唯恐其不奢华，生怕外国人来了以后说我们寒酸。实际上，外国人看了后真是瞠目结舌。欧美一些国家恰恰非常务实。

我们国家的资源非常贫乏，尤其水资源、土地资源非常紧张，可是还有很多地方在建设大水面、大喷泉、大广场。我曾到过一个地方，当地领导非常得意地对我说，他们的广场比天安门广场还要大。其实这么大的广场利用率很低，根本没有什么人，都是硬质铺装，也没有树，热得不得了，土地资源就这样被浪费了，而且用的都是非常宝贵的可耕地。现在很多规划特别讲究图面的构图，特别讲究气派，要大轴线、大广场、大水面，这在很多大学城和高校的规划当中特别突出。

长期以来我们对空间浪费的现象重视不够，现在我们有很多开发区，容积率非常低，只要为了招商引资简直什么条件都可以答应。建筑还有一个体积问题，就是建筑物占有整个城市空间的问题。我们采用高大的空间、高大的中庭看上去很神气，本身是对城市空间的一个浪费。土地资源平面占地的浪费、空间的浪费在我国建设中问题很突出，需引起大家的高度重视。现在攀比之风还是刹不住，都要争世界第一高楼。我都不知道这些建筑是为谁设计的，业主想搞这个，主管部门也不应该同意。实际上这是考验我们的主管部门在这个问题上到底是不是有理性，是不是有非常清醒的价值观体系。

马来西亚盖了双塔之后就金融危机了，所以也有人说超高层完了以后就带来金融危机。这种说法不无道理。我们国家当然有政府在这儿支撑着，但实际上这些泡沫早晚有一天要表现出来。这股风或者说狂热实际是很可怕的，这种狂热性在不同时期有不同表现，比如1958年提出要20年"超英赶美"。实际上我们要做的事还多得很。随便举一个例子，养老问题。我们国家已进入老龄化社会，北京已经有五分之一的老年人口，上海已经有四分之一的老年人口。养老问题是一个摆在眼前的大问题。大家都干了一辈子了，国家应该怎么解决这个问题啊？当然不是完全要依靠国家，可是国家应该在这方面有所动作、有所安排。不可否认，这些追求"高大上"建筑的现象其实反映了我们国人为了自己的面子或者国家的面子的一种炫耀性的消费。这种炫耀性的消费本身就是一种扭曲的价值观。当然，在提倡厉行节约的同时，我们要避免从一个极端走到另一个极端，既不能为了单纯追求形象、追求标志性、追求世界第一，不惜工本，但也不能为了厉行节约就削足适履。

王：那么，您如何看待建筑师在这些风潮和现象中的角色和作用呢？

马：建筑师是个比较无奈的职业，是为人服务的。但有时期因上边有那样的价值观和追求，某些建筑师在工作过程中，说得好听点儿就是提供好的服务，说得不好听就是推波助澜，甚至想出更多的招数来助长这种炫耀性的消费，助长这种资源的浪费，助长破坏生态环境、破坏城市环境。

城市建设问题涉及面很广，不光是一个建筑学、规划学的问题，还涉及生态学、社会学、遗产的保护等问题。现在开始提"要留住乡愁"，过去要什么乡愁，大家都想旧貌换新颜。现在要留住乡愁，留住乡愁本身还是要考虑城市的历史、城市的文脉、城市的来龙去脉，要给大家亲和感，要保留城市的特色。现在城市建筑的问题也不完全是外国建筑师带来的问题，主要是我们自己的问题。如果我们的主管部门、业主有一个比较正确的指导思想，

2014 年，马国馨院士在中国文物学会 20 世纪建筑遗产专业委员会成立大会上发言

外国建筑师也得听你的，因为你是花钱的主儿。如果你的标准要求恰当，还是能够做出很好的建筑来的。我们国家是一个有着十四亿人口的大国，我们这个行业，如果能把我们自己国家的问题、我们的城镇、我们的农村，包括人民生活、人民的居住问题能够解决得令大家满意的话，这就是世界水准。哪个国家能解决我们这么大的问题？所以我们有时候请知名的外国规划专家来，但他们对这个十四亿人口的国家所存在的问题到底怎么解决，也是束手无策的。所以这一点我觉得我们要有自己的自信，要有恰如其分的认识。我们国家的建筑水平的提高，绝不是找一些国外的建筑师来做就能实现的。因为这些建筑师往往把在自己国家都实现不了的建筑方案拿来，将中国当成了他们的试验田。

王：目前我国很多大型工程，政府部门都会向国际招标，这是否反映出部分政府官员的崇洋媚外思想？

马：国际招标本身并没有错，外国好的东西我们为什么不拿过来？但现在一是没有公平竞争的环境，二是在选择上有一种扭曲的价值观。另外，到现在为止为什么很多人热衷于国际招标呢？他们有一种推卸责任的思想。比方说，如果一个工程采用了中国建筑师的方案，但恰好某一个领导可能看了以后不满意，如果他问起为什么不把世界最高水准拿过来？为什么没用国外的建筑？这个时候这个主管部门就负不起责任了。但如果举行国际招标，以后即使领导怪罪下来，主管部门就可以说都国际招标了，还要怎么样？当然这种国际招标还有很多暗箱操作，我们就不细说了。

王：我记得早些年《建筑学报》在甄选国家大剧院设计方案时，刊登过一些关于安德鲁设计的国家大剧院的争论性的文章，网络上也有许多讨论。有些人认为最后选定安德鲁设计的方案，是因为当时几个参与竞标的中国的建筑设计院的设计方案做得比较平庸，而安德鲁的设计令人耳目一新。对此您有什么看法？

马：我们说的耳目一新，主要涉及一个美观问题，这是一个见仁见智的问题，也是个说不清楚的事。比方说中央电视台在一百多米的高窄悬挑出 70 米，先不说好看不好看，如果中央电视台不悬挑 70 米，它的节目就播不出去。如果这个悬挑 70 米和播节目一点关系没有，你就是在"烧钱"。大剧院也有这个问题，因为这个建筑本身是一个多解方案，并不是一解，哪一个解都可以做得好，但是这个解当中就涉及如何考虑到我们的资源及各方面条件。尤其在北京，更要考虑到这个建筑对全国的辐射作用。我们国家有一个非常不好的现象就是"跟风"。当年"国庆十大工程"刚刚结束，全国就出现一大批小号的人民大会堂。北京盖了一个"鸟巢"以后，现在各地类似"鸟巢"的工程多得很，国家大剧院之后类似这种"大蛋"的工程也多得很，所以中央现在提了二十四字的核心价值观，又提了节俭养德、留住乡愁等等，都是为了提醒这个问题。大城市应该率先做出一些符合理性、符合科学、符合我们国情、生态环境的表率。过去常常一个重大工程完工就是一个大成就，大众媒体一片欢呼，很少有一个比较科学理性的实事求是的判断。这样也影响了我们这个行业本身的发展，所以需要像《美术观察》这样的学术刊物和更多的媒体能观察出点问题来。不观察出问题怎么能够前进？

王：有些建筑师得了国际上的大奖，他们的建筑有些人说好，有些人却说功能上不太合理，形式上是传统符号的堆砌，但实质还是西方现代建筑。您怎么看待这个问题？

马：这个问题怎么说呢？得奖总是一件好事，但也是一个见仁见智的问题。每个国际大奖本身都有它的局限性，任何国际大奖都是由评委会决定的，评委会本身有自己的世界观、价值观、审美观。每一个奖都有它自己的局限性，包括诺贝尔奖，诺贝尔奖得了以后很多人也有各种评论，如果是科学的学科，那种判断标准是比较单一、理性的，这不容易出问题，比如医学奖、化学奖、物理奖，一般不会有什么太大的问题。但是涉及人文的，比方像文学奖、和平奖就有很大争论。建筑本身除了科学技术以外，还涉及人文、美学，获奖有争议是正常的。怎么看待这个问题？关键是要有一个判断标准。这个标准是什么？我认为对于建筑：第一要看使用起来好不好；第二要看花钱多不多，是不是符合我们国情；第三要看上去大多数国人是不是喜欢。我觉得这是几条很朴素、最基本的标准。如果这个建筑作品不好使、不好用，做得再有特色也不行。这三个基本标准还需要一个综合的平衡。在许多评奖中，我们常常把美观放在第一，但单纯好看不好看真是一个见仁见智的问题，大家可以讨论，关键还要用其他标准进行综合判断，才能给出一个相对比较全面客观的评判。

王：您认为当代建筑的浮夸现象是不是跟建筑教育有关？梁思成先生留美回国以后在清华大学按美国的建筑教育体系，特别是宾夕法尼亚大学的建筑教育体系创建了清华大学建筑学专业，但是他非常重视对学生进行中国文化和艺术素养的培养，还设置了很多相关课程。但是，当前我们很多年轻的学生出国留学，本国文化并没有学得非常扎实，他们到了西方国家后深受当代西方建筑设计及其理论的影响。这批建筑师回国后在今后的创作当中容易照搬西方那套东西。您对这个问题怎么看？

马：这个问题比较复杂，关于教育现在有很多议论，建筑教育是个涉及

毛主席纪念堂

科学技术和人文美学的学科，就更复杂。关于中国建筑将来怎么发展，这里
实际上还涉及将来的建筑形式，因为功能都差不多，国外住宅要客厅、卧
室、厨房，国内也要这些，顶多有的生活风俗习惯不一样；但是我们现在所
说的就是形式问题，形式问题是众口难调；所以还是允许多样化，不是一条
路，因为时间、地点、材料、社会、审美、环境各个方面的条件不一样，就
可以有不同的对策；所以建筑这个学科难就难在没有定解。在满足使用功能
的前提下，方案可以有多种表现方式，但是在选择时，主管和业主必须要考
虑城市特色，考虑环境，考虑我们的资源，当然还要考虑我们国家的审美水
准。过去在我国搞设计的清规戒律多得很，这个形式是"洋怪飞"，那个形
式是"封资修"，现在已经比过去开放多了。但现在的问题是快要走到另一
个极端去了：你想得怪，我想得比你还怪。

　　王：您认为我们国家的建筑院校需不需要加强对传统文化的教育？

　　马：应该说形式是一个不断探索的事情，并没有一个固定的模式。中国
原来木构的形式随着时代的发展也不可能再重新去做，肯定要随着我们科

学技术、材料的进步，以及人们对形式审美的不断发展而变化。欧洲从早期巴洛克、洛可可、文艺复兴时期一直到 20 世纪的包豪斯以来，都在不断发展。至于传统这个东西怎么说呢？我自己觉得传统和大家的爱好有关，有兴趣就自然能传下去，没兴趣即便再强调，对方也记不住。现在大家倡导在学校里把四书五经背得烂熟也没有必要，因为这些学说主要是讲"修齐治平"，至于哲学上的思考、历史上的思考还不是特别多。但是建筑这个行业，我觉得若是没有哲学上的思考，没有历史学的知识就做不好。刚才咱们说了半天，说到价值观、美学观的问题，涉及很多哲学的基本观点。我们讲建筑怎么发展过来，这些形式都不是凭空来的，是一代人又一代人不断探索出来的，探索本身就是一个历史，我们必须知道它的来龙去脉。

王：马老师，请您最后总结一下。您认为当代建筑的诉求应该如何定位？在实践中如何落实？

马：我们的建筑本身还是为广大老百姓服务的，这是一个最基本的前提，先把对象弄清楚了。既然是为广大老百姓服务，就必须要更多地考虑如何解决民生、解决宜居，使建筑更好用、更实用，满足大家物质和精神上的需求。另外，还能留住乡愁，还能让大家对城市有亲和感，这些需求其实是我们都应该达到的，而不是建很多华而不实的房屋。一座城市不是几个领导人的，而是几百万几千万居民的。在建筑设计时，必须满足大多数人的需要，为什么要多样化就是指这个，因为大家的需求是多样的。

崔愷：关注"本土设计"和"有道德的设计"

崔愷：1957 年生，中国工程院院士，第四届"梁思成建筑奖"获得者，全国工程勘察设计大师，现为中国建筑设计研究院有限公司名誉院长、总建筑师、本土设计研究中心主任。代表作：北京外语教学与研究出版社办公楼（获 20 世纪 90 年代"北京十大建筑"称号）、首都博物馆、殷墟博物馆、重庆国泰艺术中心。著有《本土设计》等。

2014 年秋天在深圳，应孟建民大师之邀我们俩做过一次对谈。起因是孟先生觉得我们这批奋斗了三十年的资深建筑师应该有个反思，不仅对自己今后的道路有益，可能也对年轻人有些参考价值。我十分同意这个想法。虽然这几年我也常在学校和设计单位讲演，但正式的场合似乎总会不自觉地有所保留，而这种放松的对谈可能讨论得更深入些。春节前金磊主编又发短信来布置"假期作业"，要写"建筑师的自白"，我便想用这个对谈稿权作自己内心的某种自白吧。

孟建民（以下简称"孟"）：大家常讲"建筑是遗憾艺术"，您从事建筑创作三十余年，对这种说法有何理解？能不能给青年建筑师分享一下您的专业体会与经验，甚至教训？

崔愷（以下简称"崔"）：对这一问题可以从我们的教育谈起。我们那个时代建筑教育资源比较少，改革开放初期一切面向现代化，对建筑历史文化等深层次的东西关注不够。尽管那时老师也带我们做测绘，研究民居，研究生阶段还给我们开了《古建园林》的设计课，但说实话那时候我自己关注的重点不在这上面，直到今天才意识到我们很缺这方面的根基。如今谈到"本土设计"，谈到我们的"原创"，由于缺少长期有意识的文化浸染，底子较薄，由内而外的东西少，还徘徊在由浅及深的摸索阶段。相比，台湾建筑师的文化传承比较延续，使得他们在文化上比较有自觉和自信，许多优秀作品有文化的深度思考，值得学习。另外，在我早期工作期间，曾被派往深圳蛇口的华森公司工作，其中有两年在深港两地工作，这段经历对我也有不小的启发和影响。

孟：这种影响主要在哪些方面？

崔：我借此机会考察了不少香港的现代建筑，参加了许多与香港业主和专业人士的工作会，对形成后来的创作认识和思考习惯产生不小的影响，比如对建筑功能性和经济性的理解以及对专业合作和技术细节的关注。那时候深圳特区讲究效率、速度，虽然政治氛围比较开放，创作空间很大，但许多设计师对许多新的社会变革中引起的新需求也不太了解，对新技术、新材料也了解不够，所以一开始就做综合性复杂的星级酒店项目不适应。虽然阿房宫凯悦酒店的方案是我创作出来的，但整个设计过程对我来说就是一次学习和培训，收获很大，对我后来的设计实践影响不小。说实在的，国外建筑师往往是从小建筑甚至从装修改造自己家的房子开始做起，经历从"装修—小建筑—公共建筑"的实践过程，甚至很多建筑师都很少做大建筑，机会似乎不如我们，但反过来说他们却符合建筑学的锤炼过程，从小处研究，逐渐发展，形成了对建筑细部的控制能力。但是中国建筑师一开始就上手做大房子，工作重点是去组织而不是在真正做细部节点设计上，所以普遍都存在"细不了"的毛病，技术细节依赖引标准图和专项设计。我们缺乏严格的基础训练，工作中往往提前上岗，跨越式成长，有些拔苗助长，人和建筑都有些"夹生饭"的感觉。这也是我常存心头的两大遗憾。

北京外语教学与研究出版社办公楼

孟：去年我参观罗杰斯事务所了解到，罗杰斯先生虽不亲自做细部节点，但对这方面有特别强的要求和把控意识，这是我国建筑师缺乏的。但您在这方面的意识比一般建筑师强很多：很早您能考虑到地域特色元素的运用或文化氛围的营造，如对阿房宫凯悦酒店、北京丰泽园等都做了文化韵味和细节上的处理。

崔：我从跟着前辈做设计到自己主持设计，到现在连主持带指导设计，参与设计的方式确实变化很大，但我自己的确喜欢设计，看图比较敏感，改图也比其他人细一些，所以很多人愿意找我指导。我虽然同时管的项目多，但的确能快速地发现问题并提出一些有价值的建议和解决路径，给人家出出点子。令人欣慰的是现在有一批年轻建筑师开始关注建筑的建构细节，关注建筑的完成度，这无疑会减少建筑创作的遗憾，是好的趋势与进步。

孟：您能谈一谈在实际工程项目中遇到的遗憾吗？理想方案落选的经历与无奈？

崔：当然，比如方案没实现的经历、工程配合中的不当、建筑移交后被他人乱改，这三方面都有过遗憾。比如 20 世纪 90 年代参加外交部大楼竞赛，我的方案事前做过有关环境、城市空间和外交活动使用方式等方面的分析和研究，还亲手喷绘了几张大幅效果图，模型也做得不错，很花了些工夫，自己觉得在多个参赛方案中占据一定优势，但没有得到评委们的理解和支持，后来听说甲方领导也有政治方面的考虑，最终没实现，挺遗憾的。后来做外交部怀柔培训中心时甲方还提起这件事，看来还是有不少人喜欢。

孟：我看过您做的外交部方案，看得出您花过大量的心思。设计考虑的因素比较周全，也许是方案做得很完整，形象新颖，但与外交部领导强调"低调"的态度不合，因此很可惜没被取用。您做的深圳电视台投标方案，理念也是很超前的。

崔：是的。我在福田中心区开放的城市环境中设想做一个地景建筑，主立面是一个绿化大斜坡，坡上面开了大大小小的绿化平台，下面是大小不一的演播室，内部有个开敞的中庭，办公在另一边，分区明确，空间清晰，我认为很符合那个地段特点以及深圳的气候条件。那个方案完成交标后，我去新加坡开会，在和当地建筑师聚会时拿出此方案和大家交流，大家都挺看好，并关心能否实施，但可惜最终也没入选。

孟：从现在的角度看，这个方案也是很棒的绿色生态建筑。关注环境比仅关注外形更重要，建筑品质需要全方位配合。

崔：虽然我在深圳做的项目不多，但做的几个项目与深圳的气候、环境和现在倡导的生态、花园城市条件还是相符的，是比较注重"本土性"的。我现在更多地考虑环境因素，而并不单纯看重建筑物的外在表现，这个内在标准，在我参加深圳的竞赛评审中，一再坚持的内在标准。另外还有一种现象是建筑可能创意不错，但结构及设备专业设计跟不上，这也是普遍存在的问题。好的建筑设计要有好结构与设备工程师富于创意的默契配合才行。

结构工程师要有积极创新、敢于面对挑战的精神，而不是小心翼翼、墨守成规、保守消极。许多国际名作都能看到结构和细节的技术创新！再者如果设备工程师的设计质量跟不上，也会造成建筑整体品质的下降与被动，在节能环保上也无法发挥更积极的作用，这种遗憾也会经常发生。

孟：这和我们所处的环境、技术支撑体系和运营机制有关。另外，您在建筑创作过程中有没有受到僵化的建筑规范之困扰？受僵化规范制约造成被动与困扰。

崔：说到这方面，几乎每个项目都遇到过。举个例子，如做敦煌雅丹地质公园游客中心项目时，就遭遇到这个问题。这个项目地点离敦煌大约一百公里处，当地环境十分恶劣，寸草不生，烈日暴晒，风沙时时骤起。当地政府跟民营企业合作，做游客管理中心、博物馆、小客栈等，之前有设计单位做了比较分散的布局，而我们认为应做成集中式的，结合场地设计呈半月牙形状，一边是停车场，一边是专用上车区，这样游客可穿过商业街、游客中心甚至酒店的大堂到另一侧换乘。那种地方商业和旅游季节性较强，淡季没人，但赶上旺季时，当地老百姓又扎堆去摆摊，所以建筑大部分是一片架空凉棚，形成半室外空间，只少量地加几个玻璃盒子供开店，其他的空间用来摆摊，形成像古玩市场一样以开放性为主的旅游小商品一条街，既减少建筑的造价，也减轻运营的负担。令人没想到的是，设备工程师却说按商业建筑规范，超过一定的面积和人流量，要加喷淋，据说不这么做将来审查很难通过。这真是令人哭笑不得，作为常识，在气候极端恶劣的条件下，喷淋管在室外无法保护，也完全没有必要设置。但相关规范文字不严谨，解释得又较含糊，也有的陈旧观念跟不上发展形势，往往会造成合理不合规的尴尬。如果制订规范时更多地考虑不同的假定条件，提出应对的要求，就会更有适应性。说实话现在对建筑师来说，许多有新需求新创意的设计要做到不违反规范是件很不容易的事情，需要业界同仁的积极支持。当然对规范也要基本上遵守，不能对着干，有些遇到矛盾应该有投诉和咨询论证的机制才好，规范也需要不断改进，适应新的发展的需要。

孟：能不能再谈一些专业协同，减少错漏空缺的经验与体会，以及工程配合不当造成的遗憾？

崔：现在设计追求从外到内一体化，其实很多项目做不到。比如由于社会通常的分工机制往往把室内设计单独招标，而容易带来室内设计师只对业主负责，只要业主同意就省去和我们主创建筑师沟通的环节，形成"短路"，很难保证设计的整体性。还是举雅丹地质公园游客中心的例子，室内设计本由我们团队做，但甲方又考虑把室内设计和展览设计分开做，便请来策展人，但结果业主不满意，重新又找了家室内设计师做了个特别夸张的室内方案，对建筑空间干扰太大，我完全不能接受，风格也不搭，造价也突破了投资预算，结果业主最终因其造价太高否定了这个方案，耽误了工期，最终还是按我们的方案实施。我觉得这是割裂全过程控制造成被动的典型案例。还有一个例子是临沂大剧院项目，建筑、施工配合都较为顺利，问题还是出在室内设计上，合作过的深圳某装饰公司中标后拿出的几个方案，其中有一个比较夸张媚俗，但业主竟看中了，我们很有意见。之后业主让我们与装饰公司沟通，结果对接人借领导敲定不易改之类的托词不愿改，只是敷衍说公共空间按我的意见调整，观众厅里面的效果最后没有改，很突兀。设计机构之间不能精诚合作，责任不清，往往造成设计环节的割裂，几乎成为我国建筑创作中面临的普遍性问题。

孟：这更提醒我们要争取全过程的控制权，这是对项目负责，对社会负责。项目移交后，管理上的失当或随意性改造也会带来建筑品质的降低。

崔：对了，谈到遗憾还有一种现象是项目移交后出现的问题。在我们接触的项目中建设方往往不是管理方，后续环节由不了解设计的运营方介入，他们常常按照商业的模式或自己的使用模式随意使用甚至改动建筑，毫不珍惜作品的价值。如昆山大剧院的前厅用白色曲线墙面和吊顶、地面强调空间构成的连贯，但投入使用后，运营方把蓝色标准长方形存物柜随意摆在大厅，广告板也随便放，很不协调，其实如果事先把储物要求告诉我们，设计时就会做一面墙去整合和遮挡。另外，大厅里随便摆花盆、墙上随意安装

重庆国泰艺术中心

电视屏幕等，都使我们花费很多心力去创作的空间效果被破坏了。又如早些年建成的北京金融街德胜尚城，业主搬进后，有几家把院子封住变成室内中庭，本来有通风的小门厅，让幕墙公司直接加盖个大玻璃盒子，外窗变内窗，枉费我们空出室外环境供工作之余休息和共享的苦心。

孟：这关系到国家建筑业的制度问题，需要立法，即使改也需经过程序由原创建筑师修改。这是行业机制不健全带来的遗憾。

崔：我们正在进行一个课题研究，编写"建筑使用说明书"。两年前我带一个研究生做过这方面的研究，希望针对使用者用简单的、管理者用比较专业的、维修者用更专业的等不同层次的信息检索，满足三个层次相应的使用和管理要求。现在上级提倡"提高城市品质，创作建筑精品"，如果业主不爱惜建筑，即便花再多的钱，但建筑使用不好，品质也会遭到破坏。

孟：必须靠立法约束来解决。下面再请您谈谈学术研究及如何带研究生等方面的经验与体会。学术研究是对建筑创作的促进与带动，定位很重要。

崔：我现在每周六如果不出差，就召集我的研究生讨论上周布置的任务、论文进展等，以带动自己多看书，多做调研。

孟：您带的研究生有没有方向上的定位？

崔：大部分学生愿意跟着我做本土设计理论的研究。目前有以下几个方向：本土建筑的伦理研究，是社会各个层面对建筑的看法形成的伦理关系的矛盾研究；设计使用说明书研究，是针对当前的建筑使用问题提出的策略；村镇的风貌研究，结合城乡巨变中的社会问题，探讨新农村现实中传统地域风貌的保护和传承办法。其实我们希望研究和设计紧密结合，用实例来验证、说明。

孟：在您建筑创作的三十余年中，有没有经过建筑思想与风格的转变？

崔：总体上讲是有连续性的，跳跃性不大。若以项目作为节点，第一个阶段：早期在西安古城和北京古都进行的创作，受后现代建筑理论影响，多采用传统符号创作外在形式，如阿房宫凯悦酒店、北京丰泽园饭店可作为那一时期的代表。第二个阶段：从外在的形象转向空间构成，用空间逻辑显示文化属性，北京外研社办公楼是这方面的尝试，这段时间的创作比较重视建筑空间和品质。第三阶段：从关注建筑本体转到更加关注与城市或环境的关系方面。

孟：您从外在形式走向对建筑空间品质的追求，属觉悟比较早的中国建筑师。

崔：德胜尚城是我第一次从建筑单体走向创造开放的城市社区。随着阅历的增长，我发现城市最打动人的还是积极的、有特色的城市空间，而不是完全依赖于个性化的建筑本身。把城市空间引入到建筑空间，是一种积极的设计方法，德胜尚城这个案例就是结合自己从小到大在北京生活的城市体验

崔愷院士（右）与孟建民大师对话

而设计出来的。像做青海玉树的康巴艺术中心，我也特别主动地从藏族城市
空间的特点来创作。这是个较大的转变，从城市规划、城市设计开始，建筑
与城市的关系变成我判断设计的一个特别重要的切入点。现在提出"本土设
计"观点有整合的意味，是让建筑适合自然与人文环境，采取综合的城市策
略和地景策略，在形式语言上包括对地域文脉和各民族文化语言多向度结合
的策略。从单向的兴趣到综合性的关注，这是一种具有职业道德感的设计立
场，也是我今天的创作状态。

孟：在"本土设计"范畴里，目前您在深入研究建筑伦理学问题。您认
为对绿色、生态、节能，对造价的控制，对社会、城市的责任等是不是都和
建筑伦理学相关？

崔：上学时老师说建筑是一门公共艺术，没有绝对的正确，首先得具有
创造性。但我今天觉得建筑设计需要承担社会和环境责任，是有对错之分
的，在正确的前提下才可考虑个性化的发挥。而现在很多标志性建筑往往过
度强调个性，很多时候在伦理上是站不住脚的。

孟：强调关注城市、环境等建筑伦理问题是个大课题。

崔：开始谈这个课题时，有些人不以为然。但我发现在跟政府的业主沟通中，他们更易于接受这些逻辑，所以我们方案的反复性就减少了。其实这几年做的公共文化类项目比较多，这种城市公共利益优先的立场是大家都比较认同的。

孟：建筑归根结底是为社会服务的，未来更要注重建筑对社会的影响。谢谢您百忙中接受本次采访。

后记：崔愷作为中国当代中青年建筑师的领军人物，在社会与业内具有极强的亲和力与号召力，他是"天大系"（"天大系"指：崔愷、周恺、李兴刚、张颀、段进、赵小钧、单增亮、杨昌鸣、覃力等人）集群中的杰出代表。崔愷提出的"本土设计"思想为中国建筑师的建筑创作实践进行了理论性的总结与提炼。从采访中可以看到，这种思想的形成过程中经历过很多锤炼，有成功的喜悦，也有失落的遗憾。尽管如此，崔愷对建筑的热情、对社会的责任、对作品的锤炼反而是有增无减。近期，崔愷对建筑伦理学的关注与探讨，可视为其"本土设计"理论的深化与延展。他在强调建筑伦理学过程中，提倡对社会的关注，对环境的关注，对节俭的关注，无疑对当今中国建筑界光怪陆离的现象是一种批判与警示，也许这正是中国走向做"有道德的设计"之开始。

庄惟敏：我在国际建协的十年

庄惟敏：1962 年生，全国工程勘察设计大师，清华大学建筑学院院长，清华大学建筑设计研究院院长，国际建协理事和职业实践委员会联席主席。代表作：北京翠宫饭店、北京天桥剧场翻建工程、中国美术馆改造装修工程、北京奥运会射击馆。主编《住区》（双月刊），著有《筑·记》《国际建协建筑师职业实践政策推荐导则：一部全球建筑师的职业主义教科书》等。

收到金磊主编的邀请时，我正在巴黎开国际建协第 126 次理事会。这是三个会凑在一起、要开六天的一个繁重的会议周。前三天我作为联席主席主持召开国际建协职业实践委员会 2015 年年会，继而是参加建筑职业实践与建筑教育联席工作委员会会议，之后是两天的国际建协理事会。因为 2015 年是国际建筑师协会（UIA）新一届主席暨执行局上任后三年工作期的第一年（每三年一次 UIA 大会选举新一任主席和执行局），各委员会要对过去的三年做总结，对新三年的工作做计划。职业实践委员会的重点工作就是延续上年度未完结的建筑师职业实践政策和导则的编写，制订和规划有可能的新的政策导则，确定起草班子和计划时间表。所以此次会议任务异常繁重，会议都是从早上一直开到傍晚，中午在会场用三明治简餐。时差加上多达一百多页的会议文件，以及必需的英文主持，简直令我崩溃。就在这个时候收到金磊发来的《建筑师的自白》约稿函，我几乎站立不稳要跌倒，都快累得说不出话来，还自白什么呀！不过平静下来后，感念着金磊主编对自己的信任，我想还是写写吧。既然是自白，就写写自己建筑设计之外的，担当国际建协理事和职业实践委员会联席主席的酸甜苦辣，也算是自己对建筑师社会活动的一份责任呈现吧！于是，在从巴黎返京的飞机上我就开始了如下"自白"。

一份出乎意料的任务

2004 年末的一天，中国建筑学会副理事长、深圳大学建筑学院院长、深圳大学建筑设计院前院长许安之教授找到我，说要和我谈一件事情。许老师开门见山地说："我要推荐你去担当国际建协职业实践委员会联席主席，学会已经商量过了。"我这才知道许老师正在担任着国际建协职业实践委员会的联席主席职务。但为什么要我接替他呢？许老师说得很直白，他说他要从院长的位置上退下来了，可每年去国际建协开这个职业实践委员会是要参会者自己出钱的，不在这个位置了，也就不好总要求院里出钱了，加上自己年纪也大了，这样的每年高强度会议也有些力不从心，当然最重要的是从中国建筑学会要在国际舞台持续担当领导责任、持续发出自己的声音的角度出发，我们必须要有年轻建筑师加入到里面去。从许老师那里我了解到，这个位置相当重要，最初在国际建协，职业实践委员会就是由中国建筑学会的老秘书长张钦楠先生和美国建筑师学会的前会长吉姆·席勒两位国际建协的资深委员发起创立的，它旨在推进建筑师全球的职业实践与合作而制定相关的政策和实践导则，为建筑师的国际范围的职业实践提供一个广泛公认的行为准则。鉴于最初是由中美两国发起组建的这个委员会，所以该委员会的主席就由中美两国的建筑师共同担当，称为联席主席，所以无论到什么时候，这个联席主席的位置必须有人担任，不

2007 年 UIA 西安理事会上，庄惟敏代表职业实践委员会做陈述报告

仅是为中国建筑师在国际的影响，更为国际建协的这一份事业。其实，我当时真没体会那么多，只是觉得别辜负了学会和老一辈的期望，于是就答应了。

接任

经中国建筑学会上报 UIA 执行局获得批准，我 2005 年正式上任了。此前，我还是认真梳理和盘点了自己那点儿"货"，可别让人家觉得咱不行啊！我是 1996 年通过一级注册建筑师考试获得了注册建筑师职业资格，当时在清华大学建筑设计院任院长、总建筑师。那几年还做过一些建筑，获过一些奖项，还在清华大学建筑学院任教，指导硕士和博士研究生，所以觉得自己多少了解国际建筑行业的发展状况，自身英语能力还不错，觉得自己应该可以胜任。2005 年初，许老师通知我国际建协职业实践委员会（PPC）

庄惟敏作为联席主席，在 2009 年新德里 UIA 职业实践委员会年会上主持会议

的年会通知下来了，在美国华盛顿 AIA 总部召开，联席主席要主持会议。随着会期的临近，我突然觉得有些紧张起来了，到那里我谁都不认识啊，怎么主持呢？程序是什么？两位联席主席怎么分工？会议都要决策什么？都哪些人参加，他们都是什么背景？这些问题突然之间塞满了脑袋，我感到有些害怕了。于是去问许老师，许老师倒很淡定，他说你就是去听就可以啦，不用多说话。讨论的内容都事先有 ppt，程序也很清楚。看着我一脸狐疑，他笑着安慰道："我会陪你去的。"我这才安下心来。

第一次做联席主席出糗

许老师说陪我去其实不是从北京一同乘机飞华盛顿参会，而是他在深圳先我几天飞抵美国，我们在那里见面，甚至都不住在同一个酒店里。后来我心里嘀咕，许老师您这叫什么陪我去啊！我经过十几个小时的飞行，到达目的地后，特意定了一个离美国建筑师学会 AIA 比较近的酒店。晚上和许老师取得了联系，他说明天会过来，我心里踏实一点了。不知是对接下来这两天半的会心里没底还是时差的问题，那一夜我彻底失眠了。

UIA 下面有三个大委员会和 23 个工作组。其中三个大委员会分别是建筑教育委员会、职业实践委员会和建筑竞赛委员会。职业实践委员会的组成是由 UIA 全体会员单位派代表参加的，每年一次会议，会上要根据年度计划明确要编写的政策和导则、确定起草小组、讨论和修订起草小组起草的草案、确定如何修改。到目前为止，UIA 有关于建筑师职业实践的 17 项政策和 13 项导则，指导着全球建筑师的职业实践活动。导则的编写和成文其实和各会员单位是有相关利害关系的，尽管 UIA 是一个代表行业的 NGO 组织，但通常大家都会抢着担当起草小组组长的职务，以便在政策和导则的编写过程中能更多地从自身利益出发。因而，每次的条款讨论，大家都会争得不亦乐乎，这时联席主席就要出来协调和把控，最后会通过口头表决的方式做出决议。

PPC 的会议一般为期两天半。第一天是下午半天，是 PPC 顾问委员会会议，说是顾问委员会就是联席主席和起草小组组长及 UIA 的主席秘书长等参加，讨论第二天的议程和可能发生的重要事项。那天我自己按照地图摸到了 AIA，许老师已经在那里等我，见到许老师就像见到了亲人。许老师给我做了介绍，算是完成了引见工作；他说身体不大舒服，加上还有事就不陪了，先走了。第一天的半天会议，我基本上是迷迷糊糊过去的，好在没要我发言。第二天是正式会议，我和美方联席主席说我第一次参加会议，今天还是别主持了吧！话一出口自己都觉得不妥：不光不了解主持什么的问题，其实连主持人要说的那几句话我都不知道！坐在那里用心地听啊，努力地记啊，可还是有几句经常从美国联席主席嘴里说出来的话就愣是听不懂。好不容易挨到天黑了，会议进行完最后一个程序，我刚要舒一口气准备收拾文件起身，这时忽然听到美方主席似乎叫到我的名字，我一惊，可不是吗，全体委员这时都齐刷刷地看着我。啊！他要我干吗？我一下子懵了。这时主席又重复了一遍，我这时听明白了，他让我作为新上任的联席主席向各位委员讲几句话。可不是吗？随随便便进来一个人一声不响地在那儿坐一天，谁知道你是联席主席啊！必须自我介绍。可这时脑子一片空白，时差加上在飞机上就有些伤风，我一时都晕了。不行，咬紧牙关还是要说，不能丢脸，其实一开口，人倒是放松下来了。我表达了对 UIA 信任的感谢，表达了对这份工作的热爱，尽管还没完全搞清楚这项工作的真正内容，还表达了希望各位前辈对自己多多的帮助和提携。讲到这时，我突然想表达一下对许老师——我前任的敬意，于是我说我也感谢许安之教授介绍我接替联席主席一职，我会加劲赶上来的，可这时偏偏舌头不管事了，将 I will try my best to catch up as soon as possible（尽快赶上来）直接给说成 I will try my best to catch a cold as soon as possible（尽快感冒）。天晓得！当时全场鸦雀无声，大家看着我不知道说什么，心想怎么会一来就要加紧感冒呢？还是美方联席主席哈哈一笑，我也趁机解释自己的确感冒啦，也算是自嘲了一把。这个第一次亮相出糗可真是出大了。

语言问题与国际关系

在国际组织中任职，最重要的一件事情就是沟通，沟通决定了你的观点能够让别人理解，沟通也决定了你能了解别人的诉求以便和他达成共识，所以语言在国际组织中是最最重要的一个工具，或者说它是一种能力和基础。在 PPC 里来自全球五湖四海的建筑师汇聚在一起，用带着各种口音的英语进行交流，语法错误、发音怪异、错别字等等层出不穷，一开始简直是让你找不着北，怎么觉得原本挺好的英语听力在这儿都瞎了呢？当然除了口音多种多样外，还有就是国际会议习惯的常用语。通常国际会议要讨论和确定决议时，一般会针对条款由一位委员提出动议，而后需要另一位复议，大家才能投票表决，这个程序成为国际会议的一个标准程序。前面说到，有时在争执不下时，联席主席必须通过投票的方式做出决定，通常的投票都是用口头

2011 年，庄惟敏（左）在东京 UIA 大会上当选为理事

投票。第一天全体会议时，总听美方联席主席说：In favor say: Aye！自己当时怎么也听不懂，因为以前学的英文说到"确认"时从来都是说 Yes，就没有用过 Aye 这个词。于是，抓住一个印度人问，尽管印度人英文发音不行，一句话得舌头打好几个弯才能出来，但拼写和语法没问题。我请他帮我写下来，再去查字典。就这样，一点点地熟悉起来了。现在，每次会议我和美方联席主席一人主持一天，从开场白到组织讨论，从动议投票到最后总结，已经非常流畅自如了。语言不仅是一种能力，更是一种象征，象征着你开放的程度和对世界的态度。

竞选

一转眼在 UIA 兼职工作也十年了。这十年一直担任 UIA 职业实践委员会联席主席的工作，我因从 2013 年开始在清华大学又担任了建筑学院院长一职，工作实在太过繁忙，一直希望不再担任 UIA 的工作了。事实上，在我任职期间美方已经换了三任联席主席了，而我一直这样干了十年。但是没等我卸任职业实践委员会联席主席的职务，2012 年又接到学会的通知让我代表中国建筑学会参加国际建协理事的竞选。国际组织的工作和威信的树立，其实就是要多沟通，公正直言，相互平等，坚持原则，当然最重要的就是脸熟啦。竞选，你要站在近百名国际建协代表面前用两分钟的时间来陈述你自己，能讲清楚什么呀，你能讲清楚下面的人能听进去多少啊？其实就是大家看你在 UIA 里是不是一个活跃分子，是不是一个愿意投入国际事务的人，是不是能够和大家顺畅地沟通？大家对你有了这个判断，自然你就当选了。2012 年在日本的国际建协全体代表大会上，我以第四区最高票数当选国际建协理事。2014 年在南非德班的国际建协全体代表大会上再次当选理事；这样，就和职业实践委员会联席主席的双重身份一直持续到今天。

接班人

我理解，国际组织其实就是一个大家庭，在这个家庭里你要想当家长，那么你就必须要有担当起家庭责任的作为，不然这个大家庭是不会认可你的。今天已经有越来越多的中国建筑师加入到国际建协组织中来，崔愷院士曾经担任过国际建协竞赛委员会的联席主席，刘克成教授现在正担任着国际

庄惟敏（中）作为联席主席，在 2013 年摩洛哥 UIA 职业实践委员会年会上主持会议

庄惟敏设计的第 29 届奥运会北京射击馆

建协遗产工作委员会的联席主席，还有叶青、李兴钢、黄锡璆等知名建筑师都在 UIA 的工作组里担任过职务。但我们也不得不看到，更多地物色和培养中国建筑师在国际建协中的接班人是非常重要的，作为全球第一大职业实践的战场，我们理应成为编制游戏规则的主导者。

寻找接班人是我当下的一个重要任务。

孟建民：做一名"有限"的建筑师

孟建民：1958年生，第七届"梁思成建筑奖"获得者，全国工程勘察设计大师，曾任深圳市建筑设计研究总院有限公司院长，现任该院总建筑师。代表作：江苏淮安周恩来纪念馆（与齐康院士合作）、合肥渡江战役纪念馆、昆明云天化集团总部办公楼、玉树州地震遗址纪念馆。著有《失重》《本原设计》等。

从本能的角度讲，人都是以自我为中心的。人要么自大，要么自怜，人总是自以为是。当这种自以为是由个体汇集成群体的力量时，人类的自大行径就会变得更加屡见不鲜。因此在我们这个世界中经常可以看到或听到追求最大、最高、最新、最奇、最快等挑战人类极限的事情发生。

在人类这场你追我赶的"游戏"中，建筑师往往成为欲望膨胀者的吹鼓手，他们绞尽脑汁将欲望者的虚幻梦想化为现实，在向世人展示出令人惊诧的宏大、富丽与奇异时，也为人类生存的世界埋下更多的隐忧。

更高、更大、更难的建筑挑战着人类的技术极限，一方面满足了自大者膨胀的心理，一方面又为技术的发展装上了助推器。人世间的事物就是这样矛盾、复杂与奇妙，正如硬币的两面，利与弊孪生于一体。

尽管事物的两面性揭示了积极与消极、利与弊、优与劣等并存的法则与规律，但这并不能成为建筑师放纵行为的依据与借口。面对全球资源的日益匮乏，面对环境污染的日益加剧，面对贫富悬殊的日益拉大，在物欲横流、崇金拜银的大背景中，建筑师作为社会资源的消费者与创造者，理应成为节俭、节约、节制的倡导者与践行者。

做节俭的建筑，做适宜的建筑，做回归理性、回归本原的建筑。建筑师应当像修行悟道者一样，收敛内心，节制欲望，在设计中谨慎用材、用色、用空间，不可恣意妄为，炫技耍酷，骑在建筑上做挥金如土的事。在设计中是节制还是放纵，这关系到建筑师的道德修养与伦理观念。

回望过去，我们常常佩服神通广大的全能建筑师，在我们眼里，他们博学多才，无所不能。在全能建筑师面前，小建筑能做，大建筑也能做；工业建筑能做，文化建筑也能做；室内能做，景观也能做；小品能做，城市设计也能做……他们的十八般武艺简直令人眼花缭乱。

随着世界的文明发展，需求在变化，技术在进步，专业在细分，达·芬奇式的全能大家成为过往的传奇，今天的建筑师正向又精又专的方向发展。

在这一趋势中，不知什么时候开始，我们慢慢对自我设限的建筑师肃然起敬！他们不被丰厚的回报所诱惑，不被浮华的名誉所裹挟，德不配位的名利决不触碰。我见过这样的建筑师：业主恳求他承接，并许诺给予充分的时间，建筑师答，这类建筑不是我的专长，我不能耽误你；业主恳求他承接，并许诺给予充分的自由，建筑师答，我现在承接任务太满，我不能耽误你；业主恳求他承接，并许诺给予加倍的费用，建筑师答，我不会也不能做你指定的风格，我不能耽误你；业主恳求他承接，并许诺给他推广并树立更大品牌，建筑师答，谢谢你的美意，我有自己的品牌，不需要你的推广……

这些建筑师在说"不"的时候，打心底里透出了一股强大的自信与骨气。从这些建筑师身上看不到贪婪，看不到谄媚，看不到低声下气，见到的是建筑师的内敛与自律，见到的是建筑师的良知。试问之，对这类建筑师怎能不让人肃然起敬？

淮安周恩来纪念馆

止住，能不能别对我们说教？那是你饱汉不知饿汉饥，当你饥肠辘辘，到处寻觅时，你还会有骨气对眼前"食物"说不吗？当你的团队没事干闲了几个月，你还会对送上门来的项目拒之门外吗？

说得好！问题的关键就在于此。

做"有限"的建筑师，才能专心做好他选择的专业范围。专心设计是品质的保证，有品质追求的建筑师总会迎来业界的口碑，口口相传的美誉给他带来源源不断的设计委托。在源源不断中，这类建筑师头脑保持冷静，理性判断与选择，坚持他的"有限"，坚持他的"不为"，因而也坚持他作品的"品质"，不做"大胃王"，不做"杂食动物"，只做品质建筑的创造者，做美誉相传的自律者，做人文精神的坚守者。他们在众多业主的追随中，能饥寒交迫吗？正相反，他们不断地自我提醒：不要"美食过量"，不要"饱食伤身"。

当然要做"有限"的建筑师，既是一种态度，更是一种修炼。

做"有限"的建筑师需要功力，需要修养，需要历练，需要坚持，需要

昆明云天化集团总部办公楼

累积，需要秉性。这种坚持，最终由于建筑师在专业上的聚焦，终将散漫的光汇集于一点，以其势不可挡的单点发力击穿那坚硬的屏障并爆发出新的创作激情。

业内有句行话：建筑师 40 岁方开始。做"有限"的建筑师，对这一年龄段建筑学人而言尤为重要。

胡越：市场

胡越：1964年生，全国工程勘察设计大师，现为北京市建筑设计研究院有限公司总建筑师。代表作：北京国际金融大厦（获20世纪90年代"北京十大建筑"称号）、2008年北京奥运会五棵松体育文化中心、望京科技园（二期）、上海青浦体育馆及训练馆改造。著有《北京市建筑设计研究院胡越工作室系列：建筑设计流程的转变》等。

想一想在中国城市大拆大改过程中，我还算是幸运的，因为我从小生活的房子还在那儿，不过环境却发生了巨大的变化。那是一片20世纪50年代盖的住宅楼，当时周围都是农田，据说再早些周围还有很多坟地。我依稀记得我家窗下是一小片耕地，耕地旁有一条土路，每到春天我总是趴在阳台上看马拉着犁在那儿劳作。后来土路改成了柏油路，那一小片耕地也变成了一个菜市场，那是一个有着两坡屋顶的开敞大棚。当时没什么娱乐活动，不过孩子们也没有课业负担，放学后院子里全是玩耍的孩子。那时还有一个我比较喜欢的事，就是绕到院子的后面去那个菜市场看来往运货的马车。记得当时动物园还没有重新开放，我想看动物的欲望只能在菜市场实现了。每周都有几辆运菜或运垃圾的马车到

五棵松体育文化中心

这儿来，只要在家一听到车把式的吆喝声和马蹄的响声，我和小伙伴就会冲出家门去菜市场看"动物"，渐渐地也能分辨出马、驴和骡子。胆子大的孩子还会去牵缰绳，抚摸马的脖子。刚开始我只是羡慕地远远看着，后来也壮着胆子偶尔上去摸摸。也许是因常去菜市场的缘故，慢慢地我喜欢上了逛菜市场，那新鲜的蔬菜、水果，售货员的叫卖声，各色的运输车辆……在那个物质和精神生活都比较贫乏的特殊年代，给我的少年时代带来了一抹鲜亮色彩。虽然菜市场的建筑一般都较破旧，但是在带着生命的鲜亮劲儿的菜蔬水果装点下，在满是人间烟火气的喧嚣人群中，它总是显得那么生动、有趣。

　　随着年岁渐增，我越来越意识到市场给生活带来的方便是多么重要。2001 年，我第一次拥有了自己的房子，离家不远也有一个农贸市场，和我小时候窗下的菜市场很像，只是里面的东西比原来多了许多，其中还有一个规模不小的超市。其实当时离家不远还有一个洋品牌的大超市，环境也比这个农贸市场好，但我还是更爱去这个市场。真的，就是不买东西，只是去看看，感受一下那浓烈的生活气息，也会使我感到莫名的惬意。后来我搬到了亦庄，离家不远处也有一个不小的农贸市场，每天下班总是会到那儿买些蔬菜、水果，然后回家做饭，感觉生活很方便。闹禽流感之后，五环路以内不让买卖活禽了，但家门口那个市场还能买到，我经常在周末买只现宰的鸡或鸭带回父母家，大家一起尝尝鲜。

2010 年为了小孩上学，我又搬到了单位附近，因为是市中心，农贸市场没有了，时常感到生活不方便。好在离得远一点儿的地方还有一个市场，我偶尔也会和夫人、孩子一起去买点儿东西。每周去父母家时，常习惯性地到附近的玉渊潭公园南门边上的一个大农贸市场买点蔬菜、水果。

可是三年前离家较远的那个市场没有了，因为那是个临时的市场，建在一个建筑工地上。由于前两年父母都去世了，所以也不怎么去玉渊潭南门的市场，有次顺路去了一次，发现那个市场也因为要盖房子被拆了。我真不知道那周围的老百姓会怎么想，他们一定会感到很不方便。我大概从 1997 年起（那时我还住在父母家）为了锻炼身体，每天都从玉渊潭公园的南门进去，然后穿过公园从东门经三里河去南礼士路的单位上班。公园东门外不远，三里河 21 路公共汽车终点站对面的人行路上有一个一百多米长的书摊，每次路过那儿我总是停下来看看书，有时也买几本，渐渐地在上班的路上逛书摊就成了我生活中的一部分。可惜的是在一次城市美化活动中，这个书摊也没有了。没有了这些，我总是觉得生活缺了不少的乐趣，那条被清理过的街道虽然干净了许多，可是却显得死气沉沉。这时我才意识到市场带来的不只是生活的方便，还有一种生活的趣味。

1997 年我在纽约住了一个多月，每天早晨我坐着地铁从朋友家出发经世贸中心然后一路向北，从早晨走到晚上，多次经过位于 14 街的联合广场。有一次正赶上周末，发现广场变成了一个大市场，市场上有卖花的、有卖菜的、有卖水果的，还有卖面包、火腿、芝士的，整个广场洋溢着鲜活的生活气息。晚上回到朋友家一问，才知道这儿每到周末都会有这样的市场。

望京科技园（二期）

后来我走的国家多了才知道，这种做法是欧美国家的传统，一些城市非常重要的中心广场在节假日时，也会被开辟成集市。

2002 年我第一次去西班牙，在巴塞罗那参观了米拉莱斯设计的市场，这是一个旧建筑改造的项目，建筑师把传统的集市改造得既充满活力又富于艺术表现力。后来发现离那儿不远还有个更大的集市，里面有不少海鲜大排档。虽然建筑显得旧了些，但依然热闹非凡。它不仅发挥着重要的城市功能，也成为各国游客领略巴塞罗那风情的好去处。

想想我们周边逐渐消失的市场，大部分都是自发性的、临时的，传统的市场大多在城市更新中被当作"脏、乱、差"的点被清除了，但是同时，我们的便利生活受到了影响，一些生活趣味也被清除了。

我想城市是我们生活的舞台，是为我们提供方便的聚集地，城市到处充满生活气息、充满活力才能更美，而为了那些表面的"美"而失去的市场，让城市失去了生活的鲜活气，让人们在生活不方便的同时，也对城市失去了信心。

最近在做一个项目，其中有个邻里中心。我把许多功能都组织在一个市场周围，我想让它更有生活情趣。我觉得一个城市需要华丽的购物中心，更需要生气勃勃的市场。

周恺：我与华汇二十年

周恺： 1962 年生，全国工程勘察设计大师，现为天津华汇工程建筑设计有限公司董事长、总建筑师。代表作：中国工商银行天津分行、天津大学冯骥才文学艺术研究院、北川抗震纪念园——静思园、北京 301 医院（二期）。著有《当代建筑师系列——周恺》等。

　　人们习惯，逢五逢十的年数便认为是个整数年，也许是因为好记和容易分段的缘故，似乎感觉这样的年头就更重要些。2015 年的尾数恰又逢五，似乎还真合上了拍，确有不少的事情在时间上巧合。首先 2015 是我的母校天津大学自 1895 建校以来的 120 周年校庆；同时也是我们天津大学 81 级建筑学子们毕业 30 周年；巧合的是，也正好是我们于 1995 年天津大学百年校庆时所创办的"华汇建筑"20 周岁。

　　站在这个时间节点回首，不禁惊叹时光匆匆。一转眼，我已经做了近三十年的职业建筑师，"华汇"也走过了 20 个年头。光阴荏苒，当年的我们已经不再年轻，记忆如同溪流，缓缓流动，在一次次主观的回忆中，被修整和组合。

回想过去，当年求学时的光景历历在目，老师们的音容笑貌和同学们的种种故事似乎也还在眼前。1981 年我们入学，1985 年毕业。天津大学的老师言传身教，给了我们很好的基础教育，也培养了我对建筑设计的浓厚兴趣。同学间的学习关系也十分融洽，同宿舍的同学相互促进、相互帮助的亲密劲儿，至今仍记忆犹新。1985 年我毕业后，先是被学校保送，师从彭一刚先生读了近三年的硕士研究生。此后到 1995 年期间，我经历了顺理成章的留校任教，出国进修四方游学，以及回国之后的先期尝试与自主创业等多种状态。那期间，我东奔西跑，实地看了很多优秀建筑，也较早地感受到改革开放初期的变化并投身其中。与此同时，做了不少的建

1994—1998 年，设计完成的
中国工商银行天津分行

筑和规划设计，参加了几乎所有能参加的竞赛，也建起了一些大小不一的作品。在近十年的努力中，学习、体验、尝试、积累，获得了宝贵的初步经验和创业的基础与信心。

1995 年我回到天津，邀请了我的两位学弟和一批曾与我合作过的各专业主持人，一起开办了今天的华汇工程建筑设计有限公司，开启了我作为一个职业建筑师的创业生涯。我很幸运的是在华汇公司成立之初，便有了自己的项目，它就是坐落在天津的中国工商银行天津分行。那是我在开办公司前，1994 年中标的项目。当时做完初步设计，项目就停了，后来，工行的甲方对后面的设计有些新的设想，希望将原来的百米高层改为 145 米的超高层建筑，便跑到海南去找我，希望我能回去，主持修改并完成该项目。这个项目对我很有吸引力，我也很期待它的建成，便欣然应允，回天津工作。这个项目真的成为我们开办公司后的"第一"个经典项目，从某种意义上讲，也成为我回天津开办设计公司若干因素中的一个良好契机。

华汇作为一个新兴的综合建筑设计团队，其初创时，无论在品牌还是设计的综合能力，都不具优势。因此，大家深知唯有在团队的共同努力下，各

1999–2001 年，设计完成的
天津师范大学艺术体育楼

尽所长，并坚守下去，才能在设计市场上赢得信任。为此，我们从一开始便不以商务手段为主导，不以追求利润为目标，而提出以创造建筑精品为诉求的理念，以工匠般的执着，不惜代价地精心设计，以方案的优势结合各专业设计的完美配合，努力做出好的设计。那段时间大家都很辛苦，但干劲十足，怀揣着梦想，虽然很劳累，却都十分开心。在这样的思路下，经过了近五年的努力，我们成功地完成了一批学校和住宅项目，在市场上受到了关注与好评，同时也在省部级的评优中获得了不少的奖励，至此华汇设计慢慢地在业界与社会确立了声望。在这过程中，我个人也随着公司的成长，逐渐形成了更加清晰的工作方式，并明确了应关注的建筑设计方向。在工作中，我尽量弱化日常的管理角色，强化自己建筑师的身份，带领身边的其他建筑师一起，更加专心地投入到建筑创作中。思考建筑与环境，空间与人的感知，以及设计与建造的相互关系，对场所、空间、建造三者的研究，是我们在设计中最首要考虑的因素。在设计中，我们以人的各种感悟为主线，不断展现空间作为建筑中的核心要素，并通过对建造方式不同特点的理解和运用，对场所及特定环境分析，尽量完善并提升设计品位。在众多设计项目中，我们的设计态度多是低调的，我们希望建筑呈现出内敛与谦逊的感觉，建筑首先要服从于自然环境及城市空间，以不过于张扬的形式及富有意境的空间形成建筑自身的魅力。

随着时间的推移，公司在完善，2000 年后不久，我们便开始了向外（天津之外）的尝试，在不少城市承接了设计项目。走出去的华汇开阔了眼界，扩大了自身的影响，同时也让我们学到了很多东西，积累了更多的设计经验。

2005 年华汇十周年后，迎来中国城市化的高速进程，建筑市场出现了大量的需求，华汇也步入较快的发展期。公司在承接更多项目的同时，也吸引了很多年轻优秀的设计人才，他们的热情与勤奋，给华汇带来了新的活力。经过一段时间的磨炼，他们便成了公司设计的中坚力量，其中一部分人现在已经成为华汇的主导，无论是在管理还是设计领域，都发挥着重要的作用，承担了公司的很多责任。我感谢他们的全身心投入。

在此期间，在华汇建筑设计公司之外，我们又成立了华汇规划设计公司，并荣幸地聘请到了美籍华人建筑师黄文亮先生为公司的总规划师。黄先生的博学和出色的工作给华汇规划领域带来了长足的发展，也让我及其他的建筑师学到了很多宝贵的知识，受益良多。黄先生的专注、坚守和强烈的社会责任感，更让我对他充满敬意。

如今，公司已经从十几个人的"小作坊"发展成了几百人的设计团队，公司以"单"中心逐步形成为"多"中心的发展。很多年轻的设计成员也逐步在中国建筑界崭露头角，形成良好的发展趋势。我个人也在大家的支持和帮助下，完成了一批设计作品，并获得了不少的荣誉。回顾这段历程，我十分欣慰和感恩，尤其感谢那些和我一起创业、风风雨雨陪伴华汇走过了这么多年的老同事、老伙伴，是他们创造了华汇的今天，也是他们成就了我要成为一个优秀建筑师的梦想。20 年里，我的合伙人承担了很多我不胜任的事情，无论是在管理还是技术方面都担起了公司的重任，让我能专心地做一个建筑师，从事对建筑的创作和思考。他们的多年努力与相伴，使我感到十分

天津大学冯骥才文学艺术研究院（2001—2005）

玉树格萨尔广场（2010—2014）

的荣幸并心存感激。

　　20 年过去了，现在的中国已今非昔比。随着经济的崛起，建筑市场呈现出超常规起伏式的发展。作为建筑师赶上这样的时期，无疑是幸运的，但与此同时，由于社会文化与创作意识的缺失，管理与操作的欠规范，我们的建设市场还在很多方面表现得不尽如人意。建筑师的良好创作心态及更强烈的社会责任感在这种现实面前还需要自身强大。作为其中的一员，我与华汇同仁常怀敬畏之心，我们反复强调要自省自律、抵制欲望、脚踏实地潜心于设计。在探索创新的同时，强调追求建筑品质，保护环境，尊重自然，努力承担起我们作为建筑师应有的责任。

　　20 年后的今天，虽然我们不再年轻，然而作为一个团队，华汇的 20 岁却是"正当年"，开始踏上成熟的稳健之途。在这个时间节点回顾以往，不仅是对过去的一个总结与反思，更是对未来的期许和展望，相信华汇还会有很多个"20 年"，这需要团队的集体力量去书写。

孙宗列：讨教

孙宗列：1957年生，现为中国中元国际工程公司首席总建筑师。代表作：北京远洋大厦、梅兰芳大剧院、融科资讯中心A座、北京饭店二期改扩建工程、中央歌剧院（在建）。

　　这样一本书，使得我有机会以一种自言自语的方式吐露些许职业生涯中置于深处的心路和体会，所以首先要感谢这本书，感谢这本书的创意！

　　过去几十年的快速发展，使得如今的建筑师获得从来未有的实践机会，不仅仅是国内的建筑师，还包括来自世界各地愿意投身中国建设的建筑师们。在很短的时间里，我们的城市快速崛起，面貌不断被刷新。若干年前在国内甚至很少有人能清楚地说出建筑师是干什么的，如今成了城市面貌的缔造者，终于被多数人认知。另一方面，由于惊人的发展速度，使得建筑师们还没有来得及消化前一个项目就已经开始下一个了，于是手册、照搬和标准化的流程成为快速生产的习惯模式。今天我们回首细看：的确不少城市出现了"千城一面"的现象，而其中不乏短命和无用的建筑。

我们都知道，建筑师的创作与实践仅仅能解决城市和建筑生命周期的一部分问题，至于发生在建筑之中的事，我们多数一知半解，因此，做商业要有商业顾问，做酒店要有酒店顾问，做住宅要听开发商的指导……。这种套路在 GDP 的繁荣下已经十分成熟。尽管如此，建筑建设过程中常上演着"轮回游戏"，经营不下去的商家退场，换上新的；商业模式的更新换代一茬接着一茬；政府政策的多变导致我们不断跟进，什么是经济适用房、什么是公租房、什么是廉租房、什么是两限房……，在这之中似乎唯有"地段制胜"永不过时。在这个利益驱动的模式下，短期利益和政绩是最能看得见摸得着的，似乎不在乎过程中所发生的事情能有多么长久、能有多么精彩，能对社会的文化和生活有多大影响。由此，对于城市和建筑而言，形象似乎永远比内涵显得重要。在这种情形下建筑师的作用被夸大（我不否认在城市化进程中，建筑师们所做出的巨大努力和探索），作为城市建设的参与者，在制造城市和建筑形象的同时我们能否为建筑的"生命"做些什么？这正是我要借此机会"坦白"的主题——把自己当作"无知者"来讨教。

我曾经偶然地经历了几个不同类型观演建筑的有趣实践，规模不大，却各有特点，在实践的历程中、在与艺术家们的讨教中，被洗礼和熏陶。

大家都知道，近些年来国内文化设施的建设方兴未艾，尤其是各地大小剧院设施的建设，不断为城市树立起文化的标志；然而，很难说每一座剧院是为了什么内容而建。因此，后者效仿前者，总之你怎样我就怎样，至于适不适用，好不好用，能不能用，没人能说得清楚，就像传染病一样，同生共死。

可也许大家不知道：在新中国成立五十多年之时，我们一直引以为豪的国粹艺术——京剧和它最高的国字号院团——中国京剧院，甚至在国内找不到一座适用于它表演的舞台。北京仅有几所不大的戏院，在大规模商业开发中被拆除。新建一座为京剧艺术量身打造的剧院，在 2004 年间才步入建设议程。我有幸参与其中，开始了一段与艺术家们讨教的旅程。

起初，对京剧完全无知的我，凭借着儿时对样板戏的印象，畅想着如何在新剧院的建设中为京剧的未来做点什么，于是就有了与京剧艺术家的第一次讨教："京剧艺术能否成为产业？"带着这个问题，请教了时任中国京剧院副院长的京剧艺术家赵书成先生，令我意外的是，赵院长的回答十分肯定："不可能。"

在京剧发展的历程中，它的传承带有中国传统文化的典型特征，是靠一代代艺术家的言传身教，所有表演的参照坐标就是"台毯"，在舞台上如果没有了台口位置的台毯线，演员将找不到北。这种固有的传承方式，使京剧的表演样式不会像其他艺术形式那样自由，而这种自成一体的表演和传承恰恰是京剧艺术的独到之处。即便像赵院长这样新一代京剧艺术家，也是从追随袁世海、谭富英、裘盛戎这样的大家始，在摸爬滚打中成长出来，而后又经历了京剧样板戏的洗礼。有着这样丰富经历的艺术家对我的问题做出如此坚定的回答，我愿意相信。

之后我读了一些关于京剧的书，其中一个情节使我理解了对于京剧艺术，跨越和创新是何等的艰难：那就是在梅兰芳先生决心突破师傅表演套

孙宗列设计的中央音乐厅效果图

路走在上场道上准备出场时，内心经历的激烈斗争，这段心路历程被后人称之为"胡志明小道"，似乎是一条死亡之路。终于理解：面对京剧艺术，我们不能像对待其他建筑那样抱着"改变世界"的心态，而是应该冷静下来，聆听和讨教。

对于当时的中国京剧院来说，只有一座1954年间按照普通礼堂建设的位于北京护国寺的人民剧场作为驻团剧场，设施简陋，年久失修，后来又因为木屋架的安全原因被消防部门停用。至于其他外租或者临时性演出场所，大多是多功能剧场，根本不适合京剧的表演。其实，对中国京剧院这样一个特定的艺术团体而言，真正需要的是一座能够回归京剧艺术本源、好用、适用的表演场所。于是在艺术家的倡导下，设计从京剧艺术的基本样式入手、从传统戏台和戏楼入手、从京剧表演的需要入手，为艺术家们定制属于他们的表演殿堂。所以，才有了之后设计中舞台真假台口合一的做法，彻底解决了京剧乐队位置的空间问题和乐队与演员沟通的视线问题；才有了"前舞台"（表演区跨越到台口大幕之外）的创新，为的是京剧艺术独有的"一桌二椅"的传统表演；才有了为营造符合当代观演模式和尽可能拉近观众与演员距离的观众厅而用同比例模型来验证的过程……

另一次受益匪浅的讨教，是在和吴江先生（时任中国京剧院院长，著名编剧，一位率真的艺术家）间进行的。我用建筑师常常试探甲方的"弱智"方式问："你认为你心目中的京剧院建筑是什么样？"没想到他用一句充满哲学思想的话回答了这个原本一位非建筑师无法回答的问题："建筑嘛，有就是无，无就是有。"这句话似乎避实就虚且极其简练，却彻底解悟了作为建筑师最为疑虑的建筑问题：那就是如何用当今的建筑语言，在一片当代建筑的环境中明确而恰当地表达具有中国传统文化高度的京剧艺术。以建筑和建筑师的视角，似乎用建筑本身的方法来表现传统文化元素，是无法将京剧艺术表达到应有的高度。那时我已朦胧构思了"容器"的概念，希望建筑成为承载文化的容器，用建筑的内部层次展现文化元素，诠释这是一座为京剧艺术而生的建筑。吴江院长的话令我无比兴奋，就像打开了我在建筑疑虑中的"窗户"，令我豁然开朗。这句话，道出了建筑应有的形象——建筑以"无"的姿态，面对它所承载的艺术，用自身无比渺小的"无"来衬托传统京剧艺术的高大，这才是建筑和建筑师面对传统国粹艺术的应有态度。终于用一种我们先人关于"有无"的哲学思想使建筑从自身的圈子中走出来，获得肯定而明确的答案。

在这样的理念引导下，我开始了又一次有益的讨教。关于这一次讨教，要追溯到1999年的一次旅行。那是与时任中央美术学院雕塑系主任隋建国先生的一次同行，当我们一同望着米兰大教堂精美石雕的那一刻，能够明显感到这位著名雕塑家兴奋的眼神。突然间他感叹："孙总，什么时候你做一个建筑，我来做雕塑。"没想到，这个约定，在五年之后的2004年成为现实。在京剧院两位院长的支持下，有一天我带着图纸和模型来到隋建国的工作室，开启了在我设计生涯中第一次与艺术家的真正合作。

当时建筑技术中索幕墙系统恰恰可以把建筑的表皮表达到"无"的境界，这是建筑师的直觉可以肯定的，而作为表达艺术内涵的"有"就变得异常重要。我们探讨着关于"有"的各种可能。艺术家的直觉为创作带来了更为远大的意义，让视野跳出京剧艺术的圈子，带到中国传统艺术的范畴。源自宋代"折枝花鸟"的绘画技法，在红墙背景下构成一种散点布局，"这种绘画技法远早于像丢勒这样的西方画家在素描中使用类似技法，差不多要早数百年"，隋建国这样阐述他的观点。这些散点采用金色的木雕，而木雕又是中国传统艺术中刻画艺术场景的重要方式，特别是戏剧场景。每一个木雕要刻画出京剧历史上经典剧目的人物和场景，最终把这个"有"凝聚到京剧艺术之中。当然，艺术的创意还要回归到建筑中来，经过梳理，让木雕的布局略有规律，使其又赋予了中国传统建筑门钉的寓意，象征着徐徐打开的艺术之门。

这时曾经一心想在建筑上做出自己作品的老隋，提出了更有意思的想法：这些木雕的场景、构图由他这个受过当代教育和西方美术教育的艺术家来做，而木雕的具体加工制作工作老隋则退居二线，请那些具有最纯

孙宗列（左一）与隋建
国探讨木雕构图

朴、最传统手工技艺的艺人来完成；这就使建筑不仅仅展现了传统文化的风貌，更重要的是还留下了那些传统技艺传承者的痕迹。由于资金的问题，这片由近百块金色木雕构成的京剧历史画卷至今仅仅完成了包括《窦娥冤》《白蛇传》《将相和》等传统曲目中的人物 30 尊，留下不少空白，面对这些空白，老隋自言自语道："我恨不得自己筹钱把它补上！"不过吴江院长却豁达地说："把这些空白留给后来者吧。"

与老隋这段共同创作和讨教的过程，使我的设计理念产生了新的飞跃，更是一种对心胸、视野和情怀的洗礼。后来这座 2007 年竣工投入使用的剧院被命名为"梅兰芳大剧院"，随着剧院的启用，中国京剧院也随之更名为"国家京剧院"。

2012 年，当我有幸中标中央歌剧院剧场工程的方案，又有了与歌剧艺术家们新的一轮对话和讨教。

俞峰先生（中央歌剧院院长、艺术总监和首席指挥）在我们第一次见面的时候这样对我说："也许我们的合作是目前剧院建设中绝无仅有的机会。"话不一定完全精确，但这位执着、严谨又纯真的艺术家，道出了我们许多剧院建设中常见的通病。他说："许多剧院的建设，往往决策者不懂艺术却有

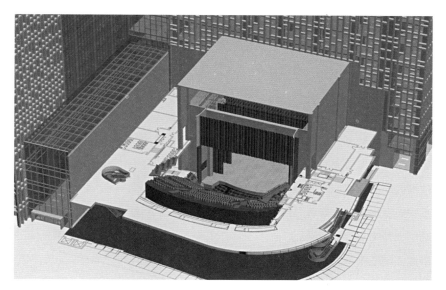

孙宗列设计的梅兰芳大剧院三维内剖模型及夜景照片

权，而艺术家懂艺术却没权，所以许多剧院建成之后存在这样那样的问题。我就不一样，我是艺术家又是院长，我知道要什么，所以这样的配合才能做出艺术家想要的和好用的建筑。"

这位百忙中的艺术家，专门抽出两天宝贵的时间，到我的办公室谈论他理想中的歌剧院。那天，俞院长拎着一大包剧院建筑的书籍，炯炯有神的目光里透着一种溢于言表的热情。我们的交谈并非直接谈及歌剧院，而是从他领衔中央歌剧院的心路历程开始。这种直露心声的开场一下就把我带入了这位指挥家的世界，好像随着他的指挥棒进入了某个剧情一般。俞峰大学就读于中央音乐学院，是著名指挥家郑晓英的高徒，之后赴德国留学，并在欧洲指挥大赛中夺冠。回国后，作为交响乐的指挥，他曾担任过数个交响乐团的指挥，调任中央歌剧院院长前他是深圳交响乐团的指挥和艺术总监。当时年薪数百万的他在文化部的召唤下，放弃了自己丰厚的物质生活，接下中央歌剧院院长的重担。他坦言道，那时他满怀热情，一心想把中国的歌剧事业推向更高，这是一种使命。在他看来，歌剧代表了一个国家的艺术高度。他谈到国内其实没有真正适合歌剧表演的剧院，以及这座剧院兴建的缘起……那次交流，使我对这位艺术家肃然起敬，也深深意识到方案的中标仅仅是设计挑战的开始。随后他坦言对歌剧的认识，他认为："歌剧是用音乐来表达戏剧的艺术形式。"他把音乐放在戏剧的前面，难道是因他出身于交响乐指挥的缘故？我认真地聆听着，并在心里不断地追问……随后他谈到中央歌剧院的前世今生，曾先后在国内首演、推出并保留了像《茶花女》《蝴蝶夫人》《卡门》《叶甫盖尼·奥涅金》《詹尼·斯基奇》《图兰朵》《阿依达》等一批世界歌剧经典剧目，创作了像《白毛女》《刘胡兰》《草原之歌》《阿依古丽》《第一百个新娘》《杜十娘》《霸王别姬》等中国歌剧作品，是国内乃至亚太地区最具实力和规模的、以传统歌剧为主要方向的歌剧艺术团体。

与前面谈到京剧院的处境类似，1952 年建院以来，中央歌剧院自己只有一座两百人规模的排练场，正式演出都是临时租用的剧场，碰上什么是什么，谈不上对歌剧院团队和艺术家们自身艺术追求的表现，无法保证高水准的演出效果……为期两天的谈话从艺术家的情怀到歌剧院的艺术方向和处境、从中外歌剧院的发展到艺术家的期待，总之就像在面前摆了一堆试卷，需要一道一道地解答。这让我弄清了一件事：对于艺术家的诉求，原本作为设计依据的"任务书"显得那样苍白。

设计要做的第一件事仍然是着眼歌剧艺术的本源。我虽然十分喜爱古典音乐，但对于歌剧仍很陌生，团队里的年轻建筑师更是如此。于是找来三十多部歌剧，从听开始。之后便是向导演、舞美艺术家的全面讨教，从演出观摩到跟班体验，学习歌剧表演和舞台运作的全过程，聆听他们的诉求。

歌剧的舞台是所有表演形式中最为复杂的，可局促的用地连一个标准"品"字形舞台都容纳不下，当时"任务书"描述的是一个残缺的舞台，这个建筑问题对艺术家来说更是束手无策。当我在讨教中理解了歌剧中什么是幕、什么是场和换景间的运作等，才明白一个完整的舞台运作系统对歌剧艺术来说是何等的重要！如果简单地响应所谓"可研"的任务书，在建造前就可以断定：这将是一座残缺的歌剧院！如此至关重要的问题俞院长并未提及，或许在可研阶段的论证也拿不出好办法，只好忍痛作罢，接受现状。

我也可以接受现状，因为所有人都认为只好如此了。但建筑师的直觉告诉我：必须改变！

其实对于熟知剧院设计的建筑师来说，在先人的经验里不难寻找出路。2004 年和京剧院赵院长对慕尼黑国家歌剧院的考察记忆犹新，同样遇到用地与舞台的矛盾，它采用的所谓"威斯巴登"舞台完全可以用来解决中央歌剧院舞台的困境。于是，一套新的舞台方案呈现给艺术家：将一侧的侧舞台与后舞台间补齐，形成后侧舞台，将残缺的"品"字形舞台变为完整的"田"字形舞台，在这个设想中还得到了意外收获——加出来的部分恰好可以连通歌剧院现有排练场的舞台，使歌剧院用地内形成一个完整的布景流线系统，大大方便了排练与演出的关系，一举多得。这个超越任务书的设想令艺术家们欣喜不已！我再一次深深地感到讨教、互动会对促成好建筑所产生的巨大价值。

对于歌剧院来说，最为核心的是声音，而声音的评价在当今技术条件下仍然离不开主观因素，作为指挥家和艺术总监的俞峰院长，曾有在国内外众多剧场的演出经验和他领衔下的艺术家团队对声音的表现力一定会有自身的追求。谈到声学问题，俞院长强烈而执着地表达他的观点："那些认为歌剧院混响时间在 1.5 秒的专家都是伪专家！我要做到 1.8 秒。"言语虽然有点过激，但与规范的死板条文相比，我宁愿相信他的感受。的确，"歌剧院就是一件乐器"。早在 1876 年落成的由瓦格纳和建筑师共同设计的拜罗伊特瓦格纳节日剧院，就是一个鲜明的例子。瓦格纳把乐队盖住的做法，营造了完全不同的听觉世界，他有意控制乐队与演唱的平衡，乐声效果犹如神话般悠远虚幻，只有在这座剧院能够听到天籁之音，与戏剧完整呈现。之后瓦格纳专门针对这座剧院的特点编写歌剧。或许，俞院长心目中的歌剧院就应该这样来建造。

但是，当谈到观众厅，俞院长却提出了让我有些吃惊的想法——希望营造出欧洲传统歌剧院典型包厢形制的观众厅。让我吃惊的不是他所说的传统形制，而是他的观点竟然和金曼（北京大学歌剧研究院院长、著名歌唱家）的观点惊人的一致！

从建筑师的角度，我们十分清楚当今建筑的表达应该在吸取传统与历史优秀遗产的同时，摒弃那些与时代发展不适宜的东西。在这一点上，我更认同与我合作多年的法国声学设计师阿兰·蒂赛尔先生的观点，他认为欧洲17 世纪后歌剧院已经从华丽的贵族时代走出来了，那些传统包厢对声音和视线的影响早已被认为是弊端。然而无论是作为指挥家的俞峰还是作为歌唱家的金曼，都对包厢内心向往。何故？或许是歌剧的辉煌在文艺复兴年代，那个时期的歌剧以及建筑艺术是歌剧人梦寐以求的？或许是作为站在舞台上的艺术家，期待面对的是热烈和有歌者感染的场景？或许这种欧洲传统歌剧院形制的表演氛围在中国还没有过？

建筑师认为在当代建筑中不应再出现的东西，恰恰是艺术家认为不可割舍的。"哪怕让我们犯一次错误！"这当然是艺术家在表达心中愿望时急切的话语，我好像没有理由拒绝。原因很简单，那是在为他们营造属于歌剧艺术和歌剧艺术家们的场所。这是我与艺术家之间最为忐忑的一次妥协，能做的就是继续地讨教，向技术与理性讨教，向室内设计师讨教，寻找艺术与建筑、理想与现实的焦点。由于设计正在深入，所有的工作还在进行时，期待挑战之下能有一个完美的收获。

之上谈及的讨教，是关于两座规模不大却各有特色的剧院设计：一座为中国传统京剧艺术营造，另一座为西方歌剧艺术营造，两种艺术形式截然不同。在中国经济发生巨变的年代里，这两个国字水准的表演团体都"挣扎"在生存线上，这其中的原因有世界范围内传统艺术和古典艺术所面临的共同困境，但也有因不适合的演出场所导致的恶果。试想，没有合适的演出场所，如何能呈现艺术家的表演激情，更不能体现一个特定表演团体的艺术水准。当我们今天谈论中国文化在世界的地位和影响明显与中国的经济极不相称的时候，作为建筑师，是否能为这种不相称的改变做些什么？所以，讨教是所有作为的开始，在我谈及的两个建筑实践中，是向艺术和艺术家的讨教，如果引申一下，可以说是向建筑内容的讨教。对我们来说，只要在建筑设计过程中多做一些努力，多关注适不适用、好不好用、能不能用等切实问题，那么这些内容就能活得自在一点、舒服一点、持久一点、旺盛一点、精彩一点！

刘晓钟：自我对白——本·真·新

刘晓钟： 1962 年生，北京市建筑设计研究院有限公司总建筑师。代表作：北京市恩济里小区、北京市望京新城 A4 区、北京市颐源居。参与主编《住宅设计 50 年》，主编《创作与实践——刘晓钟工作室作品集》等。

　　从业三十多年来，我做了许多项目，其中做得最多的是房地产项目。这三十多年里，建筑行业经历了我国房地产发展的几个大的周期变化，可谓几起几落。在这过程中，我迷惑过、思考过：什么是地产的发展，什么是好的建筑，什么样的建筑长久适用、耐看，建筑师应把握的方向是时尚还是价钱，衡量判断的标准是什么？这期间发自不同的声音种种，从多面的角度、利益和专业方面提出各自的观点，如果不能够清醒、准确地去对待这一切，那么就会使建筑师与时尚拉开距离，与创新无缘分，甚至还不如一个刚刚培训上岗的售楼小姐，建筑师的价值和这混乱的市场无法体现，不知谁对谁错？不知谁该引领市场？

　　我们看国外几十年、几百年的发展，很羡慕人家的社区，房子留下来了，历史继承了，生活在延续、发展……但这几年我们建了许多，可又拆了许多，在得到改善的同时又丢掉了许多，没有很全面地考虑诸多问题，想到什么就做什么，不可持续，但口头上还大谈可持续发展、绿色发展。逻辑上有问题，或者说认识还不够清晰，弯路虽要走，但可以少些，学费少花些。以下几个方面是我的自白。

产品与目标

首先我们从建筑师的角度去审视房地产或房地产产业，房地产是多专业组合形成产品的全过程：土地学、经济与金融、市场策划、规划设计、建筑设计、景观环境设计、装饰装修设计、施工与成本控制、市场营销推广、物业管理……建筑设计虽是主要环节，但也只是其中的一部分，那么这么多专业，谁起决定性作用？有时大家在一起研讨时争得不亦乐乎，仿佛都有道理。如果决策者不清醒时往往会发生戏剧性的变化，走了一圈又回来了，时间花了，精神头没了，一切回到了原点。其实，最后大家共同关注的还是产品的本质——质量与品质，和整个过程的实际客观评价——"真"，以及产品是否具有的时代性——"新"，即产品的本、真、新。

市场与营销

市场决定产品的定位，营销是验证产品市场准确如何的结果。这可能是产品最初的决定方向及最后的产品市场结果，从开始到最后整个过程。这个过程中市场的真、本如何体现？客观现实存在两个方面或层次上的情况，好的企业依据这些年的市场经验和数据及自身的客观条件和外部所能达到的要求确定自己的产品定位，从市场的情况看，基本上能够准确定位，但有些时候也有偏差，主要是客观条件的变化、国家政策法规的调整、经济发展的变化，需要及时调整，但往往建设周期和过程又不允许。另外一种情况是企业

北京远洋山水（西区）

依托策划公司或非专业策划人员进行的定位，企业对策划报告只是参考或了解些市场的情况和见解，而策划也不一定进行此案例的实际调研和市场定位，只是类似案例的重复或经验，有些瞎子摸象的感觉，碰上了就对了，碰不上是市场出了问题，与定位和产品把握无关。上述二者虽有不同，但应都属对产品与市场的需求间不能产生无缝对接，不能像我们有些电子产品那样对市场的判断与引领市场来得准确。这还是要从产品的本质上去研究，坚持客观发展规律，按规律办事，产品就不会走偏。这就是产品的"真"。

产品更新与发展

经过这段时间的发展，市场中的分类和目标并不完全正确，使产品趋同。按标准分有低、中、高端与豪宅等类型，虽然地域、市场价格等不同存在差别外，但共同的需求和生产方式是趋同的，因此整个市场差别在缩小。然而，我们只能在引领市场的几个一线城市中求改变、更新与研究新的方向

北京中海九号公馆

外，其他城市存在跟着这几个城市走的现象。其实，与大城市相比，只有几年的差距，去掉土地的价值，甚至有些小城市的产品更物有所值。

那如何改变、更新呢？这需要研究人们未来发展的需求、未来的生活方式、未来影响人们生活的物质与产品和行为，和未来市场中的主力客户群体；即在七八十年代生的人的思想方法和生活行为，甚至还有我们读不懂的90后，他们这些人在未来五年、十年里是什么样的生活，会发生多大的改变？看似不远，但又似乎很难理清。在这未来的发展中，城市化的进程，未来家庭人口的组成，城市服务设施的发展和变化，土地政策，环境保护与发展，社会经济，人口的国际化发展与变化等都将影响我们下一阶段的产品更新与发展。这需要"新"。

建筑人的价值观与心态

可以讲改革开放三十多年如果算作整个国家发展过程的上半场，那么房地产开发和建设可说是上半场的主角。在这三十多年中，房地产为中国经济的发展、人们生活质量的改善、城市化进程及人们资产与财富的积累做出了相当大的贡献。当然在接下来的中场或下半场将是什么样的情况呢？虽然上半场中的开发商、建筑师等工作都被社会所认同，但这其中也留下了诸多问题和遗憾，有些是客观形成的，有些是我们认识不到的，还有些是我们自身存在的落后、封闭的旧思想和文化的劣根性所带有的行为。投机、占有或占便宜，一夜暴富，质次价高，不为客户着想等的认识和心态，不占便宜便是吃亏了，不尊重制度与法规，突破制度和规定才有本事，无论是开发商、建筑师还是客户在某些时候都存有一样的心态。一会儿偷面积、偷层高，打擦边球，一会儿送面积、送装修、送……仿佛大家都占到了便宜，其实羊毛出在羊身上，里外都一样，但是社会风气、经营理念变坏了，大家不习惯制度下办事的准则，其实从事物发展的客观准则和实际效果，不但不能推动事物的发展与进步，反而阻碍了市场的正常发展。这种心态要改变，市场要冷静，建筑师要安心、精心、认真地去做事。建筑师要引领产品和市场，也要引领我们建筑人的心态。

事业要发展，社会要进步，设计要创新，但只有坚持事物的本质与核心，遵循客观发展规律，才是我们创作的本质与根源。

洪再生：回归意匠

洪再生：1962 年生，现为天津大学建筑设计规划研究总院院长。设计研究的项目有："天津城市形态的演变与城市风貌的未来""映秀渔子溪村震后重建规划""北京亦庄经济技术开发区发展规划"。主编《城市空间设计》（双月刊），合作主编《建筑评论》系列学刊。

在中国这个建筑圈中，即便建筑师的群体中总有人不断地呼吁更大的话语权、不断地在理想和现实之间游走并且时常彷徨而迷惑，但是对我来说，成为一名建筑师却是一件幸福的事情。这是因为建筑师这个职业每一天都充满创新与挑战，并且随着专业层面的拓展，会延伸到城市、延伸到社会的方方面面。更重要的是这份工作能够把很多自己在做的事，与自己喜欢的东西联系起来，这就与其他职业产生了根本的差异。要知道，大多数人的兴趣与工作总是被无情地割裂，而建筑师这个职业却能够把这两者有机地结合起来，还能有机会找到欣赏你的"知音"，这是每个建筑师都值得感恩的。

建筑师不要给自己戴上高贵的皇冠

似乎苛刻的甲方在建筑师的世界中总是扮演着恶人的角色，而我们总在抱怨没有遇到真正的赏识者，但要知道，不是每一匹千里马都能遇到它的伯乐。虽说遇到一个理解建筑师的甲方、一个真正欣赏你的人十分重要，但我认为这种被人认可的前提应是，建筑师首先要获得自己对自己的认同。如果有些建筑师总是以一种"怨妇"的心态看问题，觉得所有人都看不上自己的作品，这要么是他的努力还不够，要么就是他的心态出现了严重的偏差。

建筑师的心态应该转变为我能够为客户做什么？要建立起自己的服务意识。把我们的所长、爱好应用到对甲方的服务中去，而不是去抵触甲方的一系列要求。我觉得习总书记批评得很有道理，就是建筑师一定不要刻意地去做一些"求怪"的东西。如果建筑师觉得终于得到了一个机会来施展他的才华，所以就想方设法地去表现，去猎奇，去宣扬，那么十有八九这将会是一个失败的作品。要知道建筑的首要属性是为人所用，其次建筑需花费成百上千万甚至更多的资金去修筑。这两点的存在决定了建筑师不可以像艺术家一般去创造，做些只供自己欣赏而不顾及旁人观感的作品。建筑过去不是、将来也不会是一个纯粹的艺术品，忽视这一点的建筑师不仅仅是职业素养的欠缺，更是对社会责任的抛弃，以及对自己这个职业存在不够理解不够尊重的体现。

从这一点来讲，我觉得建筑师应该不断地把自己这个职业"去高贵化"，就是要让我们回归"人间"。我们应该摆正自己的位置，回归到踏踏实实给人做设计的层面。我经常对青年建筑师说，建筑师必须学会交流、学会合作、学会表达。这些能力使得我们可以把想法通过效果图、通过语言有效地传递给甲方，并切实地落实到项目的进展当中。当下的建筑教育过多地强调了创新和求异，过度关注了建筑中最具标志性而非普遍性的群体，忽视了作为建筑师应承担的责任和义务。这就使得参加工作没几年的年轻人总想通过设计的舞台做他们自己的实验，拿着甲方的钱却理所当然地将自己看成是整个项目的主宰者，这种想法及做法是要不得的。建筑师在做设计的时候应该想到是谁赋予了我们布局建筑的权力，我们又是为了怎样的目的、怎样的目标来拿起我们的画笔。庞大的资产、稀缺的土地、使用者的感受，当我们将这些摆在第一位的时候，我们才真正意识到建筑师的本分所在。建筑师的本分在于安分地做一个"匠人"，这个"匠人"不是普通的匠人，而是有"意匠"之心的匠人，也就是一个有艺术修养、有文化追求的匠人，或者说是一个读过书的匠人，只有这样我们的建筑才能够越做越好。

这就是我要说的回归"人间"，就是要摆正自己的位置。如果有甲方认可你，信任你，愿意让你做这个事情，这个是很难得的机会；你要分析，要感恩，绝不能糟蹋这个事情。

建筑师常常会给自己分门别类，规定自己只做某一门类的建筑，而别的类型都不愿接触。术业有专攻，这本无可厚非。但是如果将不做别的门类当作标榜自己清高和卓越的筹码，那就太过于偏激了。这就好比我们找一个裁缝，说要做一件西装。那个裁缝可能会说："对不起，我做不了西装，我是做传统服饰的。"这只能说那个裁缝在此方面技能上有所缺欠。但如果裁缝回答说："我才不会去做西装，那种东西哪叫服装，哪有我的传统服饰好。"这就是不折不扣的一叶障目，因为自己的渺小而看不见这个多样而广阔的世界了。每一种风格都有它存在的价值，都有它的生命力，并没有高下之分。不是说一个做现代设计的人就要与做传统建筑的人互相看不起，我觉得这是不对的。这种"文人相轻"的心态在我们建筑设计界应该尽早摒弃掉，因为这样会给诸多并不充分了解建筑的甲方、给我们的城市建设带来很多认识上的困扰。

回馈社会是建筑师的追求与夙愿

很多建筑师热衷于探讨"千城一面"城市样貌的现象，有些人痛心疾首，有些人不以为然。在当下这种文化价值观基本趋同，建筑技术、建筑材料也都呈现同质化的情况下，"千城一面"恐怕是某种必然的趋势。由于通信技术的提高和资讯的发达，完全封闭并保留自己地域的特色变得非常困难。即便是在藏族或羌族的聚居地，也出现了很多被"同化"的东西。人们的生活习惯、生活方式并不像古时候那样，随着地域的不同而出现根本的差异。那么作为人类活动载体的建筑自然也不会南辕北辙，出现不符合使用需求的变化。

但是我认为每个城市都要挖掘自己闪光的东西，都要保有自己值得骄傲的历史。这个部分可能在城市中占据不大的空间，但它确实可以让我们区别于其他城市，建立自己独有的特色和追求。这就好像单元式的住宅每户之间都结构相仿、功能相似，但每家每户的摆设都很少有雷同。一个单元中张三、李四和王五的家会不同，就是因为他们的陈设、他们在居室中的生活样态或者他们对于文化的追求不尽相同；所以我觉得一个城市的追求也应这样，在这里建筑师要做到识别"张三""李四"和"王五"之间的取向差异，通过精准的刻画和细微的手段，将城市的特色勾勒出来。

我认为一个真正的建筑师应该具有多维度的素质，如果建筑师只在建筑本身做文章，那么其设计视野就会越做越狭隘。我们希望建筑师们学会从城市的角度进行考量设计，要从文化的、历史的角度来考量设计。因为建筑是一座将要挺立至少百年的"纪念碑"，它的生命或许要远远比人类个体的寿命更长。它有可能会作为一个遗产，沧桑与斑驳的岁月痕迹留给我们身后的世界、留给子孙万代。如若没有任何思考的东西，让建筑只满足最简单的功能，那将是远远不够的。

为此，我从2014年开始一直在天津大学建筑设计规划研究总院中提倡一个概念，就是"习学观世，承古抱今"。这八个字要求我们既有学习不辍的坚持，又需不断地观察社会，以此来理解我们要解决的问题和手法。同时我们不但要传承古老的文化，还要积极拥抱今天的生活。正因为有了这样一个概念，我们才会以建筑设计为主业，同时考虑通过文化遗产院、风景园林院的建设，通过室内设计院以及其他新产业的建设，让我们的员工建筑视野多维化，明白建筑师是一个全方位的"能人"。我希望我们的建筑师成为能够满

洪再生参与策划的天津大学建筑设计研究总院 1895 创意大厦

足不同人、不同城市以及不同文化需求的多面手，而不是只会做西装并且看不起做传统服装的人。我也希望他们能够对文化的传承有概念，对文化怀有敬畏之心，那么他们的设计将会有一定的深度，并真正服务于公众。

我的母校天津大学在 2015 年迎来了它的 120 周年校庆。天津大学作为中国近代的第一所大学，其土木建筑学科从建校起便开办授课，一直延续至今。这其中的建筑和规划学科，一直在国内保持着一流的水准，成为天津大学一面鲜艳的旗帜。那么我们要如何在 120 周年的校庆中，回馈母校，奉献自己的一份力量？在彭一刚院士领衔、崔愷院士和周恺等杰出校友的引领下，我们天津大学建筑设计规划研究总院已经在新校区中贡献了很多的作品，包括建筑设计、景观设计和雕塑设计等等。我们希望向外界传递的是：无论我们在做怎样的一座建筑，我们都是在为整个中国的城市发展和文化传承提供一个非常重要的载体。正因如此，我们才一定要一丝不苟地关注设计中的每一个细节。作为天津大学培养的一名建筑学人，回归"意匠"、践行"意匠"精神，是我们奉献给母校 120 周年校庆之礼，奉献给这个产生于近代中国的第一所大学关于建筑的思索与探求之法。

邵韦平：探寻当代设计思潮

邵韦平：1962年生，现为北京市建筑设计研究院有限公司执行总建筑师，中国建筑学会建筑师分会理事长。代表作：首都机场T3航站楼交通中心、第29届奥运会奥林匹克中心区下沉广场（1、4、5号院）、北京凤凰国际传媒中心。

　　作为一个本土的职业建筑师，我们在创作建筑的时候一直在思考一个问题——如何创作一个具有时代意义的当代中国建筑。我们是停留在传统表象中去寻求中国建筑文化的"复兴"，还是从本质上去寻找建筑的时代特征，开创中国建筑文化的新进程？该做哪种选择？我们的回答是后者。我们应该努力去探寻当代建筑的科学规律，构建现代建筑设计控制体系和理论方法，从而提高创作优秀作品的能力，让中国现代建筑文化走向世界。

　　西班牙著名建筑师西扎曾经说过，建筑师的工作并非发明创造，而是转变实现。创新不是要打造过去，而是要揭示一个新秩序。新的秩序是根植于原有的传统中，一个最成功的建筑是从传统中吸取与当代生活仍然相适应的部分，服务于当下需求，并根据现在的表现映射出未来的远景。基于我们长期的设计实践积累和研究感悟，对城市、建筑、文化、人的需求有了新的理解，我们力图克服在传统体制下形成的种种不完整的设计观，尝试建立起一套符合当代建筑发展规律的设计方法。下面就设计在实践上的思考，谈一些专业感受。

关于城市与场所精神

城市承载着建筑和人的生活，因此城市问题是建筑设计必须思考的问题和应对的挑战，建筑师要出色完成自己的职业任务，就必须了解建筑所在城市的历史，尊重城市发展的规律，用科学精神和当代审美来塑造城市的未来，让新的建筑成为调节城市环境和弥补城市缺陷的积极因素，而不是城市的负担。

建筑设计不是一种可以完全个性化的职业，建筑师必须有社会责任。建筑一旦形成必然对所在环境产生不可回避的影响，建筑的最低要求是融入环境，成为建成环境中的和谐因素，更高的要求还应该为所在人文、自然环境做出有益贡献，从而提升环境的整体品质。一个好的创意必须基于对所在环境的研究与发掘，这样才能创作出一个真正属于那个场所的建筑，才能找到体现地域文化和场所个性的合理方案。

关于设计创新与技术美学

现代主义突破了古典建筑的繁复，开创了简约的建筑时代，让建造获得了空前的自由，从而造福于更广大的民众。但随着社会发展和技术的进步，高品质的建筑不能仅仅停留在形式的表达上，建筑师不仅仅要关注建筑形式的创造，更要学会运用建筑技术的语言——材料、技术构件和所有的空间语素来塑造建筑的整体美，包括形式美与技术美。虽然技术不是建筑学的全部，设计师需要在一个更广泛的框架内对技术进行划界和限制，使之能够丰富和拓展参与者体验的广度和深度，但是技术构建是通往建筑真实世界的唯一道路，也是面向未来的全部建筑意义所在。

技术带有清晰的方法的印记，通过与功能、场所发生关联而相互作用，在全新的秩序下实现与自然、历史的协调。形式的品质和意义来自技术在建筑中的过程和方法，技术需要谨慎、准确和最大限度地加以利用，以适度的方式在建筑中实现具体的真实性，准确地反映今日世界的复杂状况，在丰富多样的当代文化中获得深刻的意义。

逻辑建构中，我们将通过文化选择和创造性的幻想对抗机械理性，为建筑注入生命的活力和光彩，接近建筑的本质，实现建筑精神的升华和超越，最终在建筑中建立技术与人的自由关系，使技术在建筑学的范畴中融入当代文明的进程。

关于人性化与精细化设计

建筑是一门关于人类及其生活质量的艺术。建筑与城市一样，要满足最终使用者的生理与心理、物质与精神、个人与社会、当今与未来等对建筑环境的需求。设计不只是关注建筑的物质性特征，而且要从更高层次关注人的心理体验，关注建筑与人的身体行为效果之间的关系。

在科技发达的今天，人性化另一个层面的含义是精致性。即通过更加细致的设计和精确的建造，让建筑更周到地服务于人，满足人不同层次的需求。在使用者所有可达到、触及、观察的范围内，创造出周到、精确的建筑细节，来满足当代人对现代生活品质和审美的需要。

关于文化传承与建筑当代性

建筑的价值不仅体现在实用功能方面，同时也存在文化传承的作用，而且文化可以被建筑长久地体现，影响着人类的生活与发展。为了塑造地域个

首都机场 T3 航站楼

北京凤凰国际传媒中心

性，建筑师应该从文化传统中吸取营养，增加建筑文化的附加值，但传承文化并不意味着机械地复制传统的符号。优秀的建筑应该是从传统中提炼符合当代价值的内容，同时可经受现代审美和传统精神的双重考验，并能够映射出建筑未来的远景。

关于可持续发展策略

建筑所消耗的自然资源占人类消费自然资源的比例是一个十分惊人的数字。保护自然环境、减少资源消耗、保持生态平衡的可持续发展思想已经成为当今建筑界的共识。建筑设计不仅仅要考虑市场需求和个性张扬，还要考虑公共利益和可持续发展的可能。

可持续发展思想下的绿色设计作为一门通用建筑技术正逐步走向了成熟，已成为未来设计实践不可或缺的内容得到广泛应用。绿色设计既是技术，同时也应该是一种设计哲学，它应该成为建筑师必不可少的一种修养，来引领职业活动。设计既要考虑眼前的需求，又要关注未来长远的发展可能，既要有具体的绿色技术，又要有整体系统的可持续发展策略。绿色设计不是孤立的，它需要成为一种信念融入我们专业活动的全过程。

建筑是一个有悠久历史的行业，建筑是人类文化的重要载体，承载着人类数千年灿烂的历史文明。但由于建筑受到多种客观因素制约，相对于高端的现代制造业，建筑业一直处于一种较为粗放的状态，这种情况在相对欠发达的中国城市就更为突出。20世纪末以来，随着人们对自然世界认知能力的提高，随着建筑科技的进步和物质水平的改善，当代建筑呈现出空前的繁荣。

今天的生态科学、生命科学、环境科学、航天科技、数字科技等的产生及发展已经是第一代现代建筑先驱无法预料的，新的科技也带动建造向着更科学的方向发展。随着科技的不断专业化，单纯的建筑科技是很难生存的。但建筑如何运用其他学科的科技成果，把科技融为建筑设计的一部分，则是一个充满了潜力的课题。当代建筑发展是科技影响建筑发展的历程，建筑设计不再为结构知识和制造技术"犯难"，而能正面对待这些科技在建筑设计及美感中所起的决定性作用。在今天的建筑实践中我们需要的不只是"建造的科技"，而更是"科技的建造"。

中国建筑师需要致力于培养对营造的重视，对制作技艺的独创和完美的自豪感，对制作技艺在思考中的中心地位的理解。技术建构是通向建筑真实世界的唯一之路。只要运用技术建构的理念，全面掌控整个设计环节，我们就可能在技术和美学意义上获得成功。

高志：建筑师的使命

高志：1959 年生，现为加拿大宝佳国际建筑师有限公司北京代表处驻中国首席代表、全国房地产设计联盟 CEO。代表作：北京环球贸易中心（合作设计）、北京国际财源中心（合作设计）。主编《高处——宝佳建筑文化讲堂精要》。

2014 年 9 月，加拿大宝佳建筑设计集团与中国建筑技术集团共同主办，《中国建筑文化遗产》《建筑评论》杂志编委会承办了"反思与品评——新中国 65 周年建筑的人和事"大型研讨会，请来了许多老一辈建筑师，有的与会专家已经八十多岁了。见到这么多平时只能在大学教科书里接触到的建筑大师，我非常感动。马国馨院士被称为建筑设计界的"帕格尼尼"，因为马院士做的设计艺术感特别强，像小提琴和弦一样让人回味无穷；布正伟先生被称为建筑设计界的"瓦格纳"，因为他的特长是机场建筑设计，气势宏大；费麟总建筑师被称为建筑设计界的"西贝柳斯"，因为他能够把工业建筑做出别墅般的舒适感。老一辈建筑师有着扎实的专业基本功、严谨的科学作风，值得我们这一辈建筑师好好学习；更值得敬佩的是，老一辈建筑师的才华和高贵不仅体现在社会环境有利于建筑创作时所拥有的热血激情上，更体现在社会环境不利于建筑创作时（如反右、"文革"时期）的坚守上。再放眼看世界，贝聿铭 90 岁高龄时还在设计多哈伊斯兰文化博物馆，冯格康 92 岁时还在设计上海游泳中心，矶崎新八十多岁时还在参加迪拜建筑设计竞赛……

为什么建筑设计这个行当能够如魔咒般吸引着世界上成千上万的"圣徒"用一生去追求？爱因斯坦在普朗克生日宴会上的演讲给了我们最好的答案。面对量子力学的创始人普朗克教授，爱因斯坦动情地说："我同意叔本华所说的，把人们引向艺术和科学的最强烈的动机之一，是要逃避日常生活中令人厌恶的粗俗和使人绝望的沉闷，是要摆脱人们自己反复无常的欲望的桎梏。"他强调："一个修养有素的人总是渴望逃避个人生活而进入客观知觉和思维的世界；这种愿望好比城市里的人渴望逃避喧嚣拥挤的环境，而到高山上去享受幽静的生活，在那里透过清寂而纯洁的空气，可以自由地眺望，陶醉于那似乎是为永恒而设计的宁静景色……渴望看到这种'先定的和谐'（莱布尼兹理论）是无穷的毅力和耐心的源泉。我们看到，普朗克就是因此而专心致志于这门科学中的最普遍的问题，而不是使自己分心于比较愉快的和容易达到的目标上去。我常常听到同事们试图把他的这种态度归因于非凡的意志力和修养，但我认为这是错误的。促使人们去做这种工作的精神状态是同信仰宗教的人或谈恋爱的人的精神状态相类似的；他们每天的努力并非来自深思熟虑的意向或计划，而是直接来自激情。"

看看科学大师是如何教导我们的：要把科学（包括建筑学）当成一种宗教信仰来崇拜，才能最终有所成就。受"在大地上绘制出最美好的画卷"这个使命般的渴望的驱动，古今中外一代代建筑师们奋不顾身，无论顺境、逆境，在看似无可逃避地履行使命的同时释放出生命最光亮的色彩。

没有勇气当不了建筑师

建筑设计这个职业可能存在上千年了，从古代的都城到今天的城市，人们都离不开建筑。作为搞了30年建筑设计的我常常遇到我的学生问我："高老师，你是如何看待建筑设计这个职业的？"我总是告诉他们一句最经典的"语录"："如果你要一个人上天堂，就一定要让他学习建筑设计，因为那里如天堂一般的美丽，所有最美好的事物在建筑师的笔下都可以描绘出来，令人心驰神往，热血沸腾。如果你要一个人下地狱，也一定要让他学习建筑设计，因为所有工作的苦难，建筑师都要尝试，没白天没黑夜地改图，跋山涉水地踏勘，冥冥苦思地创意，防不胜防的地震海啸，一个小小的疏忽就会酿成墙倒屋塌，甚至会议中忽然停个电都能把你吓出神经病来。只要做这个行业，几乎天天都会让你魂不守舍，夜不能寐。"没有英雄般的勇气和果敢，没有苦行僧般的孜孜以求，是不可能在建筑设计这个行业里有多大成就的。

百折不挠的勇气和打持久战的耐心是一枚硬币的两面。建筑设计的过程就是磨炼意志的过程。一方面，方案要不停地修改，另一方面，设计过程中会出现大量意想不到的情况，有技术的问题，更有政策问题，建筑师根本无法左右。如果没有扎实的基本功，没有应变能力，尤其是没有长期扎根于此的耐心，项目早就夭折了。北京东长安街上的国际财源中心就是一场持久战，从中标到竣工，四栋写字楼我们整整做了八年。其间，开发商总经理就换了八位，每位总经理上台都有一套想法，都想施展一番作为，而且这八年的时间里，国家房地产政策上的大变化发生了三五回都不止。此项目开始被设定为酒店，后来改为酒店公寓，再后来又改为城市综合体，最后改为写字楼。值得高兴的是，最终证明做写字楼是最正确的选择，地点最佳，效益最好。作为设计方，如果不能沉住气，是没法等到苦尽甘来之时的。

我们在国际财源中心的设计上是下了一番苦功的。项目北邻长安街，对面是建国饭店与京伦饭店，南面是建外SOHO，靠近东三环国贸。我们首先给项目定下基调：强调与 CBD 环境的和谐而非竞争。如果 CBD 的每座建筑都"欲与天公试比高"，那将会把这个区域变得多么嘈杂！我们着力于塑造 CBD 优美和缓的天际线，使得这个区域呈现出中间高、两边低波浪形状，从国贸三期 300 米的制高点缓慢向两边跌落的态势，这样的设计使得比国贸三期略低的财源中心成为不可或缺的调和空间。同时，长安街与东三环相切的 CBD 地区兼具庄严大气与活力动感两种鲜明性格，这也是我们设计的灵感源泉。最终的方案整体采用极简主义模数化设计，但以上部活泼的"大眼睛"作为项目的点睛之笔。国际财源中心以"真正的绅士"作为设计之魂，在古老的长安街边，在 21 世纪北京的 CBD 西门户位置，一位身穿黑色西服的"绅士"肃穆地站在那里，冷静地望着繁华喧嚣的北京 CBD。

我们欣喜地看到，长期的坚持结出了丰硕的果实。国际财源中心获得了由中国勘察设计协会组织的 2013 年度"全国优秀工程勘察设计行业奖"的建筑工程公建一等奖。2015 年 3 月，国际财源中心获得 LEED-EB 类别的铂金级认证，LEED 是全球最受认可的绿色建筑认证体系，全世界范围内仅有百分之五的 LEED 认证项目能获得铂金级认证。这一认证是对宝佳设计团队"打造高舒适度和健康和谐的办公环境"设计理念的褒扬。（北京国际财源中心方案创意者为加拿大宝佳国际建筑师有限公司的建筑师托马斯·吕贝克，建筑负责人为宝佳公司中国代表处执行总建筑师刘震宇，我是工程主持人。）

想升官发财就别当建筑师

想想这几十年，我的感受是，如果一个人要想升官发财，做建筑设计这条道路绝对不可取，因为在中国建筑设计费占整个工程款的比例最多也就是百分之一二，跟开发商所获的利润远远比不了，但规划与建筑设计却决定了一个项目的生死，责任重大；就像一首歌中唱的："你的所得，还那样少吗？你的付出，还那样多吗？"如果没有以天下兴亡为己任的胸怀和志气，没有几天几夜不睡觉也要把项目搞出来的决心，是没法把建筑设计做好的。

作为生在红旗下、长在新中国的这一代人，我深受老一辈的建筑理想的影响。我从大学受建筑设计教育起步，到北京市建筑设计研究院的十年磨砺，再到北美读研究生，再回到中国的大学教授建筑设计课程，最后又经营设计公司并且转向研究城市区域经济系统，我的生命不断冒出新的激情。尽管征途漫漫，困难重重，但每次面对挫折时我都试图用积极的心态来调整自己，将每一个挫折看作是命运对决心的试探。记得在加拿大读书时，由于加拿大法律不允许外国学生在校外打工，我没有了经济来源，只能靠做助教和研究助理的一点收入来交学费和维持日常生活开支。一根黄瓜吃三天，四块肯德基的鸡块吃一个星期，一到冬天，外面是零下三十摄氏度的严寒，我住的宿舍里都可以结冰。考试的压力很大，考不好就得回国。有一次我终于病倒了，强挣扎着，来到大西洋边上的信号山，站在巨大的礁石上，离乡背井的凄凉、独在异乡的忧愁一起涌上心头，海浪不停地拍打在礁石上，一浪高过一浪，我心底蓦然间升腾出一股悲壮的豪情：社会大势如潮，人生亦如潮，凶猛的海浪是对岩石的砥砺。每天无休止地画图、计算、写论文，伴随着计算机键盘滴滴答答的声响，落在作业本上的都是酸楚的眼泪，慢慢汇成了不达目的誓不罢休的决心。

当好建筑师需要扎实的基本功

建筑设计，从其艺术的一面来说，音乐和美术是基本素养，它们有助于形成建筑师对节奏、韵律、空间、色彩和光影的理解和把握。你的观察力、概括能力，都是日后是否能够成大器的基础。从其技术的一面来说，数学和力学是基本功。现在建筑设计、规划领域中流行的运筹学、逻辑学、集合论、模糊学、混沌学等，对城市规划的控制起着越来越重要的作用；一个真正的建筑师，或许应该首先是伟大的数学家、物理学家以及伟大的音乐家、画家，甚至是哲学家。另外，从新的发展趋势来看，经济

北京环球贸易中心

北京国际财源中心

学、金融学越来越渗透到建筑与规划项目的开发之中，企业家和资本家的界限越来越模糊，开发一个项目已不仅是一个简单的成本核算问题，而是涉及了材料成本、运输成本、金融系统的投资与回报，现金流、施工人力成本与建筑质量之间错综复杂的关系。这个职业越来越成为吸取建筑师能量的无穷无尽的"黑洞"。

建筑师的基本功体现在他需要具备扎实全面的能力之上，也体现在他做设计的巧思之上。当年我进北京市建筑设计院的时候，设计院是科研、教学、生产三位一体的，每个年轻人都要有师傅，每个设计人员要想独立出图必须要拿上岗证，做高层要有高层上岗证，做钢结构要有钢结构上岗证，这些证是北京院内部发的，没有证的青年设计师是不能独立做设计的。那时候只要抓着机会就学习，很多东西书本上学不到，就靠晚上到院里、院外的夜校学习，靠我的老师徐交虎带（直接教授过我的还有熊明、柴裴义、张天纯、侯光宇、王广功、崔炎章，郁彦、胡庆昌、程懋堃老师等等），就这样一点点地积累。那时候徐师傅审查我的图，查完就狠批，一点儿面子都不给，刚开始觉得徐师傅要求太高了，现在回想，我能够走到今天，全靠师傅的严格要求，在此我再次向我当年的启蒙老师徐交虎先生致谢！

国家发展节奏放缓将成为"新常态"的情况下，建筑设计行业要突围，靠的是建筑师们的改革精神。虽然行业不景气，但移动互联网时代给房地产行业发展带来新的契机，潘石屹的Soho3Q、毛大庆的中国版WeWork、雷军的You+国际青年公寓都是在探索为年轻创业者服务的房地产新增长点。简而言之，这一业务模式的主旨在于为青年创业者提供物业办公、财务咨询、投资管理等一条龙服务的创业扶持计划，实现资源共享，减少浪费。多种多样的"创业者之家"项目不仅为创业者提供服务，同时创业者的集聚也便于投资者对创业项目的遴选。从买卖房产转向经营房产是房地产行业发展的新趋势，中国的房地产商在新兴的白领中产阶级兴起时，登上了满足他们快速增长的住房需求的快车，因而得以迅速发展。现在，处在业界前沿的房地产公司又将目光盯在了风起云涌的创业浪潮上。宝佳集团也将在昆明五里多片区的旧城改造中灵活运用这一模式，为创业者打造梦想起航的新起点。

过去那种靠投资拉动经济发展的模式已经过时，基本功的提升需要灵感的激荡，宝佳不吝投资，多次组织员工出国考察。这些年我们的足迹遍布亚洲、欧洲、美洲、非洲。从文艺复兴的意大利到东正教的俄罗斯，从亚洲的日本、泰国、马来西亚到非洲的埃及、摩洛哥，从欧洲的英国、德国、法国、瑞典、奥地利到美洲的美国、加拿大、墨西哥，我们走遍山山水水，领略到世界建筑文化的博大精深，我们深感自己的所知所学仅仅只是沧海一粟，唯有保持谦恭和开放的心态，才能拥有源源不断的创作潜力。

结语

我相信建筑师这一职业依然能够在"新常态"下建筑业呈现凋零的局面中熠熠闪耀。中国新型城镇化刚刚起步，建筑设计行业其实是潜力无限的。面对"新常态"，有四字箴言，即：

"扩"——进入"蓝海"，扩寻市场；

"通"——加强同行交流；

"精"——建筑设计精细化；

"减"——抓住机会促改革，减少设计中的阻力。

建筑师的勇气、耐心、决心和基本功是业界低潮中"东山再起"的无形力量。从业三十多年来，我经手的大小项目无数，百万平方米以上的项目也有很多，每个项目我都兢兢业业、敬畏虔诚地去做。对我来说，每个项目都是巨大考验，它使我有了对建筑设计行业宗教般的信仰，有了激情的感召，尽管我没有发大财，更没有做出什么惊天动地的大事，但是从心里说，我感到自己非常富有，那么多人有房子住，那么多企业有了办公的场所，我还有几千名已经毕业了的学生，这些都有我的一份小小的贡献。想起这些我就觉得人生很有价值，建筑师的伟大事业值得我用一生去追求。

张宇：我的若干个第一次

张宇：1964 年生，全国工程勘察设计大师，现为北京市建筑设计研究院有限公司副董事长，中国建筑学会建筑师分会副理事长。代表作：北京植物园温室、中国电影博物馆、中国科技馆新馆、皇都艺术中心（在建）。主编《植物展览温室建筑的综合研究》，参与编撰《建筑中国六十年》（七卷本）等。

岁月悄悄地离我们而去，当初刚参加工作时充满朝气的新时代青年已成为年过半百对行业颇有一些认知的职业建筑师。2015 年是北京市建筑设计研究院（BIAD）成立 66 周年，也是我来设计院工作的第 28 个年头了，难得就着一杯清茶，伴着柔和的音乐，一个人静下心来梳理思绪，这可能也是我第一次用这种悠闲的方式回忆过去；不经意的回首让我看见了我从前的脚印，第一次嗅到了生命的味道，或许轻松的回忆，更能表露有些意思的"自白"。

第一次尝到自己作品建成后的喜悦，是在大四暑期实习期间，到湖南为粟裕大将设计纪念亭。

第一次在设计院接触设计，是帮助熊明大师主持完成的北京光彩体育馆装修工程。

第一次当上建筑负责人，负责外墙大样设计的项目是北京天桥商场的大屋顶，当时是张镈大师主持该项目的设计。记得最终研究屋顶高度时充分考虑到透视关系，我设计了三个不同的方案给大师看，张镈大师最终选定了中间高度的方案，我的设计一次通过。这也是第一次与张老总亲密接触。

第一次感到有压力的竞赛是与张开济大师等人合作北京西客站方案设计，我完成的具体任务是效果图表现；虽然最终没有选定张老的方案，但老人家还是热情地邀请我们去他家庆祝他的80大寿，其间他为我们放了许多国外的幻灯片。记得北京西客站选定方案的效果图也是出自我的手，快图表现第二天一早向市领导汇报并通过。

第一次真正意义上的成功合作是与朱小地合作"城南游艺园"竞赛，并一举夺得第一名。记得那时我们的表现图就是一幅画卷，以老北京的元素展现城南游艺园的形态。

第一次当独立工程主持人是1993年在海南分院期间，承担海南财政金融中心信托大厦设计（180米）。那时的超高层规范刚刚试行，全国已建的超高层项目也仅在广州、北京等几个地方，记得回京考察时还偷偷跑到京广大厦的设备层，了解楼梯间与设备间的交换关系及设备避难层的特殊要求。可惜由于当时海南"泡沫"经济的原因，使得该项目建到了17层便停滞下来。一晃二十多年过去了，幸运的是该项目又重新启动，并成为海南省的新地标，高度也升至258米，也算是了却了自己在海南四年奋斗的一个心愿。

第一次出国考察也是在海南设计国际体育村（实际上是赛马场）期间，参观考察了新加坡与中国香港的马场、马会俱乐部等。当时的标准按国际赛马要求设计，马道、马厩均已建好，连马匹都进了500匹；也是因为国家政策的原因该项目搁浅，很可惜。最新的好消息是，海南作为国际旅游岛，赛马场项目准备建设，这将又圆我的一个梦。

第一次当爹是1996年6月11日。孩子现在子承父业，2015年考上了美国罗德岛设计学院。

第一次参加全国性大型竞赛是国家公安部大楼项目，全国许多建筑设计大院都参加了竞赛，评委也都是业界元老级人物，如赵冬日、张镈、张开济等。我们的方案被评为第一，可惜历经几任部长更换，再加上其他一些因素，项目易手了。

第一次参加首都建筑艺术汇报展，皇都艺术中心项目获得二等奖，实质是第一名（一等奖空缺）。皇都艺术中心如今作为北京核心地区的重要建筑，经过专家论证也进入实施阶段，现已封顶。这里我要向为该项目做出贡献但已逝世的罗哲文、宣祥鎏、王景慧等老专家深表敬意。

第一次获得詹天佑土木工程大奖的项目是"北京植物园展览温室"，该项目同时获得"90年代北京十大建筑"、全国建筑设计金奖等众多奖项。

第一次国际合作作为中方主持人之一的项目是中国电影博物馆，这是为纪念中国电影百年而建设的项目。该项目获得中国建筑学会建筑创作一等奖。

第一次成功策划设计管理的项目是海南博鳌亚洲论坛酒店会议中心项目，作为项目主管及主持人之一获得业内外的好评，该项目也获得中国建筑

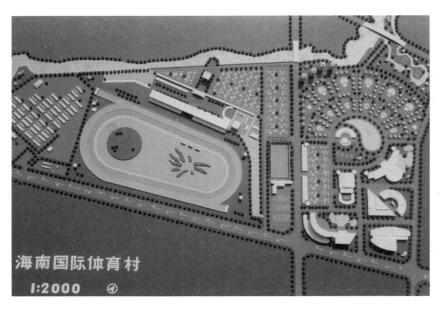

海南国际体育村效果图

学会建筑创作奖。

第一次国际交流是参加中日韩亚洲建筑学会交流活动，并在会上用英文发言。当时是由同济大学郑时龄院士带队，参加会议的有中国建筑设计院李兴钢、上海现代建筑设计集团徐维平、云南省设计院徐锋、湖南省建筑设计研究院杨瑛、新疆城乡规划设计院刘谞、天津大学张玉坤等人。

第一次在国际论坛上发言是 2005 年在北京举办的中法建筑论坛上发表主题演讲。此次活动是配合中法文化年而举行的建筑文化交流活动，同时还举行了以《法国视觉·当代城市与建筑》为主题的展览。

第一次策划建筑界盛大活动是 2007 年举办的"全球华人青年建筑师奖"评选活动，该活动于 2008 年 5 月 9 日在深圳举行颁奖典礼。"全球华人青年建筑师奖"评选活动是由团中央、住房和城乡建设部联合相关部委发起举办的"建筑中国"主题系列活动之一。

第一次全程策划并主持 BIAD 大型活动，是 2009 年北京市建筑设计研究院成立 60 周年盛典活动。

第一次获得国家级称号，是 2011 年被评为"全国工程勘察设计大师"。

还有许多第一次，如第一次与凤凰卫视合作，为 BIAD60 周年拍摄大型纪实电视宣传片且在全球播出；第一次主办以北京奥运建筑为主题的"奥运建筑主题展暨中国建筑图书奖"；第一次主办"重走梁思成古建之路四川行"；第一次主办为大运河"申遗"的"风雅运河全国摄影比赛"；第一次组织建筑界与文博界的"纪念朱启钤创立中国营造学社 80 周年"展览与研讨会；第一次以为行业"筑史"的精神，编撰出版了国内首部建筑类丛书《建筑中国六十年》（七卷本），这些都是与时任 BIAD《建筑创作》杂志社主编金磊及其团队共同完成的。上述这些个"第一次"虽然只是以往工作及学术经历的记录，但这里有领导的信任，专家、师长的教诲，同事的支持，合作伙伴的协作，更离不开各个专业团队的积极配合……

近年来，我除担任行政领导工作之外，还在建筑创作与学术研究方面下了许多功夫，尤其注重突出城市设计方面的主题。2013 年年末，中央城镇化工作会议上习主席提出"看得见山，望得见水，记得住乡愁"后，2014年国家又颁布了《新型城镇化发展规划（2014—2020）》，使得城市设计服务人文与生态城市建设成为方向和目标。特别是2014年9月、10月，习主席先后做出指示，强调要传承中国传统文化，不要搞"奇奇怪怪的建筑"，使我反思，作为一个建筑师如何才能更加具备文化自觉、文化自信、文化自强的精神？联系到2013年11月，在由中国工程院主办、东南大学承办的"国际工程科技发展战略高端论坛"上，程泰宁院士的讲话更使我体会到中国建筑未来的发展方向是必须要展开深入讨论的。2014年，我也承担了住建部的一部分建筑设计政策调研工作，主题是"以城市设计为手段，提升设计水平"，并将调研成果向陈政高部长进行了汇报。后来，在住建部下发的有关文件及贯彻有关精神所做的指示中，都能看到住建部已经强调了城市设计的重要性，明确了城市设计在城市发展建设中的作用和地位。在此期间，我与《中国建筑文化遗产》《建筑评论》"两刊"总编金磊及其团队积极合作，先后为住建部相关司局提交"关于提升中国建筑文化若干问题的建议"，其提出的要点是：处于高速发展的中国，由于难慢下来，建筑界整体处于浮躁状态，追求利益带来了设计和建设的高速度，随意抄袭、弄虚作假、粗制滥造风仍盛。城市设计的"千城一面"，标志性建筑的奇异古怪，"山寨"建筑的大量涌现，都是这种状态的形象体现。它恰恰说明，没有积攒起足够的文化自觉底蕴的设计团队及建筑师，中国建筑设计作品难逃"乱象"的恶果。此外，长官意志的"媚洋"，更助长了移花接木的不良倾向，从大城市到县级市"唯洋风"盛行，不论是"形象工程"还是"面子工程"都形成了一批与华夏文化格格不入的、缺少境界的建筑。地标是一个城市的象征，是市民乐于谈论和交流的话题，它不仅应凝聚当下最杰出的建筑智慧，更将印证一段最伟大的城市传奇。城市建筑地标之所以反映建筑设计的精神"路标"，是因为地标绝不仅仅应有独特的外在形象，它更应是城市精神的栖息地。也就是说，真正支撑它的是有时代活力的精神文化内涵及由此产生出的影响力、知名度和凝聚力。

刘谞：无法自白

刘谞：1958年生，现为新疆城乡规划设计研究院有限公司董事长、总建筑师。代表作：吐鲁番宾馆、维泰大厦、喀什国际会展中心、喀什科技文化广场。著有《玉点：建筑师刘谞西部创作实鉴》《刘谞"私"语》《纪行：玉点建筑设计十年》等。

黄沙吹过，地面一片戈壁。偶尔几株枯草在风中摇曳并伴着孤寂的苍鹰享受烈日之下的时空，远处的城郭在雾霾笼罩下变得朦胧，那些房子犹似海市蜃楼，梦牵着对于房屋建筑的记忆。一切没有悬念地变化着，视觉与感知刺激后的麻木愈发显得虚幻和僵硬，空间的意义像是远去的小鸟，没了生气。

金磊要我"自白"，思忖许久迟迟不能落笔，盖因眼前与心中相去甚远，边塞孤寂得无欲无求也就自然无为，偶有杂感权且作为公开的秘密，也就这点"沙砾"。这世界精彩、刺激的事儿太多，能属于自己的东西可太少，便没了感觉和"自白"。于是，片段几乎构成了思考的全部，缺少逻辑和完整，但却是真实的自我。

上学时，林宣老师讲授中国建筑史，考试方法独特，拿一叠彩画让学生辨认，连续三个答对算是通过，若是磕磕巴巴，老人家会说："下去再看看、记记，再来。"想到每年7月的高考鏖战，遇到这样的师长真是三生有幸。初学设计时，张缙学老师拿着我刚入学绘的第一张铅笔徒手草图说："这是一张具有空间感的作业。"其实，那张图仅仅是模仿，本来没有那个意识，但却鼓励我走到了今天。

后来，技巧性越强越"专业"，也就越远离建筑本质。将空间"杂技化""高科技化""结构决定论"作为创作的方向，显然脱离了推动空间生成的内在动力，在数据化、参数化、互联网＋的背景下，建筑似乎沉沦于社会的娱乐之中，完全丧失了人类文明与美学的基础，也动摇了亘古以来的文化根基，并深远影响着未来。空间赤裸裸地被人们赋予"功能与样子"，执着迫使"功能多样性"得以解嘲，骨骼精奇的气质无与伦比。红墙再"土"、再"紫"点，深蓝老旧些围栏还有像花儿一样的白色皱褶，屋顶上的绿宝石间隔着绿色屋面，够啦！剩下的完美来自于蓝天、碧水、青山、秋叶，喜鹊伴着身穿似是"布拉吉"的衣裙、海蓝色背带短裤内衬洗得发白的长袖衣衫在叽叽喳喳，好自然的一派已消失，但西域的生活与场景让人难以忘怀。"欧陆风"刮了几十年了还未见衰败，可见其顽强的生命力，"敌人一天天烂下去，我们一天天好起来"，倒是对手从不言败。在西部，欧洲特色蛮"吃香喝辣"的，该到重新反思的时刻了。一个事件、事物的故事经久不衰，充分说明了存在的理由与市场，有着深层次的普世情结，建筑师总不该那么固执。建筑的映象都是"后来"的，设计师的认知、业主的意志和工人师傅的手段都是早就有了，不过是重复地使用和迎合，装修是抹去不熟悉的陌生，哪怕这正是创造的重要部分。亲和便是妥协，多数人喜欢或者习惯这样做，做事要有方法，除此之外便是异端邪说。建筑主体完工之后只是一个大概，构思前的轮廓、尺度远不是图纸所标注的那么精确，施工图总是带着"衣服"和"正正经经"立面，盖好后的建筑则变得立体与边界的模糊，还有鱼眼一样并180度的摇摆以及瞬间暂存的记忆，共同构成了对现实建筑的认知，往往超出先前的预料，竣工便是"它"的存在。总算有人在全国人大会上说喀什老城区要原貌保护，这是世界级的遗产；打断"旧貌换新颜"汇报时"插话"，话说得诚恳且中听，只是为时已晚。还没想好白涧沟岸边建筑表皮该如何"梳妆打扮"，将是出嫁或者成家的临界，最终越是慎重的越是匆忙的，没有两全其美的结果，大抵就是不可兼得，只有舍得。空间以及被理解的映象只能单纯得"一无是处"，才可令"聪明人"望洋兴叹，计划与当然遇到"任性"，就这点自己呵护、理解地回到空间的本原。见不得空间被设计师"创造"般地扭曲和界面任由肆意妄为地"刻画"。个性的"到此一游"展现了功利诱惑，钱的价值和面子的虚荣，虽然不乏精湛的技巧与横溢的才华，不过是"炫"得灿烂，与生活、生命毫不搭界，一个独舞。充分表演的空间不是真正意义上的存在，特别是在功能性、持续性、低耗性缺失的时节。早些时候城里多是由大小"十"字组成，全国各地不少。主要建筑

刘谞（左一）与王小东院士在一起

刘谞：无法自白　　163

就那么几个：军管会、政府、银行还有储蓄所，记忆最深的是五金商店和粮店以及供应站、邮局，省会和今天的乡下差不多。自然的力量与人的本能相结合，是不可思议的必然。如今能做些什么、该做些什么、想做些什么？人心向善得讲个方位和去向，"以人为本"不是真"善"，因其从排它出发前就算计了周围的一切，彻底点可曰："本人以为"豁亮。思忖这事儿要独坐土坡，半弯月亮树枝挂霜遮着还得有股清风……到了没人喊儿回家的岁数，记得回去的时候钥匙带了没有，想完了也许走起路来自然踏实。

设计感是与生俱来的。有或者没有不重要，总会有做的，刻意地去寻找自我感觉的设计，最终幻想的结果是照猫画虎，累己也劳人。像是果树本质就是开花结果，天然的没有矫饰算是"鲜肉"。一股脑起哄般地"创造"，踩踏必然发生，生命与生活的遗憾，那么多的乐趣恰恰选择了无趣。温度也能改变空间感受，适宜的到处走走停停，空间的广度和宽度热胀冷缩，建筑在四季没有适应性，固化的形态围剿着人们，只有空间延展着时光来回流动并给予不同的故事。什么是可以留下的、记住的、有益的，这很有意思吗？历史感不是自己的产物，更何谈使命感。早年从东南大学毕业去大连、后转浙江大学、现在天津大学不知道未来去向哪里的老友K先生，有个"非线性"说法，讲的设计像是电影由多"条线"构成，跌宕起伏以引人入胜。前天收到建筑师汤桦"剪纸的徽标"，传统的工艺，镂空白净，都是关于羊的故事，去年是碗口大小的象棋"马"。也许创新不过是传统现代版，乡愁、时代、思考，不同文化认同的共识，难得。还有"33m快邮"的实用腕表，总是感到暖暖的。作为一名总建筑师，付出和关爱几乎是职业生涯的重要组成部分。几年前机场高速两侧巨大广告牌灯火辉煌，如今变得零星暗淡无光，上写"此广告位招商"。连城市都一哄而上，跨越发展怎能不畸形。持续性生存不等同于"发展"，也不等同于持续生活，先"存"后"活"。在快才乐的惯性下，不知道多少人从来没有慢的享受。空间形成的过程和成立很像是人的品行，成长、成熟是一条无形的链，既顽固又宿命，注定一个又一个不断地在未来所体现，最终只有推倒重来，可怜的物质，只有精神在恒久。对于

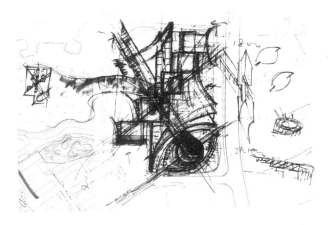

刘谓为喀什科技文化广场设计的手绘图

空间的理解多是功能层面，形象仅是初级的记忆，很少有人感受建筑的生命灵动，非常遗憾这才是终极快乐，也许会骤然而至。时代里的东西多半是应时应景应程序，没有创造。大凡留存的都是当代收益，先前是学以致用坊间是随学随用后来心想事成，"创新"不过是皮大衣倒过来穿"没多没少"，讲给少见者听，做给寡闻者看，时间一会就过去啦，这也是一生。离开人间接着便有仙人指路，天皇巨星与地狱炎魔，不过这些都是现世说的。雪覆盖下的城市只有立面和通风、采光留有的洞口，风刮得人像是老鼠钻入城市风箱，两头受气。雨雾蒙蒙看不清回家的路和分不清是泪还是水，闪电打雷除了极度恐惧之外再没有可以对应的景致。当然阳光灿烂的日子是比较多的，为此建筑的空间与色彩多以其比照，也算是一种应时，但却不是建筑的本来。空间是需要被理解和有立场的，大多数由人来制作和欣赏。极少的空间是启发作者并引导生活的，所谓艺术来自生活，其实是来自于"生活前"的状态。物质中的精神都是伪造成的，只有精神才能化作春泥，形而上从来不需要一个形而下，互换只是一个交流，为的是弥补精神上的缺失。空间是裸露的，建筑师总是给其穿上自己或附和他人的衣裳，没有本来形态的素面，好生滑稽。认知与师道、规矩和定义谬传一个已久的历史，只为你存

吐鲁番宾馆

在和他的价值，生动有趣的故事开始便是"从前"。没有所谓"创新"，不过是经验与教条复活和不甘，一代代的殉道者，乐在其中。改变自己是一件生命大事，一切都是地球引力所致。房屋的倒塌是终因吸引力的长久和强大，人的西归，皆由原本排列组合有致的结构经过持续地牵引，发生了被迫扭曲从而导致紊乱的不可有效的循环和逆转，以及电解质失衡。"入土为安"高度地诠释了万物之灵的皈依，尽管地球如此的强悍，也只不过是星河中的一粟，也在其中被运动、被存在。找个时间去山里看看"东庄"的冬天，雪落积哪里，滑落的泥水流向何处？地下地上、室内室外饱经风霜后的形态？还有那棵开花也结果的树是不是还那样盎然？大山、小溪、草地等被素裹着的白色世界是怎样的美丽，哈萨克族的别克还在对鹰隼打着口哨，它是不是等待我已许久。空间的阳光灿烂不仅仅是一个照度和眼睛成光的折射反映，没有光亮也有明媚，一个感觉一种心态一味幸福。所谓空间精彩在于心态有之，本质空无见物难有特质，一装物的桶而已。"空"是本原，"间"是表现

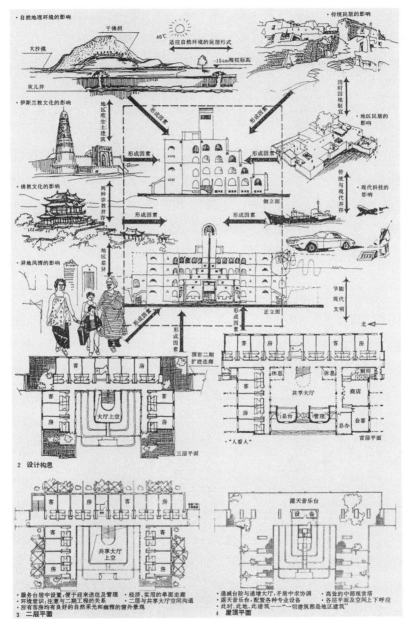

吐鲁番宾馆设计构思图

或曰目的，因为从"空"出发，常常令"间"找不到北，间离空间十足了得的结果。空间需要理解地使用，攥不到手里就像是暂时拥有的一切，但却是能够被继续、被发现，后者才是其真实并具意义的。空间也是有秩序与价值区分的，大小、前后、明暗以及实用和使用的方法与效率，这与现实生活很相似。不能理解着实遗憾，在空和间寻求真理就是岔开"矛盾"来遍寻那个"矛"，一件徒劳的事。不是文化差异而是事和物的不同。空间不是"炒出来"的，一旦熟了便无处可寻，半生不熟妙在朦胧与混沌便有幻想和欲望。建筑告诉"一个美丽的故事"，听众也就多了一个"城市"，故事可以连续为"故事会"，有了历史与传说，你信吗？很困惑"打造、创新、弘扬"城市与建筑文化，设计的哲学很"骑墙"。没有时下的建筑都去历史和未来了，是不是有点前后左右不太靠谱、不够真实的意思，嗯，建筑下乡？立场和视角几乎决定着事物的结果，尽管这不是其本质，那么本质又是什么？关于雪与云的形态转换比较直观，生命中充满了类似的轮回，独立的个体你在哪个层面？追寻自我是个伪命题，没有人可以寻找到自己的"他"，犹如不能揪着自己的头发使自己离开地球。认识"我"是徒劳的，何况了解世界的它，贪求是好奇与纠结。抹灰、贴膜、架空、涂彩，表皮总得有点意思，可就是想不出其中之一的理由，围住空间并上下左右妥妥当当，还要求视线反馈大脑产生"美"的幻觉，能琢磨更好。其实，我们关心的也许是空间的占有和感官的愉悦，建筑师何必做那由简单变复杂的事呢？对了，艺术的不可知与陌生美，另类的自我安慰。空间是有性格与感情的，这种情况来自于传统和其内在力量，前者较为复杂，来源出处大相径庭，后者则不由自主多由"场"来渲染。设计的起初、建造、使用完全不是一回事，没人能预断事物的结果，这也许就是快乐与希望产生的缘由。想象是神奇的，结果是繁杂的简单，概由心生。又到明年，今天不再。一切像是一场雪，生命的循环不如"飘"得精彩——从开始聚气、升腾、凝聚、移动、洒落、结晶、碰壁、堆积、融化、渗透、蒸发进而再一个不同空间、形态的看似雷同的全新来过。所谓人生曾经沧海难为水，难为了空洞的想象。建筑师还那么坚信永恒与璀璨吗？

2012 年 7 月 18 日，刘谞探访病重的中国建筑界的出版家杨永生编审

六分之一的新疆，季节是分明的，人们的穿着像是那挺拔的白杨，从光秃秃的枝条到发出葱绿、油绿、黄绿，直到遍地金黄，叶枝分离。燕子飞来了又飞走了，天上的彩云随着风儿飘飘洒洒地自西向东，轻盈的雪花带来了春雨后的一片盎然。夏天孤寂中传来蝉的欢叫，唤醒了秋的丰满四溢，这一切完美之后接着开始下一个轮回。岁月变成了一个儿时滚动的"铁环"，有了动力便是生活的开始。打小就担忧那一排排小树会不会越长越大、相互靠拢成为一道回不去家的"木墙"，没了街坊，也没了风景，生活在四面围墙之中。担忧中却又有坦然，这算不算建筑师的"自白"？

梅洪元：平凡建筑

梅洪元：1958 年生，全国工程勘察设计大师，现为哈尔滨工业大学建筑学院院长、哈尔滨工业大学建筑设计研究院院长。代表作：哈尔滨工业大学建筑研究院科研楼、大连东软集团软件园、哈尔滨国际会展体育中心。主编《城市建筑》（月刊），著有《寒地建筑》《现代建筑创作中的技术理念》等。

我们这代人是幸运的，作为"文革"后恢复高考的首批大学生，赶上了中国改革开放三十多年所带来的繁荣发展，现在活跃在中国建筑界的中流砥柱多是我的同辈人。时代给予我们很多难得的机遇，对此我一直心怀感恩并倍加珍惜。回顾自己的建筑之路，建筑创作与建筑教育是两条并重的主线，贯穿于我的职业生涯。或许是长期以来学习、工作与生活在东北这片寒地黑土的缘故，我喜爱原真、质朴、厚重的建筑风格，对于理性的建筑有着很深的情结。回首过往，我想自己走的是一条对"平凡建筑"的坚持之路。

说到平凡建筑，让我想到了 20 世纪 90 年代初看过的一本小说——路遥的《平凡的世界》。这是一部现实主义小说，文字质朴深沉、简练有力，浓缩了中国西北农村的历史变迁过程，通过复杂的矛盾纠葛，深刻地展示了普通人在大时代历史进程中所走过的艰难曲折道路。这本书对我影响很深，不仅仅是阅读后引起对自己知青岁月的甘苦生活而产生的巨大共鸣，更让我感受到现实主义文学作品的伟大力量。从那时候起，在内心深处对"平凡建筑"便有了几分懵懂的感悟。我认为平凡不是普通、简单与平庸。建筑如文学作品一样，好的建筑应该是真实、自然而生动的，以平凡的叙事去彰显生活的真谛与人性的光辉，这才是建筑的伟大之处。我所倡导的"平凡建筑"是使建筑在"植根地域、回归人本、关注生活"的基础上获得持续的生命力。三十多年的建筑生涯，我一直秉持这样的理想不断前行，非常高兴能借此文与大家分享建筑创作过程中的点滴感受。

首先，"平凡建筑"是植根地域，充分尊敬环境的建筑。多年来，我以寒地作为地域建筑创作与研究的环境背景，希望将该地域的建筑创作回归到其本原意义去理解与阐释。气候是反映在建筑上最直接的地域因素，建筑只有适应本地区的气候条件，巧妙地结合自然环境，才能创造出宜人的空间和具有强烈地域特征的建筑形态——这是"平凡建筑"的根本所在。

在我求学生涯与执业之路上，我非常欣赏芬兰现代建筑大师阿尔瓦·阿尔托，不仅因为东北地区与北欧同属寒冷地区，更在于他在设计中体现的人文关怀以及对建筑与环境的关系，建筑形式与人的心理感受所进行的伟大探索与实践，让我深刻感受到寒地建筑所蕴含的强烈可塑性与蓬勃生命力。此外，美国现代建筑大师弗兰克·劳埃德·赖特的有机建筑思想给了我很深的启示，他的作品展现的建筑与大地和谐、恒久的共生关系深深地感染着我。我认为契合气候与环境的建筑创作能够使建筑具有生长于大地的生命力，其所体现的建筑文化能够深深扎根地域，这是我多年来建筑创作的出发点。在新疆第十三届全国冬运会冰上运动中心的设计中，我以对地域气候、自然环境、民族文化的积极回应进行建筑的形体塑造。建筑的规划布局与形体组织形似雪莲花瓣，是对丝绸文化的现代演绎。建筑造型从新疆雪山、戈壁等特色地貌中提取元素，抽象地表达了自然雪貌的意向。简洁清晰的几何形体展现了群山环抱的雪山花谷，其所形成的围合式布局顺应当地主导风向，有效地抵御了寒风的侵袭，减少冬季严酷气候对建筑的影响。场地的规划布局摒弃"形式化"设计造成的生态环境破坏，合理配置树木、草坪与水体，建构了良好的景观绿化碳汇系统。通过积极回应气候与环境的"平凡"设计，冰上运动中心实现了技术与造型、功能的高度统一，展现了环境赋予建筑的原真之美，是这个方案最终能够胜出的关键。

在我心中，"平凡建筑"应该如蓬勃的生命体一样，不仅要"生于大地"，更要"长于阳光"，使人体会到破土而出的生命气息，为人营造舒适的心理与生理感受远比建筑的形式与符号更重要，这是建筑生长于地域之根本。记得上大学的时候，从杂志上第一次看到了约翰·波特曼的"共享空间"，那种建筑与环境之间充分交融、人与人之间无界交流的情景给我留下了很深的印象，身处其中，丝毫感觉不到建筑之于人的束缚感，阳光洒在中庭的感觉真的是太美妙了。20 世纪 90 年代初，我去美国工作学习了一段时间，其间考察了北美的寒地城市建筑，感受到了那里非常发达的地下空间与室内空间的舒适与便利，冬季人们可以足不出户完成日常的活动，丝毫不受冬季寒冷气候的影响，仿佛一年 365 天都生活在阳光明媚的春天。2000 年，我在设计哈工大二校区主楼的时候，首先想到的就是在具有六个月冬季气候影响的哈尔滨，如何为学生创造一个能够四季活动的室内空间。为此，在主楼的设计中采用了有利于保温防寒的集中式平面，设置了一个将近三千平方米的阳光中庭。贯穿五层的阳光中庭形成了一个良好的气候缓冲区。冬季阻止室外冷风直接渗透，满足学生室内活动需求。夏季开敞，实现良好的自然通风。这个中庭的利用率非常高，每年学校会在此举行新生的开学典礼以及其他大型社团活动。很多南方来的学生原来对北方的寒冷气候有很多畏惧，但他们因为这个温暖的中庭感受到了家的温暖。我想这样的感受是对建筑师最高的褒奖，也体现了"平凡建筑"的伟大力量。

其次，"平凡建筑"是回归人本，倡导人文关怀的建筑。改革开放三十多年来，中国经历了快速的城市化进程，西方建筑思潮对我国建筑创作大环境的冲击强烈，由此产生了地域特色丧失、资源攫取过度、环境负荷过重、自然生态失衡等问题。冷静思索，是我们在速度建造的狂飙中过度关注"物本"，导致了人与建筑、建筑与环境和谐的依存关系被割裂。我认为，在当今时代，回归人本的"平凡建筑"应从人文关怀的角度重新建构建筑、环境与人和谐共生的关系，用建筑设计的手段努力解决资源分配不均、贫富差异严重、生态危机加剧导致的种种社会失衡、环境破坏等现象，为重塑社会的价值体系贡献力量。

谈到这里，我想到了 2008 年，我在设计哈工大设计院办公楼时的一些感受。在严格控制建筑整体造价的前提下，如何为员工增加更多亲近自然的机会是我首要考虑的。对于寒冷的北方地区来说，阳光是非常"奢侈"的资源，因此在平面布置上没有采取全围合中庭，建筑南向打开，设置一跑的楼梯。南向的"解放"使得室内可以照到更多的阳光，使所有设计单元获得了最大的日照资源。通过天窗采光、水体加湿、自然通风等低技术措施，实现了室内微气候调节与节能降耗，提升了中庭的品质与舒适性。走廊的扶手采用造价低廉的木质台面，充分发挥材料的蓄热性能，宽宽的台面让人既感到舒适方便又有安全保障，同时方便讨论交流与勾画方案。这些细节都是很"平凡"的，没有多高造价，是为员工切身实地去考虑的。让使用者感到舒适与便捷，我想这就是"平凡建筑"的真谛吧。

此外，回归人本不仅仅是以人为本，包括了更多的内涵，建筑设计要打破专业壁垒，与社会建立广泛而紧密的联系，要更多体现建筑的社会意义和建筑师的社会责任，对社会基本阶层、低收入人群、弱势群体给予充分关怀，尊重生命。2014 年"普利兹克建筑奖"获得者日本建筑师坂茂是致力于该领域的典范，很值得我们学习。坂茂专门研究使用硬纸管、竹子、织物、纸板以及再生纸纤维和塑料复合材料等创新且轻巧便宜的建材建造房屋，二十多年来走访世界各地灾区，协助灾民以低成本建造可循环利用的收容所及住房。从举办了三十多年的"阿卡·罕建筑奖"获奖作品中，我们可以看到很多基于地域文化、公众参与、居民自建的创作探索，建筑师强烈的社会意识和人文精神能够唤醒民众对于本土建筑文化的自豪感，而建筑走向更为开放、民主、人文的进程，将会是发展中国家未来建筑发展的重要方向。近年来，我主持了国家"十二五"科技支撑计划项目——"严寒地区绿色村镇建设关键技术研究与示范"。我带着课题组成员到黑龙江广大的农村进行实地调研，结合当地经济与技术的现实条件，将农业生产方式与改善农民居住环境紧密结合，应用低能耗装配式技术为农民设计"就地取材、施工方便、成本低廉、节能省地"的住宅。这样的活动虽然很辛苦，但我感觉很有意义。我认为，建筑师的专注点不能只盯着那些吸引眼球的"高大上"建筑，要切实为民众解决问题，建筑师要有公德心，这是一种更高的境界。同时，通过这样的建筑实践，使学生们体验了从设计到建造的全过程，培养了他们用自己的专业知识服务于民众的社会责任感，这将会是使他们受益终生的一课。

最后，"平凡建筑"是关注生活，体现生活本质的建筑。建筑师应树立正确的创作价值观，超越以往仅仅关注建筑形式的思维桎梏，从为彰显个人英雄主义而盲目追求建筑标志性的创作束缚中走出来，摒弃一切外在"标签"，使建筑真正成为承载人们美好生活的容器。日本杂货品牌无印良品（MUJI）的设计体现了对于生活的真正关注，很值得建筑界借鉴。无印良品倡导自然、简约、质朴的生活方式，省去了不必要的设计，去除了一切不必要的加工和颜色，在包装与产品设计上皆无品牌标志，只剩下素材和功能本身。它不强调所谓的流行，提醒人们去赏识原始素材和质料的美感，以平实的价格还原了商品价值的真实意义，并在似有若无的设计中，将产品升华至文化层面，体现的是一种生活的哲学。我想"平凡建筑"也如此，除去冗余繁杂，回归简洁质朴，以最经济的容量涵盖最丰富的内容。

回想起二十年前，我带着研究生创作黑龙江省第一个五星级酒店——新加坡大酒店的情景仍历历在目。该项目受到了环境的诸多限制，建筑主入口位于北向，对建筑的整体布局与形体组织产生诸多影响。方案设计的出发点很"平凡"，从环境与功能的限制中寻求突破，巧妙地适应气候与环境——躲避寒风、温暖向阳。设计中采取了塔楼对称，裙房与塔楼错位布置的方式，使中庭空间从北向的阴影区里解放出来，获得充足的日照。同时，顺应寒地气候条件优化标准层平面，通过建筑形体切削，实现南向客房配置最大化。建筑的形体简洁，没有多余的装饰，完全是优适于寒地气候环境而生。我想真正有生命力的建筑就是这样，像沙漠中顽强的胡杨一样，遒劲有力的树干与枝条经过严酷环境的剪裁，没有一分多余，自然赋予其独特而充满生机的形态。存在即是合理，建筑创作没有什么神秘，本是"平凡"之事，建筑在解决环境诸多限制后便会真实而有力地存在于环境之中，这样的建筑才会感染人。

同时，关注生活的"平凡建筑"并非简单设计，它体现的是一种"适度"的思想，我们要从以往"大尺度、大建设、大冲击"等粗暴干涉自然环境的误区中走来，真正基于人的尺度、情感诉求与生活需求，基于环境承载能力，基于建筑文化传承去协调、组织建筑各要素，将建筑对环境的影响与冲击降至最低，使建筑"诗意而温和"地融入环境。2002 年，我在主持设计 220 万平方米的哈尔滨爱建新城的时候，思索了如何将高品质现代居住环境塑造与东北老工业城市更新、工业文化遗产保护有机地结合，如何对东北寒地近代欧风建筑文脉进行创新传承。当时恰逢世纪之初，随着中国经济的迅猛发展，哈尔滨也进入了城市建设的高峰期。项目用地为已有百年历史的哈尔滨车辆厂旧址，此处是早期马列主义传播、工人运动的根据地，在哈尔滨历史上有着非常重要的价值。设计中将基地的工业遗产保留并展示出来，在新社区中体现文化传承的痕迹，是延续历史文脉的重要手段，对哈尔滨的城市保护具有非常重要的意义。车辆厂外迁后，我们最大限度地保留了老厂区内的树木，将居住组团植入厂区原有绿化环境之中，同时注重地域性生活场景的营造；将具有历史文化价值的老厂房修缮、改造为艺术馆，使百年城市记忆延续下来；保留了蒸汽火车头，以这种实物影像的形式，向人们讲述历史。如同一个舞台一样，那些承载历史的建筑与环境应该是舞台真正的中心，以此实现传统与现代的和谐共融，去创造具有归属感与认同感的现代社区。

以上这些仅仅是我对于"平凡建筑"的点滴感受。建筑作为人们"衣、食、住、行"基本生活需求之一，兼具消费品与艺术品的双重属性，投资规模大、生命周期长、影响范围广，不应作为权力、资本博弈的工具而失去其本原内涵。"平凡建筑"不是某种风格、主义，是对建筑创作中浮华、浮夸、浮躁等偏差的主动应答，"植根地域、回归人本、关注生活"的主旨是实现建筑、环境、社会与人的和谐共生，使人找到归属感与认同感。

英国著名社会学家安东尼·吉登斯说过："不再是过去决定现在，而是未来的风险决定我们今天的选择。"今天我们的建筑创作语境发生了很大变化，面对资源约束趋紧、环境污染严重、生态系统退化、城市特色缺失的严峻形势，当代中国建筑创作应回归"平凡"，充分尊重使用者生理、心理需求的满足与环境承载能力，以"回归真实、回归现实、回归朴实"的思想使建筑真正回归本原。

赵元超：匠人呓语

赵元超：1963年生，现为中国建筑西北设计研究院执行总建筑师，曾任中国建筑学会建筑师分会副理事长。代表作：杨凌国际会展中心、陕西自然博物馆、西安咸阳国际机场航站楼、浐灞生态区行政商务中心（在建）、西安南门广场改造工程。主编《都市印迹——中建西北院U/A都市与建筑设计研究中心作品档案》等。

很少有年轻建筑师承认自己是个匠人，可我现在越来越觉得建筑师就是一个从事建筑的匠人，一个有点社会责任感的手艺人。

在日本，匠人是一个崇高的荣誉称号，全社会鼓励大家在各自的领域钻研业务，以取得登峰造极的技艺。不知为什么，"匠人"一词在我们的国度里却一直具有更多的贬义，总有不屑一顾的感觉。经过了轰轰烈烈的高速发展回归到平凡、平常的新常态，客观冷静地看建筑、建筑师和建筑设计，也许会更接近真实。

一百个建筑师定义建筑会有一百个概念，就像生活一样只有经历了生死的智者才能品味出人生百态，建筑也如此，也只有经历了一个个建筑生与死的轮回，建筑师才能悟出建筑是什么。实际上建筑师就是被业主雇用的一个手艺人，所谓建筑就是供人舒心使用的房子，没有那么神秘和崇高。如果我们对建筑的定义是正确的话，那么就会对建筑教育、建筑设计及其评判的标准有新的思考和认识。

我对建筑的兴趣，可能来源于我家破败的房子，对建筑的自信则来源于我天生较强的韧性，而非任性。我大学本科读的是建筑学。本科未毕业时，家里的危房需要改造，我不但做设计，还做粗活，背水泥、扛砖头，在实践中体会了建筑的含义。

我的大学生活是在山城度过的，说句实话，重庆这座城市以及大学的环境有点让我失望。我深夜两点乘火车，坐了五十个小时的硬座从西安一路颠簸到达重庆，下了火车，满目是陈旧的吊脚楼，簇拥着菜园坝小小的广场，死一般的静寂。随着天色渐亮，一股股炊烟从这里冉冉升起，渐渐地出现点活力和人气。黎明，我们搭乘了一辆卡车去重庆大学，山回路转，卡车沿嘉陵江吃力地前行，我已记不清是从哪个校门进的，最后来到稍微平坦一点的地方，就是我后来要学习、生活于此的校园，简直还是一个工地。我幸运地被分到了正规的学生宿舍，大部分同学则在仓库里居住。这已是三十年前的往事，我仍记忆犹新，今天看来这些经历正是一个建筑师所需要的，苦难是老师，经历是财富，不同的经验、体验丰富着建筑师的生活。

七年重庆的大学生活给予我最深的印象是四川石匠此起彼伏的叮当声，一件件毛石在他们欢快有节奏的声音下变成美丽的台阶、花坛。我想建筑师的工作也不过如此，就是在环境中设计一个合适的建筑，他的整个工作不也是去芜存菁、点石成金、一种雕琢璞玉的过程吗？

重庆给予我的另一个深刻印象是建筑的环境，没有一处是相同的，民居永远遵循着最基本的法则，随形就势，因陋就简，但民居却呈现出丰富多彩的多元面貌。

在重庆我的另一件得意之事，就是1986年我读硕士研究生的第二年，在一次建筑竞赛中我和我的师兄居然得了第一名，成为中标实施方案；后来在数次去重庆的途中我一直想去看一下我的处女作，不知现在是否拆了？竟赛获奖可能是个偶然，但今天坦白说它有着必然。竞赛时我们实力和经验虽然最弱，但是初生牛犊不怕虎，我们最专注、最投入、最不耻下问、最没有负担。这一建筑在我离开重庆时已开始施工，但至今我还没有见过这个设计作品。

1988年我回到西安，当时设计院没有多少事，我一边在单位工作，还一边到学校代课，此外还帮忙在家里制作新婚的家具。1989年，我们设计院几乎没有什么建筑活动，只有几个陕北的工程，如延安火车站、府谷县政府的设计。我在常态下度过了三年。

从1991年开始，我先到了海南分院，之后又到了上海，完整地经历了房地产的第一个高潮，虽然很多房子后来并没有建，但亲历了潮起潮落的岁月，海口成为我除西安、重庆外第三个居住时间最长的城市。在海南、上海的工作经历对我的建筑观、创作观和世界观产生了很大影响，也充实着我自身的建筑教育理念。

随后我回到西北院，经历了陕西省图书馆、金花中心等项目设计，完成了我完整的职业建筑师教育过程。进入新千年后，我才算开始独立地创作，对建筑也有了更多的思考，也做了一批建筑，当然也创办了自己的工作室，也有了更多的体会。在此我想把我对建筑的一些体会和断想与大家分享，我深知仅凭我现在对建筑的理解尚不能悟出建筑的全部，只好把近年来我对建筑、对城市的只言片语式的感想写下来，权作我的自白。

如果对教育有所反思的话，是不是我们的建筑教育过于大师化、神秘化，而对于建筑原理、动手能力、工地实习的轻视和漠视，以至于到单位工作后，都会有从理想断崖式滑向现实的感觉。建筑的复杂性和多样化决定了建筑教育的复杂和多样。建筑师本是一个职业，但建筑教育却严重地同一化、精英化。把培养合格的建筑师教育目标异化为建筑大师的培养，由此也造成我们建筑教育的种种误区。中国建筑教育缺乏现代城市和建筑系统的教育，却在现实中复制了大量的现代建筑和城市。城市的现代化是在各方面尚没有准备好的情况下突然来临的，三十来年的建筑历史，城市实践可能跨过了欧美三百年的发展速度，我们需要新的教育观念，需要走出形式的误区，创造出新建筑。

我要感谢我的大学教育，尤其是感谢给我上建筑教育第一课的尹培桐先生，他使所有初学者都深深地爱上这一行业，所以我强烈建议每一所大学都应该用最好的老师给新生上好建筑教育第一课。

建筑系学生练习水墨渲染的一个重要特性在于培养建筑师的耐性和韧性，只有经过此过程洗礼的学生才可能胜任此工作。

建筑设计过于对形式的追求，一部建筑史几乎是形式不断追求和演变的历史，直到现在我们在形式方面花的力量远大于对功能的研究，难怪我们的建筑不断建不断拆，像时装一样随风而变，建筑哪里是永恒的历史，简直是流行音乐或时装秀！把建筑片面地当成艺术，过度地强调设计的灵感，单纯地追求创作的风格，这些正在把建筑设计引向歧途。

每一项工程都有其特殊的难点和它特有的秩序。高明的建筑师在于发现这些问题并采取恰当的解决方式。最幸运的是能与甲方快速地形成共识，共同朝着正确的方向迈进。但事情往往并非如此，我们却总是在"陪太子读书"式地一遍又一遍做方案，无数次在错误的道路上徘徊。

建筑师与业主的关系本质上是雇用与被雇用的关系，有经验的建筑师能使这种关系发展为合作共赢和信任的关系。当然，业主和你一起为作品发狂则是一件可遇不可求的幸事。

我喜欢阅读，更喜欢为热爱阅读的人们设计图书馆。20年前我参与了陕西省图书馆的设计，有幸的是我现在又开始做陕西省图书馆新馆的设计。可令人痛心的事接踵而来：其一，为它服务了20年，我是否能代表设计院却产生了问题；其二，这么重要的文化建筑竟然投标评委中没有一位建筑专家；其三，貌似公正的评标规则却把最有希望的潜在方案排除在外。我接到中标的通知时暗自落泪，一是为中国建筑流泪，建筑设计从机制到体制不仅没有进步，而且倒退，中国建筑设计似乎永远走不出它的童年；二是为对手同行惋惜而流泪。

中国的西部地广人稀，土地贫瘠，农民只能采用广种薄收的办法维持生计。建筑师有时也像在土地中耕耘的农夫，播下的是汗水，收获的却是泪水。西安欧亚论坛就是一例。此项目是西安唯一一个具有国际影响的酒店、会议综合体，位于西安浐灞交汇处的洲头，我们费了很大的周折拿到了设计权，可惜建筑刚做好基础，项目就易主，新的业主有他们的资本美学，新的官员也有其权力的意志，我就像一个守护襁褓中婴儿的母亲，但终抵不过权力和资本的力量，此项目被修改得面目全非，几年的辛劳打了水漂。

建筑的本质是在适用、经济、美观的原则下用最小的代价换取最大的效益。因此它应始终遵循功能实用、简单、真实的原则。建筑美学要素中的秩序、系统、层级、围合、尺度、中心等只会随着时代的发展丰富着其内涵，具有亘古不变的价值。房子有它的基本规律，坚固、耐久、适用、经济，这些都是建筑的基本点。

对于城市中处于背景性的建筑，我的另一观点是应给建筑减负，房子就是房子，也不必言必称文化，只要遵循建筑的基本原理，同样也能创作出好的建筑。

设计就是设计一种生活方式，可能每个城市的气质和每个城市的人的生活方式等都是很相近的。江南的特色表现为轻柔的风、流动的水。而西北给人一种"大漠孤烟直，长河落日圆"的豪放感。这种城市气质也反映在西安的建筑创作里，我认为它应该是一种中正、方正的形式。不过在目前这个浮夸的时代，做一个方盒子建筑是要冒很大的风险、需要很多的勇气的。但是，在我的实践里，我还是希望把建筑做得非常简单。一是中正平和属于这个城市的气质，另外我觉得简单本来就是我们的一种生活方式，同时它也是西安建筑的一种传统，唐代建筑就崇尚这种简约的做法。我希望我的作品能回归到建筑最基本的层面，用最简单、最纯粹的形式去完成复杂的建构。

把建筑做得简单一些，纯粹一些，用最少的语言表达更多的意义。从而凸显场地的空间环境。我一直认为做建筑应该要惜墨如金，更应以电报的字数，表达出诗一样的意境。

建筑与城市是一个互动关系，但城市大于建筑。城市文化孕育建筑特色，经典建筑彰显城市灵魂。建筑有时就像城市博古架上的一个摆玩，每一次设计建筑都如同做对对子游戏。

　　我曾做过一个非常普通的建筑——西安金石国际大厦，是一个非常方正大气的背景式建筑，一位前辈建筑师说他闻到了西安羊肉泡馍的味道。我觉得建筑创作应该要真实，而不是跟风式的矫揉造作，我们目前的状态有点像《病梅馆记》中所说的"无病呻吟"。

　　在西安做建筑，我的作品会根据此时此地、此情此景与城市环境对话，它们也会有不同的表情，采用不同的形式和语言。在西安老建筑周边的新建筑关键不在于建筑的风格，而在于它的体量和尺度与原有建筑之间的关系。反观一些老建筑旁的新建筑，只有模仿老建筑的形式，而不注意它的体量。我觉得这种协调实际上是一种"同而不和"，实质上并不尊重历史。

　　西安人民大厦是 20 世纪 50 年代我们院第一代建筑师洪青所做的一个中西合璧的建筑。在改扩建项目中我们要对其中一部分进行改扩建，当时我就提出我们的做法是一种对比的协调，体现建筑和城市的生长、变化，同时彰显新建筑自身的存在，老树新枝，和而不同，最终使这个有半个多世纪历史的酒店建筑群产生更多的活力。

　　对于在西安重要节点上的建筑，比如西安市行政中心，虽然它在新区，但我觉得它应该和老城区有着血脉相连的关系，让人们来到西安看到这种市政建筑时就能感受到整个西安的氛围。在具体建造的时候，首先我使它的肌理和这个城市的肌理完全保持一致，然后把人们对西安最初的印象——四方城作为建筑的一个最基本的构成单元，形式上仍采用坡屋顶的形式。虽然是新建筑，但它与西安老城保持着一种气质上的对话，有着同样的血液。这是我在西安做建筑时所持的创作思想和态度。

　　虽然我并不完全赞同"建筑贵在创新"这种观点，但是我又觉得"创新"应该是一个建筑师的核心价值所在。可能我们每个地方的传统说到底是相通的，但是建筑创作应该是要结合场所，应该是此时此地的产物，它应该

有更多的唯一性。从这一点来看，我觉得这个城市的建筑，包括我的创作，应该要处处为这个城市考虑，但又不能背上一个沉重的历史包袱。

灞河是西安八水之一，它是一条流淌着历史的河流，七十万年前，在这里就有了人类的足迹。七千多年前，生活在这里的先民创造了仰韶文化。汉高祖刘邦在此奠定了伟业。丰厚的历史遗存和优美的湿地环境，构成了此地披山戴河、双原拱卫的整体效果。

基地是一片茂密的柳树林，远望是秦岭和白鹿原，但物是人非，只有河水在静静地流淌。我曾数次到基地徘徊，我看到这里脆弱的自然环境，想到中华民族苦难的历史，想到著名作家陈忠实沧桑的脸庞。

只有伏身亲吻大地，才能理解环境。我顺着这样的理念画了一个"之"字形或者说"蛇"形的草图。这就是我当时构思浐灞乡土博物馆时的思考。

西安行政中心该如何表述这座古城的特色？答案很明确："用现代的材

料和技术，表现传统的、中国的精神。"作为一个土生土长的西安人，从小学到高中，都是在庭院式的校园中度过的，庭院的空间感以及里面的生活，深深地刻在了我的脑海中。在最终的设计方案中，西安行政中心的布局就是结构简单明了、轴线对称、各自独立但又互相连通的"中"字形院落。我们在积极使用传统建筑元素的同时，又在整体上有意解构这种对称，从而让这组政府建筑更加亲民。为了打破院落带来的封闭感，设计团队尤其注重室内外空间的穿插变化。尽管每个办公室的空间十分类似，但人们经过的路径或他所在的院落，都会给人带来不一样的视觉感受。设计团队更通过设置大大小小的院落、中庭、下沉式广场以及围合的屋顶花园等设计手法，确保人们拥有良好的办公视野。西安行政中心从东到西长达两公里的各个建筑单体虚实相间、互相渗透，在建筑与人、建筑和建筑、建筑和环境之间，达成了一种和谐的相处关系。

除了地域性和城市的语言相通，建筑还有一个重要特点——它的时代性。

创作是一个马拉松的过程。它的过程也是持久和漫长的，要有足够的耐心和韧性。建筑是一门复杂的学科，它涵盖了技术、艺术和人文，它是一门协调的艺术。

和每位建筑师一样，我也非常渴望创新。然而有感于国内城市建设非常混乱的现状，我一直不遗余力地提倡"背景环境下的建筑创作"。经过三十年的建筑实践，我主张城市大于建筑，建筑应该尊重其所在的城市和环境，超越单体的城市设计。"一个建筑能和谐地融入城市，是建筑师的职业道德。为什么现在城市这么混乱，实际是建筑师忽略了这种道德。"建筑不应该破坏城市的环境和生态，组成一个和谐城市比创造一个一时好看的建筑更为重要。

我出生于古城西安，这座四方城中的大街小巷、残垣断壁给了我太多的遐思和梦想，我所就读的中小学都是传统院落式的学校，这些都给了我最初的建筑与城市教育和谐相生之感。

每一次创作都是一次激情释放，每一次设计都像是一次探险。聪明难，糊涂更难。同样，灿烂难，平淡更难。每一位建筑师的创作对于一个城市，对于整个历史来说只不过是一块砖、一片瓦。平平淡淡才是真。

过去曾有口号："形式跟随功能""形式跟随气候"，都不大全面，我觉得还要补充一句"形式服从城市"。城市大于建筑设计，采取的是一种中性建筑的手法，更多地去"缝合"城市空间，在已有的城市句法中填词造句，如金石国际大厦、西北大学自然科学馆、西安人民大厦餐饮会议中心，这些建筑几乎淹没在城市之中，但走进建筑又有其自身的空间特色，关键是要处理好建筑与场所的关系，任何一个好的建筑应该对其所处的场所有积极的贡献，不管是主角还是配角。

创作的同时能保护经典建筑的原貌是建筑创作的最高境界。对于历史文化名城，重要的不是在乎新建了什么，应该在乎这一代建筑师对城市标志性建筑保护了什么，要使古老的历史遗产融入现代生活。

好的建筑的标准是适宜性和永恒性。它是一个彬彬有礼的君子，它能承继历史，回答现实，挑战未来。

设计即生活。一个设计的产生就是设计师对生活的体验和积累的表现，是对未来生活方式和行为的设想。但是，建筑设计的整个过程很难称得上是诗意和浪漫，我常常把设计构思阶段比喻为一篇作文，一篇美文的诞生需要多少次翻来覆去的推敲，设计的过程更像是一次艰苦的旅程和探险。我们只知道起点和目标，在路上，有说不清的十字路口供你选择，而选择总是痛苦的。每一次选择，也许就是一次赌博。登顶成功是快乐的，而只有经历痛苦的快乐才是真正的快乐。

建筑过度的大师化、时装化、明星化和浮躁化，使建筑界出现了又一次"大跃进"，没有掌握技法的"大师"们，土法上马，"大炼钢铁"最终使我们炼了一批又一批"废钢"……建筑有时偏重经济安全，有时偏重艺术和人文，对不同建筑应有不同的评价标准，可悲的是一部建筑史几乎是一部风格史、跟风史，从政治崇拜到金钱至上。

建筑具有科技、艺术和人文的属性，可我们从没有全面地贯彻过，貌

西安南门广场

似中庸却从没有产生过真正的中庸，从来都是顾此失彼走极端。建筑创作既是一个渐进的过程，也是多方合作的结晶，绝不是一蹴而就，也不是建筑师的秀场。

一个建筑师需要韧性而不能任性，真正的作品是熬出来的。一个作品能够被承认，需要 20 年甚至更久的时间磨炼。也许目前我们还不具备对过去的创作有全面的评论能力。

以上是我在不同时期文章、访谈中对当时建筑的态度和感悟，时至今日有些观点我也在不断修正，我想与过去的我对话或许也是一件有趣的事情，能否定自己才能提高自己。通过这篇小文，聊作不同时期一个建筑师的真实的自白。

延安圣地河谷

路红：守望家园

路红：1962年生，曾任天津市房屋鉴定勘测设计院副院长、总建筑师，现为天津市历史风貌建筑保护专家咨询委员会主任，天津市国土资源和房屋管理局副局长，中国文物学会20世纪建筑遗产委员会副会长。主编了《天津历史风貌建筑》（居住建筑2卷本，公共建筑2卷本）等。

时光如梭，自1982年从天津大学建筑系毕业至今，我在建筑设计和房屋管理岗位上已工作了33年。回首职业生涯，也许是女性建筑师的缘故，发现自己一直围绕着"家园"两字着力和延伸，无论在设计岗位，还是以后的管理岗位，都与住宅和住宅小区设计打交道，以建筑管理、建筑遗产保护为主，为人们筑梦，守护生活家园，守望精神家园工作。在筑梦家园、守望家园的过程中，我的人生无比充实。更加荣幸的是一路走来，结识了一批灵魂高尚的追梦、筑梦和守望的建筑师前辈和同仁，也使得我的人生无比愉悦。

我大学毕业时，正值改革开放初期，各行各业呈现了迅猛发展的态势。当时全国城镇人均住房面积才3.8平方米，因此解决百姓住房问题是当时政府的重要工作。我当时被分配到的工作单位——天津市房屋鉴定设计院，正是一家隶属于天津市房管局以住宅设计和既有建筑鉴定修缮设计为主的设计院，因此我一毕业就投入到大规模的居住区和住宅设计中，如 100 万平方米的万新村居住区的设计，50 万平方米的水上村居住区的设计。现在还记得画的第一张施工图是居住区的配套垃圾站，独立做的第一个设计是万新村 15 个住宅小区的围墙。当看到自己画的图纸不久后变成矗立在眼前的实物时，心中的成就感是不言而喻的。

20 世纪 80 年代至 90 年代，是中国住房制度由福利分房逐渐走向商品房、市场化的阶段，也是中国的住房建设飞速发展的时代，这个阶段的居住区规划和住宅设计百花齐放，设计理念越来越人性化、科学化。我很荣幸地赶上了这个变革的时代，承担了很多的设计项目，见证了住宅设计的春天，收获了专业上的丰硕成果，也为设计院争得了很多荣誉。我本人也从初出茅庐的助理建筑师，成长为正高级建筑师和设计院的总建筑师。这个时期，在房屋鉴定设计院的陈贵全老院长和范玉琢、沈树嘉、杨玉明等前辈的教导下，使我收获了对住宅设计的最初认识，与陈耀勤、姜黎明、王丽伟、赵晓征等设计院同仁，在火红的年代里，我们共同见证了这个发展历程。

1994 年至 1997 年，在天津大学邹德侬教授和天津市城市规划设计院张菲菲教授的指导下，我开展了对中国住宅建设历史的研究。期间我走访了全国 26 个城市，从最南边的海口、广州到北边的哈尔滨、大庆，从北京、上海等大城市到东营、常州等中小城市，调研了一百余个 20 世纪 20 年代至 90 年代的住宅小区。这些住宅小区和住宅单体设计，见证了中国住宅建设现代化、人文化、科学化的演变过程。其中 20 世纪 20 年代天津五大道地区是西方"花园城市"理论在中国最早的实践；50 年代的北京百万庄小区是邻里单位设计的典范，而同时代的长春第一汽车制造厂宿舍区则采用了苏联围合式院落设计；60 年代大庆的干打垒住宅见证了一个艰苦创业的年代。1986 年开始的国家建设部全国住宅试点小区建设，开启了对住宅小区全面的科学探索。以北京菊儿胡同为代表的传统住宅有机更新理论，以天津川府新村、济南燕子山小区、无锡沁园新村、北京恩济里小区、合肥琥珀山庄、常州红梅新村、苏州桐芳巷小区、上海康乐小区、天津居华里与安华里小区等为代表的试点小区，无论在规划设计还是建筑单体上都达到了一个新的高度，使得城镇居民住房水平实现了质和量的极大提高。这些成功案例，无不浸透着建筑师的心血和智慧，它们也被我收进了《中国现代建筑艺术全集·住宅卷》（中国建筑工业出版社，1998年），作为典范保存。通过对中国近现代住宅演变史的调研，我从邹德侬老师那里学到了让我受用一辈子的研究方法；从张菲菲老师那里加深了我对住宅全面的认识；聂兰生、赵冠谦、白德懋、王明浩等前辈，他们在住宅设计上的研究和对我的关怀，为我照亮了前行之路；我的师兄刘燕辉和他领导的国家级研究团队，对我在住宅领域的科研工作和探索一直给予支持。这次调研也清晰地展现了在一代代建筑师的努力下，人们生活居住的环境不断提升和实现诗意栖居的筑梦过程，既为我的硕士、博士论文打下了基础，也坚定了我继续做好住宅设计和研究及筑梦生活家园的信心。

1985年，我参加了天津市古文化街的设计工作，由此开启了我从事建筑遗产保护、守望精神家园的路程。

古文化街利用天津历史上有名的天后宫前的宫南、宫北大街修建。这条街历史上就是商业街，还有天后宫、玉皇阁、张仙阁等建筑遗产。古文化街的设计按照时任市长李瑞环提出的"文化味、古味、天津味、民俗味"和天津市房管局章世清总工倡导的"保护、移植、修缮、重建"八字方针进行，对建筑遗产进行了很好的保护。章世清总工20世纪40年代毕业于天津工商学院，长期担任房管局的总工程师，是80年代天津市政府城市风貌管理的顾问，是我正式拜师的师傅。他对古文化街的总体把握，给我上了建筑遗产保护的第一课。

古文化街六百余米长的街道按照明清建筑式样建设，大部分是老建筑修缮改造，部分重建。天津大学冯建逵先生亲自设计的戏楼成为古文化街的标志性建筑。我承担了街景长卷的绘制、部分店面、牌楼设计等工作，当时是捧着《清式营造则例》，向老师、工人师傅边学边完成的，接受了一次传统建筑的重要洗礼。

1986年，设计院承担了为《天津近代建筑》绘图工作，我开始接触了一批近代天津建筑蓝图：劝业场、盐业银行、交通银行、开滦矿务局办公楼、汇丰银行……这些蓝底白道的图纸为我打开了一扇奇妙的门，看到了历史隧道中的建筑宝藏。我开始关注我周边的历史建筑，作为建筑师开始参加到房屋鉴定工作中，关注起它们的前世和今生。1990年我参加了维斯理教堂的鉴定，其优美的建筑造型和精致的构造细节让我惊叹。但不久后我再去看它时，它已被夷为平地，当时的痛延续到今天，也成了我后来保护建筑遗产的动力。

1998年，我承担了天津市鼓楼的设计任务。这是天津迎接新世纪和建城600周年的重点工程。我非常忐忑也很激动，为此查阅了大量的资料。鼓楼是天津明清古城的标志性建筑，位于老城厢中心，明代弘治六年（1493）初建，历经四个朝代，曾三次大修、两次拆毁、一次重建，最近的

路红（右二）在巴黎遗产学院进行学术交流

天津鼓楼

一次拆除是 1952 年，所存留的资料较少，此次重建以何为基础呢？市政府召开了多次研讨会，很慎重地决定设计方向。在一次研讨会上，一位姓顾的老先生被人扶着进来，他说自己是 1952 年签署拆除鼓楼的人，有生之年就盼着鼓楼重建。老人哽咽的声音激发了设计组的设计激情，通过深入调研和征求各方意见，我们提出了三个方案：第一是按照留下的清朝鼓楼照片进行复原，但尺度较小；第二是按照明清古建筑的制式、现在老城厢的规划尺度重建；第三是在鼓楼原址新建城市博物馆，里面保留并展示鼓楼遗址和 600 年天津城市发展史。我个人倾向第三方案，因为当时查阅了一些西方的遗迹保护方案，觉得这样更有意义。但经过多方论证，市政府最后决定采用第二方案。为了让重建的鼓楼能够更好地反映天津历史，我们严格按照明清建筑制式设计，鼓楼的所有构件尺寸均是由斗口尺寸推算而来。同时我还请教了冯建逵、章世清、王其亨等先生，他们或亲自画草图，或教给我推算建筑构件尺寸的公式，或给我讲解明清建筑之细微区别。在他们的鼓励和帮助下，我在方案中采用了历史上鼓楼的多个元素：明代楼基座的七券七伏的锅底券门、四个门上的匾额题字、重檐歇山顶、楹联等，尺度则与老城厢规划相适应。鼓楼在 2000 年建成，冯骥才先生亲自题写了鼓楼重建铭记。其后鼓楼又被天津市民评为最受欢迎的建筑之一，现在成了津城一景。我很感谢重建鼓楼的这个设计机会，它让我对天津的历史进行了一次深入的了解，探索了建筑遗产保护的多个角度，感受到了传统建筑之美；同时在鼓楼的设计中，我结识了专注于建筑遗产保护的冯容局长、陈丽笙总工、魏克晶先生等前辈，我乐在其中。

2001 年我离开设计岗位，担任天津市房管局（2005 年后为天津市国土资源和房屋管理局）的副局长，但至今我心中始终有一块柔软的地方，温暖地珍藏着自己的建筑师梦想。我分管的工作中有建筑管理和历史风貌建筑保护，这为我提供了一个更大的守护家园、保护建筑遗产的阵地和舞台。2003 年天津市将历史风貌建筑保护列入了立法程序，经过近两年的努力，天津市人大于 2005 年 7 月颁布了《天津市历史风貌建筑保护条例》。我有幸参加了立法全过程，并担任了第一届、第二届历史风貌建筑保护专家咨询委员会主任，用行政官员和建筑师的合力，从事建筑遗产的保护，继续守望精神家园。这与单纯做建筑师有着完全不同的体验。我必须站在一个更加综合统筹的高度，无论是保护条例中规定的保护原则、保护图则、保护要求，还是实际保护项目的设计理念、操作要点；这些使我建筑师的素养得到了更充分的发挥。

在这个阵地中，我们要保护目前 877 幢（以后会更多）房龄超过 50 年以上的建筑。2005—2007 年，第一个保护项目——静园，在历经 600 天的整修后，达到了完全修复、恢复原貌的效果，由一个 45 户人家杂居的住宅成为展示末代皇帝溥仪由皇帝到公民的展览馆和爱国主义教育基地。其后，大清邮政津局旧址、庆王府、先农大院等建筑渐次修复，成为天津历史风貌建筑保护的重要成果。保护的过程艰辛，但成果让人欣慰。建筑遗产作为人类共有的精神家园，历来是各国文化的交流"使者"。面对来访的国内外学者、官员、普通百姓，我们的保护成果让他们对天津这座城市有了新的认识和喜爱，这让我们感到欣慰。在保护建筑遗产的过程中，有幸结识了单霁翔、冯骥才、航鹰、谢辰生、罗哲文、徐苹芳、马国馨、郭旃、刘景樑等德高望重的前辈，聆听他们的真知灼见；有幸与陈同滨、金磊、张宇等业界翘楚共同探讨保护的话题；有幸与一群志同道合的同事共处，有一群古道热肠的专家和志愿者相助；当然也有幸我们身处一个越来越重视遗产保护的时代，有坚定支持保护事业的各级领导和法规管理体系。

最后，借用一句名人的话，建筑师是一个让人"痛并快乐着"的职业。它能让你体验世间种种生活，再挥洒智慧去设计生活，能让你在历史和现实之间穿梭，在美的意象里徜徉，由此我们快乐。它让你对生活不能有丝毫懈怠，否则你会设计出让人耻笑的垃圾，它让你对历史不能有丝毫不敬，否则你会因失误于损坏遗产而终身负罪，痛苦万分。但我不悔，因为为了家园，追梦、筑梦、圆梦、守望，原本是一件幸福的事业，我将继续前行。

董明：一个建筑师的生活随想

董明：1963 年生，现为贵州省建筑设计研究院总建筑师。长期致力于地域文化与当代建筑设计相结合的研究与实践。代表作：贵阳花溪迎宾馆会议中心、贵阳市龙洞堡国际机场扩建工程项目 T2 航站楼。

序·缘由

2015 年 1 月 10 日，我到成都参加"西南之间——首届西南建筑论坛"，会上有幸得到《云南建筑》的编辑郭莉莉的即兴采访，我们相谈甚欢，随后郭女士也与我谈起她将要负责《云南建筑》的一个新增栏目。大概是关于建筑师的随想专栏，并提及跟我约稿，当时我满口应诺。不久，她将该栏目需求告知于我，并强调最好不谈建筑专业方面，因为文章主要是为了反映建筑师平日生活中的随想，希望让读者通过文章了解到建筑师鲜为人知的另一面。

建筑师的业余爱好是千姿百态的，但摄影可以说是大家共同的爱好。大多数建筑师拿起相机都是基于从拍摄场地、收集资料等方面开始的，我也是这样喜欢上摄影的。后来由于数码相机的兴起，以量取胜，每次拍摄总会有几张还合心意，也就越来越找到感觉了。闲暇时便邀上二三好友外出取景采风，从中了解当地的人文风俗，记录下那一瞬难忘的、令人感动的点滴片段，心底便由衷地涌起一种满足感。这种兴趣在2007年悄悄发生了改变，那年博客风起云涌，我的一位好友的女朋友觉得我很"潮"却居然没有博客，不免为之大惊失色。在我不知道的情况下，她为我注册了一个新浪博客账号，取名为"赤足野人"。我问她为什么起这个名字时，她莞尔一笑，觉得"赤足野人"之名与我的为人很贴切；其次，该名字重复率较低，第一篇博客也是这位好友拿我的作品于2007年11月9日发上，从此我就上了"贼船"。刚开始时，还有些诚惶诚恐，生怕遭到"拍砖"。但那时候的网络环境还算友好，渐渐的，越来越多的摄影爱好者开始转发我的帖子，为我点赞，由此我倍受鼓舞。由于搞建筑的都是夜猫子，院领导要求班子成员按时上班，因此在工作日早8:30到10:00之间基本没人打扰，我可以先看前日的帖子对照片的反应，回复网友的点评，在彼此沟通中得到更加丰富的所见所闻，然后再更新帖子，当时还有粉丝惊呼："难道是博客日志？"为此，自己还很得意，既干了"私"活，领导又很满意我每早神一般地按时坐班。

目前博客上发表的作品：国内1003篇，国外338篇；博客等级：15级；博客访问量：75612次。虽不算特别火，但我已是很满足了。以下就摘选两篇，与大家分享。

时空穿越——公共楼梯间的故居情怀

2006年8月13日，我偕妻儿回到了儿时的故居，虽心中早有预料，但等到真的站在这座老旧建筑前，心中仍不免惶惶。老旧的木质台阶已腐朽，斑驳的墙面上，醒目的红字书写着几十年前的宣传口号"团结、紧张、严肃、活泼"，唤起了我这个生在新社会、长在红旗下的人对受到毛泽东思

昔日的旧居风貌

想熏陶的往日时光的回忆。

那栋楼建于 20 世纪 50 年代，是一幢两层坡屋顶砖木结构建筑。那时，我家住一楼，晚上经常到楼上小伙伴家做作业，做完作业后每人轮流讲一个鬼故事，如厉鬼吃着小孩的手指发出嚼干豇豆的蹦脆的声音之类的故事，听得后背发凉，手心冒汗。

最可恨的是，有人提示在咯吱作响的阴暗的阶梯下就藏着鬼，于是谁也不敢先下楼，只好手拉手尖叫着冲下楼，在父母恼怒的呵斥声中，蒙头埋进被窝，在脑中闪现的各种怪诞恐怖的故事场景中渐入梦乡。

现在看来，儿时的记忆对人生的影响都是意义深远的。许多人对儿时故居的印象随着年龄的增长，开始渐行渐远。随着中国城市化进程的加快，许多老旧的建筑被拆除，使人们难以寻觅旧日的场所，故居或许已荡然无存，只能在记忆中回味。

提起故居，便想到我的父亲。我的父亲是重庆建筑工程学院土木系工民建 605 班的，毕业后被分配到贵州省劳改局基建队，工作十分辛苦。父亲在读书的时候看到学建筑的同学背着个画板去写生，觉得这是一件很浪漫的事，于是就很羡慕他们，便希望儿子也能走这条路。但父亲对建筑学并不了解，等到我快要参加高考了，才知道原来报考建筑需要加试美术！而本人在中学时代仅有过为班上画墙报、打方格网、画雷锋头像等经历，根本不懂美术。不得已，父亲便拜托一位叫秦真的劳改释放留用人员教我素描等入门的美术知识。由此，在练习描绘了工地上的砖头和街道后，我才懂得了近大远小、近高远低的透视原理。

还有一人，我对他的印象也十分深刻：高泰荣，毕业于北京医科大学的高才生。其人仪表堂堂，温文尔雅，他在劳动改造后却依然愿意留下。高考前他还曾辅导过我的数学，用笔工整地在处方笺上流畅地写下一道道数学公式，为我分析试题。虽然他们都曾经是犯人，但由于父亲与他们关系融洽，所以他们也都尽心尽力地辅导我。按照现在的流行说法就是，我还有校外劳改释放留用人员的助攻团队。

我的父母是劳改局职工，那时的基建队里卧虎藏龙。幼年的我，常看到一边接受教育、一边从事劳动改造的犯人们，总有着非同常人的一面。比如一位木匠，工作时不小心用电锯将自己的左手锯断，在人人认为其伤复后绝无重拾旧业的可能性时，仍顽强地继续将锉刀用布条绑在光秃残疾的左手腕上做活，延续了他原来精湛的技艺。或许就是这些匠人在迫于生存的环境下仍旧坚强地活着的事例，深深地触动了我幼时的心，使我未来受益良多。

自小，我在劳改局基建队这一方小小天地中，由于父亲的原因，接触到了不同的人，通过观察不同的人和事，懂得了人与人之间的平等与尊重，了解了人性的多样性和复杂性；也感受到了当时所受的教育与"好人"与"坏人"泾渭分明的世界观相去甚远，人性肯定会有善恶等诸多方面，怎么可能非黑即白呢。

隔空邂逅——关于德国艺术家昆特·约克尔两次展览回顾

第一次展览——2008 年中国北京广东展

我曾于 2008 年在广州美术馆主办的"《致北京的信》"——德国艺术家

昆特·约克尔个展"上拍摄了一组照片《爱上约克尔 1.2.3》。

德国艺术家昆特·约克尔在欧洲乃至世界范围内享有盛誉，被卡塞尔文献大展和威尼斯双年展数次邀请和授奖。

广东美术馆馆长王璜生在广东展《前言》中写道："昆特·约克尔曾这样写下他初来中国的印象，1984 年他初来中国，印进他深深视觉和灵魂的是'穿行在迷宫中'的中国书写、写意等等的符号，承载着'一个国家的历史变迁'和'对这个国家历史戏剧般发展的记忆'。"昆特·约克尔所描述的意象，作为一个熟悉于此地的我来说，一下子就被抓住了，并重构起不少新的意象。我想，对于昆特·约克尔来说，陌生感所带来的刺激，更可能留下"灵魂深处的经验"。于是，约克尔从灵魂深处将这样的经验和意象形成了"致北京的信"的作品，于 1994 年"寄"往了中国，而终于在 13 年后的今天，寄达了中国美术馆、广东美术馆等地展出，与我们做视觉和思想的交流。所以，昆特·约克尔的作品，在客观上成了新世纪以来中德文化交流史上的重要事件，也进一步引发了中国艺术界对其创作作品的关注，由此看来，足以证明其伟大。

第二次展览——德国将在 K20 美术馆举办约克尔大型回顾展

目前在德国马上要举办一场约克尔的大型回顾展，他们邀请了五个不同国家的重要艺术评论家各写一篇文章组成《约克尔周刊》，其中中国被邀请的是中央美术学院的赵力教授。

赵力教授写了一篇文章叫作《归于零而勃勃生机》。文中写道："昆特·约克尔对于大多数喜欢美术的中国人而言，无疑是西方现代美术史中的重量级人物。"这是因为早在 20 世纪 80 年代中国当代艺术潮流风起云涌之际，一些具有先锋意识的专业杂志和美术报纸就开始介绍德国"零"艺术群体以及他们的艺术主张、他们的艺术创作，而作为其中重要一员的昆特·约克尔也就随之为中国艺术界所了解。

在文中，赵力教授特别说道："展览中最引人瞩目的作品是昆特·约克尔的《致北京的信》。"它由 19 件大幅画布组成，高高地悬挂在展厅之中，观众穿梭其中，犹如探寻一道又一道的奇异风景。艺术家明确指出这件作品的创作灵感即来自 13 年前那次印象深刻的"中国之行"，而这些"涂抹和书写而成的图画"对应的也是昆特·约克尔关于中国文化的亲身经验。昆特·约克尔特别谈到了他将作品悬挂在展厅中的原因，"悬挂于钢丝上的布帛，被走道隔开，如同线装书籍，布满展厅，前前后后错落着，尽显透彻。这样的陈列是为了让展览像一本书一样，人可以在其中走动，观众先看到一个句子，再看到一段话，犹如你的思考过程，慢慢产生更多的想法。"而从实际情况来看，这些"无拘无束""悬浮空中"的书写性作品的确令中国的观赏者大吃一惊，而中国艺术家的观感则是"震撼"。

赵力教授为了给该段文字加上摄影插图，增加当时展览与观众互动的照片，通过网上搜索到我的"赤足野人"的文章照片，觉得挺有趣，非常喜欢，便特选其中的两张照片作为插图。

《约克尔周刊》在出版阶段时，有关编辑与我取得联系谈图片版权的事宜，最终促成了这段隔空邂逅的有趣故事。

结语

世界真奇妙，时空转换也很神奇。不管是儿时的记忆还是昆特·约克尔曾在路上辗转 13 年的《致北京的信》，以及《爱上约克尔》在过去了七年又被重新提及的《爱上约克尔 1.2.3》，在这里约克尔、赵力、"赤足野人"虽未谋面，却被虚拟的网络世界联结起来，世界变得如此真实，这都是摄影作品所起到的纽带作用。

我中意的日本摄影家杉木博司喜欢收藏古化石，他觉得化石和他从事的摄影有相似的地方——摄影就像是时间机器，把时间往回搜，并能书写历史，而化石同样是时间固化的产物。

沈迪："60后"建筑师的自画像

沈迪：1960年生，现为上海现代建筑设计（集团）有限公司副总经理、总建筑师，中国建筑学会建筑师分会副理事长。代表作：中远两湾城一期、上海东郊宾馆主楼及宴会楼。参与编制《上海市建筑节能标准》、上海市标准图《HL装饰木门图集》、《砂加气混凝土砌块、板标准图集》等。

记得2013年，《时代建筑》杂志曾做过一期关于20世纪60年代生的中国建筑师的专刊。杂志从各个角度较为全面地描述了"60后"建筑师学习成长的背景、执业生涯的实践、精神特质的表现，以及自己的文化身份认同等各个方面，为大家呈现了一幅"60后"这代建筑师的"全家福"。但是，在环境影响并决定人的命运的年代里，"60后"建筑师们虽然处在相同的时代背景下，但不同的工作单位和执业环境同样也使他们呈现多元的发展状况，在大型国营设计院工作的"60后"建筑师就是一个有着鲜明身份特征的群体。

经过20世纪八九十年代出国潮和2000年以后房地产大发展的洗礼，留在大院里工作的"60后"建筑师在建筑师整体队伍中已不占多数。然而，无论从建筑设计领域在近三十年发展的历程中他们的作用来看，还是从这批建筑师的群体在大院的这一特殊环境中的扮演的角色来分析，大院的"60后"建筑师是一个具有很大影响力的群体。今天，随着城市建设大潮逐步退却，建筑设计界开始全面反思的时代背景下，作为这一历史时期全过程的经历者与参与者，大院的"60后"建筑师责无旁贷，同样应该在自我身份认定的同时，重新审视设计和执业旅程中的方方面面。

教育与成长

"60后"建筑师是非常幸运的一代，虽然青少年时期受"文革"的冲击，在学校没有受到很好的基础知识的教育，但是中国拨乱反正的历史性时刻恰好发生在我们即将迈出中学校门的前夕。全国高考的恢复，使我们有机会能够通过自身的学习努力去争取跨入高校的大门，接受建筑学专业基础知识的系统教育。

当年，我们这批"60后"学生最幸运的是，"文革"期间人们被压抑的学科学、学知识的热情，全部都汇聚到了我们这代大学生的身上。大学的学习生活，不但丰富多彩，更是受到学校、社会各方面的重视和精心呵护。记得许多德高望重的老教授亲临教学一线，亲自走上讲台、走进教室为我们讲课、改图。中年教师更是不甘人后，多年积压在他们心里的教学热情和学术追求的激情一下子得到了释放，让他们全身心地投入到教学工作中，废寝忘食地工作，细心地呵护着我们这代大学生的学习成长，让我们真正有一种"天之骄子"的感觉。

"十年动乱"的悲剧还给我们"60后"学生带来另一种别样的"幸运"。在当时大学的课堂上，来自工厂、农村和学校的年龄相差十多岁的同学们坐在一起学习，成为当年见怪不怪的普遍现象。尤其"老三届"的学生，由于其曲折的生活经历，他们对来之不易的大学学习生活异常珍惜，所表现出的刻苦学习精神和努力态度常常让"60后"的我们叹为观止，被我们戏称为是一群"具有强烈翻身感来学习的同学"。然而同学间相互影响是十分明显的，他们这种榜样的力量有着很强的带动作用，在不知不觉中成为促进我们"60后"学习不懈的动力。这些"老三届"同学对我们的影响是多方面的，不仅反映在学习态度上，还体现在学习的方法和思想认识上。例如，在建筑设计课的讨论和分析中，他们丰富的社会经历和对生活较深的感悟，使他们的课程设计作业具有不寻常的设计切入的角度和思考的深度，这也常常启发着稚气未脱的"60后"同学，学会如何去观察生活、理解社会，把一个单一、抽象的设计作业演变为一个以建筑和空间手段来表达对社会与事物的认识，逐步领悟到了建筑设计的过程实际上也是一个哲学思辨和对生活认知的过程。

四年的大学生活，让我们接受了正统的建筑学专业基础知识的教育，它在为我们"60后"开启了通向建筑师大门的同时，也塑造了我们每个人思想认识的方法和人生价值观的基础。

就业与执业

在大院工作的"60后"建筑师，当年大学毕业后大多数人的就业方式都是接受组织分配迈入设计大院的门槛，这在今天难以想象。表面看来我们的就业选择是组织安排的结果，但不容回避的现实是今天我们仍留在大院工作却是大家自愿的选择，这也包括为数不多从其他行业或单位转调进入大院的"60后"建筑师。

与今天相比，当年刚踏上工作岗位的大院里"60后"建筑师所受到的重视和关心是异乎寻常的，虽然没有现在较为普遍的新员工入职教育、接受上岗专业培训等过程。那时的重视不是体现在程序和形式层面上的，而是反映在从院长到设计组的同事对我们这些新来大学生所表现出来的热情态度和真诚期望等具体的工作中。尤其是"师傅带徒弟式"的传统，有效培养建筑师的模式在我们"60后"建筑师身上得到了很好的传承，而且在对我们的重视和关心中得到了进一步的强化。老一辈优秀建筑师通过实际工作实践对我们进行言传身教、耐心指导。这对我们这些刚刚踏上建筑师执业旅途的"60后"们起到了关键性的影响，它也在一定程度上决定了我们"60后"建筑师执业道路的方向。

三十多年来，在设计大院里，"60后"建筑师执业的最大特点就是经历了长期且良好的建筑工程项目的历练。从踏入设计大院开始从事建筑设计至今的三十多年执业时期，恰好是国家大发展、城市大建设的历史时期。各种类型的工程项目的设计任务向我们涌来，始终包围着"60后"建筑师们，有时甚至令我们应接不暇。"60后"建筑师执业生涯所处的历史时期无疑成为令世人瞩目、令境外同行羡慕的建筑师黄金年代的代名词，所以丰富的执业工程实践成为这代建筑师最突出的标签，参与的建筑类型之多、工程规模之大、项目总数之高是其他年代和同时代的境外建筑师难以相比的。

对大院里"60后"建筑师的执业生涯产生重大影响的是中国设计市场的对外开放。改革开放的发展国策，也让我们国内的建筑设计市场逐渐演变为一个开放度很高的国际化的市场，让国内建筑师有机会与境外一流的建筑师面对面地交流与合作，在一个平台上既相互竞争又携手设计。大院里"60后"建筑师作为主要设计技术力量，自然也参加到了这场"竞、合"交替的与境外设计合作、交流的浪潮中。由此，在设计领域的各个层面对我们产生了很大的影响，影响了我们对建筑师在建筑工程中的角色与职责重新的认识和定义，影响了我们对建筑设计方法的改革和工具的提升，影响了我们对设计创作的态度和设计理念的转变。

在大院环境中，我们"60后"建筑师接受了师徒般手口相传的职业传承教育，长期以来接受着技术为先、设计立身的思想熏陶，经过了形形色色工程项目设计的实践磨炼，逐步建立起自己的设计理念和设计价值观。我们"60后"建筑师对建筑设计的理解不只是将其看成为个人的设计表现，而更多的是将其作为一个团队的工作。我们对建筑创作的认识，也是将其作为集体意志与个人的设计理念相结合的产物。在大院严格、完整的质量管理体系长期约束下，我们"60后"的建筑师对设计规范、标准的遵守变成了由内而生的一种技术自觉，视技术和质量为设计前提和底线成为我们共同特质。因此，坚持理性、强调功能、关注技术是"60后"建筑设计的共同特点。

困惑与思考

今天，已逐步步入知天命的大院里"60后"建筑师们，早已过了不惑之年。然而，事物的两面性决定了我们这代建筑师的执业生涯同样充满困惑。因为在幸运之牌的另一面，其实隐藏着很多的无奈与问题，只是我们没有及时地察觉并引起必要的重视。职业发展顺境的惯性错过了许多有趣的十字路口，忘记了在执业道路上应该去做出的必要选择。无穷的设计任务让我们整天埋头于具体的事务，而很少愿意留出一点时间去静思自省，以检视自己设计工作内在的意义和它会造成的影响。铺满鲜花和红毯的成长道路，也让我们陶醉在大院优越的环境中和自我的圈圈内，看不到外面世界的精彩，也忽视了面临的种种问题。往日的幸运与优势反过来成为今天大院里"60后"建筑师自我突破的最大障碍。另外，"文革"造成的人才结构断层，也让我们过早过多地走向了管理领导岗位，而使自己建筑师的身份在渐行渐远。

前不久，由社会上对奇奇怪怪建筑的议论而引起的建筑设计界对建筑文化和文化自信的大讨论，给了大院里"60后"建筑师一次绝佳的思考与反省的机会。作为这三十多年来建筑设计领域发展的见证者，"60后"建筑师也是面对这一领域中存在问题而无法躲避的参与者。所以，无论是现实需要，还是历史角度，都要求我们必须跳出自身的局限，既能以"旁观者"的清醒，透过表象的干扰，辨别问题的实质，又能以当事者的姿态去直面问题，改变自己，认真地思考这三十多年走过的执业历程，去破除当事者自身的迷茫，看看自己作为一名建筑师，如何在权力和压力强烈的干

上海东郊宾馆

扰面前，始终坚持应有的专业立场和职业操守；如何在建筑乱象与建筑价值观混乱的迷局中，以自觉与自省的态度来规范自己的设计行为，把握好设计方向；如何在建筑文化性和创造性缺失的现实困境中，敢于将自己置身于突围的队伍之中，身先士卒。在自我审视、自我批判的精神中，不断探索和学习。

　　严峻的现实也告诉我们，在建筑设计领域发展的十字路口的今天，大院里"60后"建筑师绝不能再将自己置身度外，不能习惯性以口代笔，对今天的现实问题只是以一些充满情绪色彩的宣泄性议论来代替建筑师最基本的表达语言——设计，更不能高高地坐在仲裁者位置上对现实问题进行道德式的审判，而忘却了自己的角色和执业的经历。我们"60后"建筑师要用自己设计行为本身来表达我们对当今中国建筑设计实践的理解，对现实问题的解决之道的探索，对今后中国建筑设计的方向的认识。

郭卫兵：原点

郭卫兵：1967 年生，现为河北建筑设计研究院有限责任公司副院长、总建筑师。代表作：河北博物馆新馆（合作设计）、燕赵信息大厦、中国磁州窑博物馆。

原点作为起初的数学用语被视为数轴的基点和坐标中心，它象征事物的出发点、根本点，象征事物的初始状态、原生状态，也象征着事物的均等状态、中庸状态。正是因为原点具有的这些象征，也赋予了与人生轨迹相关联的、充满诗性的意义。正如歌中所唱："我们经历了那么多考验，最后还是回到了原点……直到能若无其事地聊起从前……"

从家乡出发

我只记得那天急匆匆赶到站台上时，雨终于停了，但忘记了在这个县城小站上是怎样与母亲告别的。事后，母亲常常回忆说，那天的雨真大。遗憾的是父亲未能见证我一生中那次最初最重要的远行。多年以后的今天，当我有了与孩子送别的情感体验后更感到后悔不已。其实我在高考后的假期里，多数时间是住在市里，只是在临近大学开学时我才回到了农村老家，也许是因为在那里有许多人需要告别。因此，那次远行是从农村老家出发的。上学后不久，父亲借出差机会绕道天津去学校看望我，给我买了几本专业参考书、写生用的画夹，带我吃了一顿价格不菲的晚餐。我想这是父亲以另外一种方式送我出发，虽然少了站台上依依的惜别。曾经少年轻别离，也许那时我眼睛里看到的大多是眼前的新鲜，憧憬着仿佛是触手可及的未来。天津大学，为我展现出一幅绚丽多彩的画卷。

报考天津大学建筑学是父亲的主意，他大学学的是土木工程专业，看到建筑系的同学们思想活跃、艺术氛围浓厚而十分羡慕，所以我也算实现了他长久以来的梦想。美丽的天津大学校园给我上了第一堂建筑课，古朴的建筑、清澈的湖水以及雨后的彩虹与湖里的喷泉相映成趣，年轻的心里充满欢乐。当我走进建筑系教学楼，走廊橱窗里陈列着的学生美术作品、课程设计和大学生竞赛获奖作品让我目瞪口呆。很多学长、校友写过关于天津大学建筑系的回忆文章，造诣深厚的师长、才华横溢的同学和专业教室里彻夜点亮的灯光，是我们共同拥有的美好记忆。

就在我刚上大学准备跨入建筑设计门槛的这一年，母亲却亲身实践了一次建造活动。那时家乡的人们富裕了一些，生活开始发生一些变化，于是开始规划原本有些弯曲狭窄的街道，我还记得几个人用平板仪在街上比比画画的情景。因为我老家的房子临着主要街道，街道被调直加宽后院子几乎没有了，虽然那时我们已经在石家庄安了家，但母亲坚持调换了一块新宅基地要盖一幢新房，尽管回去居住的可能性几乎没有且那时家里也不富裕，要把房子盖起来还需借钱，但母亲的主意是那么坚定。那时在农村盖房子的许多活是靠乡亲们帮忙才能完成，我们家在村子里没有多少亲戚，母亲能咬牙把房子建起来是件了不起的事情。母亲有时会给我讲那过程的艰辛和人情冷暖，我也铭记在心。所以，后来凡有乡亲请我帮忙设计自家宅院，我都会认真对待，我以建造的方式去回报乡亲们，延续着这份乡情。近两年，我和我的团队无偿设计过贫困农村小学、村民活动中心等，心里常常唤起那份最真实的回忆。

外面的世界

大学毕业后我回到石家庄工作，同其他同学比起来这是一个比较保守的选择，但一家人团聚也是很自然的事情。刚毕业赶上国家经济宏观调控，工作量和难度都不大，在天津大学打下的较好基本功很快派上用场，领导重视，同事认可，很快成为单位年轻主力，个人的生活轨迹就与工作单位、国家形势密切关联起来。

深圳 1990

毕业后不久，单位就派我去深圳华艺建筑设计公司配合我院总建筑师徐显棠先生工作，徐总当时代表我院与华艺设计公司合作，在深圳设计了大量

郭卫兵（右一）在深圳华艺建筑设计公司与同事合影

高档别墅工程。徐总是我的老学长，他深厚的建筑设计功底和艺术修养令人敬佩，能在他身边工作令我深感荣幸。记得有一天晚上徐总加班设计一栋高级住宅的卫生间，看到他用仪器边画边改，我表示要用仪器帮他把草图画出来，徐总轻轻说了句："这需要自己仔细推敲。"他对待工作的认真态度给我留下了深刻的印象。在深圳工作时记得有一项工作是在古建专家指导下绘制传统建筑立面（日本奈良中国文化城工程），由于在学校时经历过较严格的古建测绘实习，所以画起来比较得心应手，得到大家认可，工作起来比较顺利。深圳优美的环境、有品位的工程和较丰厚的收入，使我渐渐喜欢上了这座充满活力的年轻城市。

转眼几个月过去，春节临近了，深圳即将迎来返乡大潮，火车票十分难买，我在信中流露出不回家过年甚至想留在深圳发展的想法。一天，父亲的同事来深圳出差到公司看望我，交给我一封父亲写的信并嘱咐我回家过年。我含着眼泪读完父亲的信，心里十分愧疚，于是想办法买到一张只开到郑州的车票，那是家的方向。

回来后，母亲说有一天早晨看到父亲默默落泪，原来是夜里梦见南方水灾，我被大水冲走了，父亲急忙穿好衣服赶到单位给我打电话，我也想起有一次刚上班就接到父亲来电，电话中只简单问候了几句，我当时也感到有些奇怪。原来父亲对我如此牵挂，我当时虽不完全理解，但也放弃了重返深圳的想法。

北海 1992

广西北海以其独特的地理位置拥有中国西南出海大通道之称，1992 年掀起了开发北部湾的热潮，许多设计院开始在北海设立分院，我作为我院首批到达北海的两个人之一，开始在那里开展业务。

拥挤的街道上满是来自全国各地的"淘金客"，人力三轮车与走私汽车争抢着道路，老街上到处是卖三元快餐的门店，宾馆里的陌生人会凑过来问你是否要土地、要汽车……空气中弥漫着的怪异气氛让我感到一丝兴奋和惶

郭卫兵在北海分院工作时留影

恐。初期的北海生活十分艰苦，但年轻的心里有一种创业的冲动，白天拜访客户或接待客人，晚上画一些为帮助客户拿土地而规划的总图或效果图，工作很快就有了些起色。

各行各业为开发北海而行动起来了，南昆铁路也修到了北海。我院有幸中标了北海火车站站房设计工作，这是一座集铁路客站、宾馆等功能于一体的高层建筑，功能和结构形式在当时也算复杂的，我作为建筑专业负责人第一次经历系统的施工图设计训练。由于建筑尺度较大且主体为弧形平面，手工绘制十分不便，于是我们在图纸表达上想了不少办法，在较少工地服务的情况下顺利建造完成。北海迎来了历史上第一辆火车，可是时间不长，北海开发建设迅速降温，每天一班的火车也停运了，火车站仿佛一座无人的孤岛，车站广场上鸡鸭成群，耕牛悠闲地吃草，因此北海火车站曾被戏称为"史上最牛火车站"。

在北海的日子里，最难忘的事是我在北海患上了心肌炎，尽管北海医疗条件不好，但我为了瞒着父母还是留在那里住院治疗，二十多天后病情并未好转只得返回家中。不久父母知道我患病而心疼不已，父亲又一次背着我落泪并责怪自己，因为他总是教育我为工作要不惜力气，而患心肌炎多和劳累有关。那是一段艰难的日子，半年多的时间里一直在家休息，我非常害怕不能再从事我喜欢的工作了。

上海 1997

上海这座充满活力的美丽都市是我结束"流浪"生涯的最后一站，经历了深圳的单纯、北海的磨炼，上海让我真正开始了一名建筑师的美好旅程。

1993 年，当我去北海工作的时候，我院同时在上海成立了分院，由起初与当地设计院合作到独立闯市场，队伍迅速壮大起来，有了自己的一片天空。设计院的员工轮流到上海分院工作，于是一帮外乡人每天出现在宿舍到办公楼这段不足两百米的街道上，街边的小超市、快餐店、理发店一下子热闹起来。

由于身体的原因，直到 1997 年单位领导委婉地征求我的意见是否能去上海工作一段时间，我犹犹豫豫地答应了。刚到上海，跟着我院总建筑师李拱辰先生做一个大型高层居住区规划设计投标，由于日照限制和很高的容积率要求，工作难度很大，在我们几乎失去信心的时候李总画的一张草图使大家一下子豁然开朗，大家开始日夜奋战，最后我们提交的成果文本是其他设计单位文本厚度的两倍，当我们把成果送到开标会场时很多人脸上露出了一丝诧异。那天，尽管同事们十分疲惫，但还是穿戴整齐地出现在会场，共同

郭卫兵（右）与唐山大地震纪念碑的设计者李拱辰总建筑师合影

等待那个成功的时刻，那一刻果真来临了。

由于我身体依然不太好，大家对我十分关照，每次去上海的时间并不长，完成一阶段工作就回家。1999年是我在上海工作时间最长的一年，印象深刻的一次是我主持上海大学新校区特种实验中心投标，工程虽然不大但功能复杂，并且是在上海较少能够参与的公共建筑类投标，非常幸运的是在我买好车票即将离开上海时收到了中标通知。这对我十分重要，它带给我的不仅是喜悦，更是重新找回了对职业的自信。

同事们的工作台上都摆放着家人的照片，繁重的工作和思乡的情绪交织出独特的企业氛围，每一个人都有一段动人的故事。有段时间，我给家打电话时父亲总会问我工作是否忙，如果不忙就回来等等，从他平淡的语气中我当时并未听出什么异样，回来后才知道那段时间父亲被出租车撞倒且行走困难，父亲怕影响我的工作不让家人告诉我，只是在打电话时试探地问问，却终开不了让我回家的口。

寻找原点

结束了我职业生涯的流浪期，退去了青涩、经历了坎坷的我收获了喜悦，更重要的是懂得了爱。回忆我在外面工作的这段时间里，全家人为我付出了很多，尤其是看似坚强的父亲，却因为对我的疼爱而几次落泪。此刻，我深深怀念我的父亲，是他帮我找到原点，在我心里，原点不只是数学上的概念，而是关于生命和文化的根源。

2000年以后，我先后主持设计了石家庄人民广场、中国磁州窑博物馆、唐山中心广场、河北省博物馆等一系列代表城市形象和具有本土文化表情的建筑和环境工程，开始有意识地追求河北省建筑的地域性特征，寻找这片土地上的文化原点。

作为河北省的一名建筑师，面对悠久灿烂的传统文化和当下建筑创作的困境，我常常陷入矛盾之中，同时也渐渐发现河北本土文化中同样也存

河北省博物馆新馆与老馆

在着矛盾性。一方面，河北文化的地域性根植于燕赵文化，燕赵大地长期处于民族冲突的最前沿，因而表现出强烈的忧患意识和牺牲精神，在文化和艺术风格上形成了激越雄浑、质朴淳厚的气质。中国封建社会后期的政治中心都在北方，因此河北文化又体现着中国的"皇家血统"，在美学上呈现出经典美特征。另一方面，河北人民因长期战乱和封建思想的禁锢，形成了悲悯、隐忍的性格，生活在迷茫和困苦之中。由此可见，河北历史文化融合了经典瑰丽的宏大叙事和渴望变革的现实需求。站在人们对未来期盼的角度去回望传统，我仿佛觉得心头的矛盾慢慢化解，或者说体会到无论生活和工作都处在看似矛盾的两者之间的状态。在生活中，我们处在过去与未来之间、理想与现实之间，我们体会着迷惘与感悟、高贵与卑微、欣喜与哀愁。我们不得不权衡事情的利弊，有时努力争取，有时情愿放弃，在这样的过程中不断成长，慢慢地体会到"两者之间"是一种生活立场。在建筑设计工作中，我们处在前与后之间、新与旧之间、雅与俗之间、传统与现代之间、经典与时尚之间、继承与创新之间。因而，看似矛盾的事物其实是相互关联而非对立的。这不仅是关于原点在文化层面的思考，更是我对生活的感悟。

　　此刻，原本清晰的原点概念突然变得模糊了，在我心里它却似一条铺展开来的大道，充满着诗意的人生之路。

孙兆杰：建筑师的自白

孙兆杰：1962 年生，现为中国兵器工业集团北方工程设计研究院有限公司总经理、首席总建筑师。先后完成数十项高新科技园区的规划设计研究。代表作：河北省科技馆、河北省质监局大楼、528 项目、218 项目。主持编著了《产业园区规划设计》《工业与科研建筑创作》等。

感谢那位把设计院分为工业设计院和民用设计院的人，使我成为一个工业设计院的建筑师。但到今天我也没弄明白，工业设计院和民用设计院分设的原因。有人说，"工业建筑里有工艺，工艺牵头"，那民用建筑设计就没有工艺，没有工艺牵头吗？

建筑是社会大发展历程中的一个缩影，也是一个个历史节点的印证，人类的历史因为有了建筑而显得真实。而建筑师则不过是一粒砂，在建筑学发展前行的道路上，若有若无，忽隐忽现。波澜壮阔的社会变迁和理念更迭，影响着建筑学的演变，深刻地改变着我们建筑师的思维与生活。建筑始终是强权和财富的产物，设计建筑的建筑师也不能例外。从原始的洞穴到古建筑、现代建筑到后现代建筑，一浪高过一浪的风潮牵动着建筑师

1986 年，孙兆杰参加 Z881
项目设计考察时留影

敏感的神经，催生着各种各样的建筑设计理念。激烈的文明冲突和跌宕的
思潮碰撞，要求建筑师不仅是一个技术职业者，更需要宽广的视野、前瞻
的思考和清晰的理念。我的建筑设计生涯始于进入工业建筑设计院，做
了大量的各类常规军工建筑，涉及坦克、大炮、枪、弹、炸药等一系列生
产军品的工业建筑，并逐渐向大学规划和大学建筑、产业园区、生态规划
等领域延伸，因此形成了做实用建筑的基本原则和建筑设计理念。在我看
来，建筑设计是一种职业，更是一种乐趣，职业与个人乐趣相一致是人生
最完美的结合，我做到了。我这一生似乎注定要从事建筑设计，做实用的
建筑设计。

　　1983 年，我有幸进入具有军工背景和深厚军工文化的兵器工业设计
院。正是国家国防安全与国家经济发展重任的兵工厂的建设与发展，赋予
我这样一个初出茅庐的建筑专业学生更多工业建筑设计的实践机会。工业
建筑作为新中国建筑的一个分支，起源于我党红军时期创建的中央军委兵
工厂（江西兴国官田）。新中国成立后因国家国防安全需要，兵工厂和辅
助军工企业如雨后春笋般拔地而起。以军工建设为积淀，民族工业也随之
兴起。新中国成立后，苏联援助建设 156 个重点项目，其中 21 个兵工厂
建设和几十个老兵工厂改造任务，由兵器设计院配合苏联设计院完成。这
些项目的建成初步形成了我国兵器工业的战略布局，为新中国国防工业体

系建设奠定了基础。通过向苏联专家学习和设计工作实践锻炼，兵器设计院力量不断壮大。"三线建设"时期，93个工厂建设和"三线"地区老厂技术改造及扩建的设计任务全部由兵器设计院承担。设计人员以参加"三线建设"为荣，贯彻"山、散、洞"和"中、小、专、新、协"的方针，发扬艰苦奋斗、不怕困难的精神，努力解决山区建厂、洞室改造等技术难题，积极采用新技术、新工艺，完成了大小"三线"近百个兵工厂的工程勘察设计任务，参与构筑了祖国大纵深的防御体系，也走出了我国的工程设计道路。

在我国兵器工业体系建设中，兵器设计院负责建设兵器研发生产的保障平台，提供全过程的工程设计支撑与建造服务。比如国家下达了某一生产任务，我们要根据生产纲领确定厂房的规模、生产线和生产设备的布置、水暖电热等基础设施的配备，然后是工地现场服务，直到工厂建成，设备调试，投入生产。保障国家安全是我们的使命，必须严格按时间节点高质量地完成建设任务，满足产品工艺要求和业主经营发展需要，否则就会影响到产品生产、军队配备甚至国家安全。在工业工程设计实践中，我有机会零距离地接触到建筑设计创意转化为实物的全过程，逐渐体会到设计落地的重要性。兵器设计院很多老专家都是新中国工业建筑设计和建设的亲历者，在他们的倾囊相授与技艺传承下，与车辆、机械、弹药、光电等各专业工艺设计师一起摸爬滚打，我经历了从学生到建筑师、从建筑师到工程师的一系列转变。

从国防工业到民族工业、从军用工业到民用工业，工业建筑与人民的生产和生活、城市的建筑与发展、国家的兴旺与强大密不可分，现代工业建筑的发展与社会经济变革和技术革命息息相关。今天，人类社会由工业时代进入到信息时代，烟囱林立、浓烟滚滚已不再是工业发达、社会繁荣、城市现代化的象征，工业厂房也不再是容纳人和机器的"容器"。现代工业建筑设计应该创造满足特定生产需要的空间，创造充满活力的生产环境。当前，经济发展转型、可持续发展倍受关注。作为大量消耗能源和

1985 年，孙兆杰负责设计的太原机械学院综合楼

资源的建筑业，必须发展节能、绿色的建筑，改变当前高投入、高消耗、高污染、低效率的生产模式，为此建筑师承担着义不容辞的社会责任。工业建筑设计必须走节能、绿色生态发展之路，在建筑物的生命周期内，努力做到节能、降耗、循环利用，并抑制有害物质排放，使建筑与地区的气候、传统、文化以及周边环境相协调，创造经得起时间考验、历久而弥新的高品质工业建筑。

　　社会发展的浪潮簇拥着我们不断向前。在军工工程设计中，我们还要建设科研、办公、住宅、餐饮及与之配套的各种基础设施，以满足企业正常生产和职工生活所需。因此，我们虽然以工业设计为主，但也从事公共建筑设计。我虽进入工业设计院，却分配在民用设计组，第一张图画的是华东工程学院（现在的南京理工大学）图书馆大堂的楼梯和扶手、栏板大样设计；设计的第一个工业建筑是 627 装甲车工厂焊接车间（1984 年）；第一次作为建筑负责人设计的是太原机械学院综合楼项目（1985 年）；第一次作为工业建筑负责人设计的是 Z881 项目（1986 年）。

20 世纪 90 年代的军民融合和市场化程度加强，我们开始在市场浪潮中捕捉更多的发展良机，项目涵盖科研、公共、商业、酒店、大学园区等多个领域。河北省科技馆是河北省重点工程，1997 年立项，2006 年正式开馆，是当时继北京、天津之后全国第三个青少年科普教育基地。在日本学习考察时了解到，日本每个县都有带宇宙剧场的科技馆，我想我们有责任，也有义务建立这样的青少年科普教育基地。因此，在设计之初，我就想把它做成全河北乃至全国最优秀的科技馆，为河北省青少年提供一个科普教育基地。这个馆是我国当时第三个具有宇宙剧场和天象仪等完善设备的科技馆，科技馆的标志性建筑——宇宙影院体现了当时世界先进水平。了解建筑设计行业的人都认为这是一个非常辛苦的职业，但对于从内心喜欢这个职业的建筑师而言，这也是一份其乐无穷的工作，因为其中也蕴含着一份社会责任——知识、文化、理念的传承。

随着产业调整和城市的发展，兵器工业的军民结合事业发展为中央军工集团与地方政府在国家高新技术开发区和经济开发区中共建军民结合产业基地，建于 20 世纪五六十年代的工业企业开始快速退出传统城区进驻开发区，为产业园区发展提供了难得的历史机遇。在建筑规划设计领域中，工业建筑规划设计，特别是兵器工业的建筑规划设计，总是被放在一个角落里，被当作旁系来看待。即便在大学的专业课程里，工业建筑规划设计也从来没有被当作重要课程，但这些并不妨碍随国家因发展要求而带来大量工业园区的设计。产业园规划设计是介于单体设计与规划设计之间，包含着单体设计和规划设计的、一个有特定需求的设计，是建筑设计与规划设计的充分融合。在做园区规划及建筑方案设计时，提升设计品质是考虑的首要因素，同时还要注重生态环境、历史文脉、人们新的审美观念以及对建筑环境质量和舒适度的要求。当然，作为工业建筑师，在产业园区规划及建筑设计中更加注重功能和效率，不能过分地去工业化或过分的公用建筑化，导致建筑材料以及建筑空间的浪费。设计时，要对企业文化、地域特点及产品特性进行充分深入的了解，关注工艺需求，并在设计中予以体现。只有掌握好规划与建筑设计两个方面的侧重点，并将其灵活地加以融合使用，才能创造出环境良好、科技领先、人文和谐的兵器工业园区。我们发扬在工业工程设计中"精益求精、一丝不苟"的精神，根据不同的产品需求，每一次设计都力求创新，解决了复杂的工艺产品对建筑的要求，取得了良好效果。特别是昆明光电子产业基地规划及单体设计，建成后填补了我国夜视仪的空白；当时胡锦涛总书记、曾培炎副总理曾亲临视察，兵器集团前总经理马之庚亲笔题词"勇于创新、追求卓越"。十余年来，从我们手中设计并建成一个又一个工业园区，大到 14 平方公里的产业基地，小到四五百亩的产业园区，都记载着我们设计人员的努力和业绩，产业园区这一新型发展板块也成为我们新的经济增长点，这让我们倍感骄傲和欣慰。

社会工业化的高速发展带来经济总量的急速增长，人们对生产、工作环境的要求也在发生着变化。在工业园区改造与建设实践中，越来越多的业主对园区规划和景观提出了更高的要求。过去我们习惯于将整体厂区的设计称为总图运输设计，厂房建成后在空地上种上树或冬青便称为"绿化景观"，

2004 年，孙兆杰设计的中国兵器西安产业园效果图

建筑师在创作中缺少对项目的人文关怀和对工作生活环境的关注，难以满足时代发展对工业园区规划、景观设计的高品质要求。这就要求建筑师在满足建筑物基本工艺要求的同时，引入人文、环境、生态甚至心理学等多学科理念进行工程设计。规划阶段，要从单纯地注重形态的设计向综合设计发展，既要注重园区的功能分区、交通流线，还要注重建筑的空间、体量、尺度、比例、色彩、造型、构造和材料的选择，最终将不同的建筑物、构筑物整合成为一个有机体。建筑设计与景观设计阶段，强调尊重人的心理需求及情感体悟，顺应人的行为模式及精神诉求，坚持"以人为本"理念，从生态绿色角度进行设计。在设计实践中，建筑师要针对空间特点，综合生态、环境、人文等因素因地制宜地开展创作，打造美的空间视觉效应，呼应人们对美的视觉效应的追求，营造令人舒适健康的工作与生活环境。在工业建筑与园区建设中，园区规划、建筑设计与景观设计相互渗透、相互影响，都需要结合人文、历史、自然、人的行为心理等因素进行综合考量。园区规划中实现了对建筑设计和景观设计的引导以及具体实现的途径，建筑设计是对规划的具体响应，景观设计则是对规划的精雕细刻，三者共同构筑了展示工业建筑的生动平台。

32 年前，我大学毕业开始从事建筑设计工作，一步一个脚印走到了总经理、首席总建筑师的岗位上。网络上流行一种说法，叫"穿越""跨界"。从一个单纯的建筑师变身为一个企业的总经理和首席总建筑师，我在企业管理和工程设计之间不断穿越，在管理者思维与建筑师思维间不断切换。对我而言，这是一种挑战，也是一种快乐。不知这种穿越带来的思维切换能否称之为"跨界思维"，但这种角色与思维的转换为我的工作带来莫大的好处，我努力适应并享受着这种"穿越"与"跨界"。

在工业工程设计中，总设计师是一个承上启下、统领全局的关键角色，一般由优秀工艺专业设计师担任。建筑设计中，虽然没有总师的概念，但总师角色亦不可或缺。当某一设计局限在某一内容的时候，需要一个能够精准把握建筑使用功能和整体风格、专业性较强的总设计师来协调把控，这个人当仁不让就是总建筑师。因此，对建筑师而言，建筑是一个专业，但不能拘泥于这个专业，要具有对各专业的融通和驾驭能力；建筑是一个行业，但不能拘泥于这个行业，要具备广博的知识与深远的见识，对不同行业建筑的表达心领神会。从这个角度而言，只会做设计的建筑师只能称之为一个专业的技术人才，真正的建筑师同时也应该是一个优秀的管理者。同时，建筑师还应该是一个营销者，因为你必须将方案推销出去。贝聿铭在做卢浮宫前的金字塔时，如果他不会游说、不会营销，当时的法国总统弗朗索瓦·密特朗怎么能接受他的金字塔设计创意呢？因此，我认为，一个优秀的建筑师必须是一个好的管理者和营销者，必须具备统筹协调和判断决策能力，建筑师从设计行业走向管理是必然的。

回归到建筑师的角色和建筑设计本身，经过多年的工业建筑设计实践的

2003 年，孙兆杰在英国曼彻斯特大学学习时留影

洗礼，我自诩为一名实用的建筑师。如果拿服装来比喻的话，众多的标志性建筑都是时装，他们可以用来做舞台展示，可以代表建筑设计思潮的一种趋向，但却不能满足人们的日常所需。大众的建筑也不可能都具有标志性。作为一名建筑师，我想，我们要创作的应是负责任、高标准、高品质、经久、实用的建筑作品，能经得起时代的检验，能让社会大众的工作和生活因建筑变得更加美好。

汪恒：讲述一栋建筑的"马拉松事件"

汪恒：1962年生，现为中国建筑设计研究院有限公司执行总建筑师。先后完成数十项高新科技园区的规划设计研究。代表作：南银大厦、中国人寿大厦、中关村金融中心、百度大厦、莫斯科中国贸易中心（合作、在建）。

从2003年开始，直到今日还在继续的莫斯科中国贸易中心设计项目真是让我牵挂最长、最难忘的一件关于建筑的事情了。此事件符合金主编约稿要求，我想尝试记录下这个"马拉松事件"，并希望此事能给越来越多走出国门和准备走出国门的建筑师、设计师朋友们一点启示。

走出国门是件幸运事儿

2003年，国内几家大公司因中国与俄罗斯的经济商务商贸交往需求，决定在莫斯科投资建设莫斯科中国贸易中心，我们很高兴在这次公平的国际设计竞赛中获胜，这应该是中国建筑师通过市场行为赢得的国外大型商务商业项目的先端之作。获胜原因主要得益于我们呈现了一组独特的、有品质的、诗意的建筑景象，建筑群裙房造型按白桦林意象，节奏疏密，似在唱响那曲《莫斯科郊外的晚上》，主楼建筑群色彩取自北京天坛与莫斯科瓦西里教堂的数字化整合，其设想可以给莫斯科这个城市增添一道亮丽的风景。这个设计引起了中俄双方的文化共鸣，深深地打动了中俄双方的决策者们；我们的方案内部公共空间形成如交响乐般的丰富空间序列，让人体验丰富，极适合有漫漫冬季的莫斯科人活动需求。

获胜，当然要归功于中国改革开放取得的傲人成就，我们因此才有了走出国门的设计技术资本、经验。进行国外项目设计，我们的经验是将心比心、知己知彼、以诚待人，我们具有可比参照的经历，总结了国外设计师来中国设计合作的得失，把国际国内的先进经验合理、合适地结合到当地国的具体情况和实践中去。

走进莫斯科是件好事多磨的事儿

记得第一次去莫斯科现场踏勘途中，甲方赵总指着市中心区路边一栋"烂尾楼"，说是韩国商人投资的一栋商贸楼，施工时断时续，孤立在街头已有七八年之久了。赵总庆幸我们的项目有当地政府支持，催着快建呢！不想还是悲催地跑成了"马拉松"。当年的俄罗斯经济市场秩序不佳，处在动荡变化之中，管理部门官僚作风相当严重，办事流程复杂漫长，效率低，严重影响项目进展；甲方也是新组建的团队，第一次在莫斯科运作项目，虽然也招聘了当地员工与当地管理咨询公司，仍是极其吃力；建筑师、设计师也是第一次走出国门，困难重重。在国内已习惯有甲方的支持，这一次在国外甲方无力帮助，我记得设计师去莫斯科要自己解决吃、住、行问题，真是感觉寸步难行！一是语言不通，二是当时莫斯科警察对中国人有意刁难的现象时常发生，所以甲方提醒大家要抱团出行。五位穿着厚棉衣的设计师挤进一辆破旧的拉达出租车在雪中前行，到酒店、到办公室、到现场，转好多弯到仅有的几家中餐馆，真是记忆犹新。后来我们请了俄语翻译，租了公寓，境况稍微好转些。

2003 年至 2007 年期间，设计反反复复地调整、修改，项目由三个地块组成，分一期、二期、三期设计进度不同，三块地土地权属不同，审批部门也增减不同，更增添了许多难度。

当地合作设计单位当时还没市场化，仍是老大哥做派，打了很长时间的交道，才让他们信服。

好不容易，一号地中国花园式建筑群设计完成了施工图，二号、三号地设计完成了初步设计，移交给当地设计单位进行技术伴随和报批。

项目报批、技术伴随以在莫斯科工作为主，主要设计工作在国内进行，一个阶段成果交出去后等待沟通、审批的时间很长，以致后来设计团队手上又增加了其他工作。

据甲方介绍，当年项目总体批复就缺建委一个印章的时刻，遇上了到北京做生意的当地某市长夫人提出的帮助交换条件，项目经历了"好事多磨"的大坎儿，像前述的韩国项目一样停滞了！

这以后我们变成了甲方的咨询顾问，变成了朋友关系。咨询活动时断时续，好让人牵挂！专为此项目成立的甲方团队比设计团队更辛苦，一直有人轮换坚守当地，后来被迫开始其他商贸活动，如开展起中俄旅游业务、当地餐饮业务等。

走出国门是件需要下功夫和智慧的事儿

要走出国门相比在国内需要下更多的功夫，仅有优秀的技术是远远不够的！首先是要练好内功，设计单位要有机制、政策支持走出国门，要培养能从事国际化市场运作的人才、团队，包括经营、财务、法律、管理、设计、服务到后勤支持等，要有良好的设备设施、网络视频通讯等硬件条件。

项目的选择要有战略眼光，要理性研究该国家或地区的社会、政治、

百度大厦

中关村金融中心

莫斯科中国贸易中心

经济、文化环境从而做出合理决策，市场研究、可行性研究要长远、全面、准确。

本国与当地国的国际关系对完全市场化运作的项目来说，应该敏锐关注，项目成败往往紧密相关。

要尽量争取本国政府、使馆的支持，比照国外建筑师进入中国市场，其受本国政府、使馆的大力支持已是惯例和常态了，我就受邀参加过英国、挪威、法国等国使馆组织的设计师推介活动。我们的项目也受到过温家宝总理、吴仪副总理等时任国家领导人的关心与支持。

要知己知彼，以一种开放合作姿态，采用国际化市场运作方式会更容易、更好地运作成功，更容易突破语言制约、满足当地设计规范和当地设计与建设流程、破解本国与他国因文化不同产生的矛盾制约等。具体的合作方式多种多样，强强合作、互补型共赢合作为上策，不贪大求全，避免事倍功半。

国外市场竞争激烈，走出国门要树立自信，要有耐心，要有克服困难的决心！市场、项目都是需要培养的，合作与共赢是目标、原则，也是手段。

走出国门会是件成功快乐的事儿

随着近几年来中俄关系进一步发展，莫斯科中国贸易中心项目从原本将要被卖掉的境地，终于又起死回生了！

时至 2013 年，时过境迁，莫斯科也换了新市长，政府行为、市场秩序也大大改善了。中国的发展进一步被世人了解和认可，我们明显感到中国在俄罗斯的被认可度提高了，我们的工作也顺畅了许多。

该工程重新启动了，但是设计条件变化了，设计得全部重来！

我们受委托从规划方案调整到单体概念方案比选都较顺畅地完成了，后续工作按俄方现今管理规定由当地设计师负责。甲方也以务实的原则选定了新的俄方设计师团队为设计总承包方，我们是甲方顾问，并承担了中国花园式建筑群的实施方案（含规划、建筑、景观）设计工作。

我们承担的设计相比 2003 年至 2007 年时的任务减少了很多，很遗憾！但换个角度来看，对于中国投资的海外建设项目来说，不失为正确的选择，甲方选择了合作互补共赢的中外合作方式，能较好地推进项目进展。

我们唯一担心的是俄方设计师如何完成中国花园式建筑群的中国特色不走样！好在有合约支持我们对后续设计进行顾问与监管。

与振奋起来的甲方团队再次合作，也很顺畅，有焕然一新的感觉。甲方公司这些年在莫斯科的坚守与其他投资开始有了回报，我们出国方便了（甲方公司就能组团办签证），甲方在莫斯科有了自己的基地，我们的吃、住、行不愁了，基地位于一个良好的社区内，窗外是满眼葱绿的森林公园，远处是波光粼粼的莫斯科运河。特别值得一提的是，甲方通过市场成功运作的莫斯科河旁边乌克兰饭店的法式餐厅，味道好极了，已成为当地名流聚会之地。

心情是快乐的！项目一期已开工，二期方案已批准。

中国经济的发展必会走向世界，随着"一带一路"战略的实施，中国对海外投资的增加，建筑师、设计师走出国门的机会也必定越来越多。

中信集团在海外市场的工程换石油模式已在国外多地成功运转，中国的优秀设计企业通过随船出海等多种方式已越来越多地开始走出国门。

建筑师们、设计师们，大家做好准备了吗？

薛明：一路风景

薛明： 1965 年生，现为中国建筑科学研究院建筑设计院总建筑师。长期在大型设计机构从事公共建筑设计工作。代表作：中国银行总行大厦（合作设计）、中国建筑科学研究院改扩建工程。

在很多人的眼里，建筑师是一个浪漫的职业。这当然有其缘由。因为跟艺术沾边的事，总有些浪漫色彩。的确，作为建筑师，看到自己付出心血的设计在大地上变为实物的时候，心中诚然有一种欣慰感，就像是看到自己的孩子长大。但是，这种欣慰与终生的付出相比，又显得那么短暂。人们常说：不经历风雨，怎能见彩虹？但彩虹毕竟只是弹指一现；而且，经历了风雨，也未必能见到彩虹。一路走来才感到，经历的风雨，才是人生最美的图景。

蹒跚学步

在我读小学的时候，遇到过一次命题作文，题目是《我的理想》，当时想了很久也不知道自己将来干什么好，记得后来写的是要做一名人民教师。那时还在"批林批孔"，学校更多的是教育孩子们学雷锋，为人民服务。孩子们虽然心里树立的是报效祖国的远大理想，可是却没有谁想去乡下当农民。许多大哥哥大姐姐们下了乡，还是要设法回城当工人。我心里思虑着，将来究竟会走哪条路呢？

其实，大多数人又何尝不是在这种懵懂中摸索和行走着呢？而在命运的安排下，最后走到哪条路上，大都出乎自己的想象。

"文革"结束，恢复高考。考大学成了我们最明确的目标，但选什么专业却很迷茫。填志愿的时候，看到建筑学需要美术基础，为了增大录取机会，就把绘画的爱好用上了。就这样，居然走进了清华大学建筑系的大门。那时，建筑师这个职业对于多数人来说还很陌生的。我是在填志愿时，才第一次从父亲口中听到梁思成这个名字。此前不但不知有建筑学，更不知有一种职业叫建筑师。

进了大学的校门才知道，建筑师这份职业在中国还真的很年轻。清华建筑系的创办者梁思成先生也不过是中国拥有建筑师这个正式职业头衔的第一代人。尽管中国拥有独特的建筑文化，但从两千年前周朝的鲁班到清代的样式雷，都只能被视为匠人。历史上有关建筑的著述也很少。我们大学里建筑学的课程，除了"中国建筑史"，其他课程的知识从根儿上基本来自西方。

陌生的建筑学，让我这个从边远地区来的孩子似乎难以入门。虽然有绘画爱好，但只是具备了一种工具而已。一上设计课，才发现自己脑子里常常是一片空白。更要命的是，学了这么多的课程，看着都跟设计有关，可真到用的时候，却不知从何下手。深深感到设计不是件易事。也难怪，一直死读书的我，怎么可能一下子融会贯通呢？只能努力扩大视野和用心领悟来弥补自身的不足。回忆起那段日子，很多刻苦的场景仍历历在目：在专业教室里熬夜、在走廊里评图、在古寺前写生、在工地看师傅们浇灌混凝土、在资料室争看外国建筑杂志……这一切，让我既兴奋好奇，也郁闷困惑。

那时，中国久封的门户刚刚打开，各种外国思潮无论新旧一股脑地涌

薛明的大学时代

进来，如同狂风暴雨般劈头盖脸地向我们袭来。我这种应试教育出身的人，霎时迷了方向。记得那时后现代主义思潮如日中天，盯着那些特立独行的设计，我瞪大双眼却一脸迷茫；读着那些玄而又玄的理论，我似懂非懂又将信将疑。

纷繁的建筑世界虽然令人眼花缭乱，但都反映出一个现实，那就是中国与西方发达国家之间存在着巨大的差距。中国的建筑自古强调天人合一、道法自然，哲学理念不可谓不高远，却在后期停滞了发展。西方的建筑似乎对征服自然更感兴趣，以致对人类发展产生了不少负面作用，但却不断构架出新的理论体系，主导着建筑的潮流。那么我们到底该怎么做呢？

整个大学生活，似乎可以用这几个字概括：勤奋并迷茫着。

青涩起跑

毕业了，考上了硕士研究生却没有去读，当时有个保留五年学籍的政策，鼓励本科生毕业后先实践一段时间后再读研。这种思路似乎很符合我当时的心境。因为我觉得继续读书对于我恐怕长进不大，期待着在实践中得到启发。

事实证明我是对的。工作一开始的机会很不错，我参加了中德合作的燕莎中心设计。当时与国外建筑师合作的项目还寥寥无几，而且德国建筑师与我们在同一办公室一起上班，我们能亲眼看着神秘的老外是如何工作的。我常做的一件事就是在老外和同事之间充当翻译。这更是给了我直接了解德国建筑师设计思想的机会，也更能体会到德国人的细致和严谨的态度。

离开了上学时的高谈阔论，开始学习实实在在的施工图。画卫生间详图时，花了不少时间将瓷砖的排列做到完整分格。房间开门定位时，为对景、轴线以及墙面、地面和天花分格的最佳对应关系伤了不少脑筋，但这些让我体会到了建筑细部完美的妙处。

参加这种大项目虽然只见树木不见森林，但树木上的细节却让我受益匪浅。这种细节不仅体现在视觉上，也体现在对使用者的关怀上。燕莎中心没有宏伟的大堂，却有亲切的公共空间。室内外的进出口处不设台阶，既满足了无障碍设计又使入口简洁明了，这种设计方法我一直沿用至今。同时，燕莎中心的设计很有城市意识。它不张扬，却很注意对当地文化的尊重和对城市生活的重构与活化，让我从实际中体会到了建筑与城市建立恰当关系的意义。

如果说我个人的职业起跑还很顺利的话，接下来的脚步却似乎有些颠簸。随着邓小平视察南方谈话为改革再次注入活力，深圳，这个巨大的工地几乎把全国的设计单位都吸引了过去。我们被深圳速度卷进了生产的浪潮。我参加了当时全国最高的钢筋混凝土结构的贤成大厦的投标。当时年近六十的寿震华总建筑师带着我从下埗庙沿着深南大道一直走到项目的地段——文锦渡，让我学会了体会城市的极好方法。临汇报的前一天晚上，寿总还和我不停地完善着方案册。可惜投标以第二名落选。我们仅获得了施工图的设计资格。此后又有两个项目，施工图都画完了，却由于投资不落实而终止了。略可宽慰的是，在华侨城设计的一个服务楼和两座人行桥得以中标，项目虽小，却

阅读城市

是工作后第一次经历了从方案到落成的全过程，效果图和模型全部由自己做。事隔多年，楼桥均已陈旧，但都在继续默默地为城市提供着服务；尤其是人行桥，一个用轻型雨篷，一个用攀藤格架，行人在炎热的季节里走过时，倍感凉爽。

在深圳三年多，除了看过几本原版书作为设计参考，几乎没看过一本建筑杂志。想起来真是不可思议！

拨开迷雾

建筑师的工作状态是国家经济的晴雨表。随着深圳特区的成功，上海、北京也相继开始起跑。就这样，我从深圳转战上海，又回到北京。有一项令人惊喜的重要项目在等待着我：贝聿铭大师选定了中国建筑科学研究院作为中国银行总行大厦的合作设计单位。我与另外一位同事被选派到纽约贝氏建筑事务所工作半年。

上大学时，贝聿铭的大名虽如雷贯耳，却距我们很遥远。如今居然有机会面对面地向他学习，真是天赐良机。我们无比兴奋地来到被称作大熔炉的纽约。

设计是在贝大师的两个儿子贝建中（Didi）和贝礼中（Sandi）合开的贝氏建筑事务所进行。虽然以前体会了德国建筑师的严谨，但这次与贝大师的近距离接触，才真正体会到了世界一流大师的范儿。当时的SD（Schematic Design）阶段已结束，刚进入到DD（Design Development）阶段。在设计深度上，他们的SD阶段已经跟我们的初步设计差不多了。而到了DD阶段，才发现很多细节的深化甚至要超过我们的施工图。各专业之间的协调不仅细致深入，甚至会出现反复和推翻，以达到更完美的效果。建筑细部详图画了多遍还可能再度重来，为了设计更加凝练完美，甚至在形体上也会出现较大调整。记得工作了几个月后，顶部造型丰富的退台设计被取消，变成与主体一致的墙面加窗洞。我不解地问事务所的同事："原来的设计很丰富，取消该多可惜？"那位同事睁大了眼睛问："难道你要挑战大师？"我才隐约意识到大师在这些追随者心中的地位和分量，也渐渐领会到"少"就是"多"的更多含义。多年以后，我愈加体会到，当时的修改，就像罗丹砍掉那只精致的手一样颇有深意。

我的主要工作是画外墙局部详图，还用 AutoCAD 建了一个让事务所同行很是赞叹的三维线框全模，但我觉得更大的收获还是详图。我深知自己缺的不是绘图技巧，而是设计精髓。贝大师不定期到事务所查看设计的进展状况，提出设计意见。其间有两次与我们交谈，询问我们对中国国内建筑的看法。他建议我们不只是参加设计，还要尽可能多走走，多看看，多体会。

纽约的曼哈顿可称为近现代建筑的活化石。这个不到 60 平方公里的小岛，随处可见经典的名建筑。帝国大厦和洛克菲勒中心这些老地标，让我体会了早年美国经济的强盛，仿佛摸到了纽约在经济高速发展时期城市建设的脉搏；而西格拉姆大厦、林肯演艺中心以及后来在"9·11"中被摧毁的纽约世界贸易中心等一系列现代建筑，使原来书本上抽象的描述终于生动起来。它们不再是孤立的单体，而是和这个城市的街道、广场、公园紧密地联系在一起，和这个城市里的人紧密地联系在一起。这些加深了我对贝式建筑的理解，促进了我对现代建筑运动以来的建筑实践的思考。

离我们住处最近的著名建筑是花旗集团中心大厦。这个有着四十五度斜屋顶的摩天大楼，在城市天际线中别具一格；但更有积极意义的是它在底层消去了四角，保留住地段中的小教堂，并修建了通往地铁的下沉广场，从而使大厦与历史以及城市血脉相连。有一个镜头深深地留在了我的脑海：傍晚经过小教堂，隔着玻璃窗，看见教士们在做活动，暖暖的灯光从教堂里透出，给街道带来一缕温馨。

林肯艺术中心是另一个亲和城市的典范。它的三个演艺厅：歌剧院、芭蕾舞剧院和音乐厅虽各自独立设置，却围合成一个尺度宜人、富有文化磁力的城市广场。市民即使不看演出，也能随意来到广场。说到这里，不禁为北京的国家大剧院感到惋惜：三个独立功能的观演厅硬是被包裹在一个巨大的

薛明（左）与世界著名建筑师、普利兹克建筑奖获得者贝聿铭（中）

金属外壳里，不仅使城市失去了一个开放的公共空间，而且增加了巨额的费用。超大的体量恶化了长安街本来就不够人性化的尺度，加上水面的阻隔，似乎要拒人于门外。

每天上下班要路过位于曼哈顿中心的中央火车站。这个建于 100 年前的火车站，每天到站和离站的列车有 500 个班次，50 万人进出，车站没有所谓的站前广场，就像一座普通建筑一样紧邻着道路，经过这里时，只是感到这里的人更多一些，脚步更快一些而已。车站大厅人来人往，却不会拥堵，宽敞典雅的大厅透着一种博物馆的气质。站在大厅里，很难把眼前的景象跟脑子里固有的吵杂拥挤的火车站景象联系在一起。

短短的半年很快就过去了，但这段经历却让我有点浴火重生的感觉。它让我开阔了眼界，增加了体验，触发了更多的思考，也拨开了眼前那团神秘的大师迷雾。

峰回路转

回国后，我继续做中银的设计。在纽约的经历，使我理解了在设计中坚持的意义。很多看似无法解决的问题，在不懈的努力下，最后还是找到了解决的途径。当然，为此也付出了不少代价，所谓天下没有免费的午餐。苦战三年，当中国银行总行大厦落成时，心中充满了骄傲：如此高品质的设计，真的通过我们的双手变成了现实！我满怀信心地准备迎接新的挑战。期待有机会从原创开始，去实现心中的梦想。

而这个时期，国外的建筑师纷纷进入中国市场。重大项目的原创机会几乎已经与我们无缘。建研院缘于其开拓性的合作历史，不断承接合作设计，几乎成为业务的主体。我也就马不停蹄地与诸多国外著名建筑师或设计机构合作：博塔、矶崎新、斯蒂芬霍尔、GMP、COX……前后竟做了近十个项目，有些项目至今还没结束。虽然从这些各有特色的著名建筑师身上获得了更丰富的体会，但这种合作始终是一种被动的角色。多数情况下，国外建筑师处于主导地位，我们除了从技术上起到支撑作用，在创作方面鲜有发言权。

一个偶然的机会，读到一篇文章，谈到贝聿铭大师对当时设计中国银行时国内合作单位的看法。贝先生说，国内那家单位在设计上没做什么贡献，只是把我们的图纸翻译了一下。这句话深深地刺痛了我。的确，那个时期我们还非常落后，我们的主要状态是学习。然而，我们除了翻译，更是付出了艰辛的技术劳动。多少棘手的问题、多少精准的细部，都是我们各专业人员废寝忘食、绞尽脑汁、反复研究才得以实现的，而这些，却没有被视为对设计的贡献。实际上，随后的合作项目中，我们的工作状态已经相当主动，会在方案初期就介入技术支持，但这种努力显然不能从根本上改变我们卑微的地位。每当合作项目落成时，甲方和媒体对外国建筑师赞赏有加，甚至言过其实，却把国内建筑师冷落在一旁；我们虽然付出了艰辛的劳动，还担负着项目的法律责任，但在此刻，我们所做的一切都显得无足轻重。

十几年就这样过去了，已经不再年轻的我，突然感到一种无名的失落。人总要活得有价值，虽然每个人条件不同，个人价值也有不同的体现，但我们已经是在现代国际文明语境下工作的建筑师，不再是给皇室下跪的匠人。虽然不必追求光环在身，但应该获得最基本的尊重，而这种尊严，只有靠自己争取，到了必须改变的时候了。尽管人到中年，尽管前路崎岖，我还是横下一条心，告别了我敬仰的外国大师们。我成立了创作团队，重新拿起了生疏多年的铅笔和草图纸，和年轻人一起，再次开始了意味着更多的加班甚至熬夜的职业生涯。

路无止境

我选择了一座独木桥。因为多数重大项目依然被外国建筑师垄断，如果想参加这些项目，难免重蹈覆辙，遇到这种情况只能忍痛割爱。这样下来，能做的项目就十分有限了。由于长期与外国人捆绑在一起，我们在市场中游泳的能力已经退化。在客户眼里，我们似乎只懂技术，却没有思想。为了证明自己，必须拿出令人信服的业绩，而常年的合作生涯，我们的原创业绩乏善可陈。原创，一切从零开始。

我们没有选择项目的资本，却又希望有自己的选择。那些一味赚钱、无视社会效益的项目不在我们的视野内；而那些能够让创作思想发挥的项目，又常常被对手夺走。一些别人不愿做的鸡肋项目，我们将之视为宝贝。不管是值班室还是垃圾站，我们都当作大项目一样认真对待。有些项目，久经磨难，已被其他同事放弃，我又像从垃圾堆里找宝贝似的把它挽救回来。

特殊的经历使我们在市场上暂时处于劣势，但我们长期与国外建筑师一起工作培养出来的执着和严谨的工作作风又是我们的优势。这种精神支撑着我们耐住寂寞，埋头耕耘。

公司最先从本院废弃的实验室改造做起，虽然只有几百平方米，但终于可以从策划开始，分析比较不同用途、不同造价、不同布局下最佳的使用效益。从技术上说，这要比以前的巨型综合体要简单多了，但可以自己确定方案的走向，可以与甲方一起选择材料，可以验证实际效果是否符合当初的设想，可以总结经验教训，在以后的设计中改进……这些建筑师的本分，由于合作，竟然长期与自己无缘，乃至到了中年，才感到自己终于像一名真正的建筑师了，一时间竟不知是喜还是悲。项目是临时建筑，不知什么时候就会被拆掉，但它清新的设计却给院里的环境带来了生气。听到路人的赞许，心中终于感到了一份久违的欣慰。

有一个居住区的项目，住宅和大型公建的方案已经被境外设计机构领走，剩下他们不感兴趣的配套幼儿园和小学教学楼交给了我们。面积不大，设计费不高，但协调的事情不少。甲方由两个不同利益方构成：代建的开发商和未来的使用方。一个想省，一个想要。我们需要在两方之间取得平衡，但更希望把项目做出特点，努力在室内外空间上营造出亲切有趣、更是充满阳光的气息。我们既要向开发商承诺造价的低廉，同时又要向使用方证明通过我们的设计会使建筑的品质有显著提升。拉锯式的工作还是让我们费了不少周折，有的同事受了夹板气，还流了泪，总算咬着牙把两个项目熬出来了。拉锯的甲方们各得其所：钱控制住了，品质却超出预期。看到孩子们在我们为之营造的小天地里快乐成长时，我想起了同事们向我诉苦时的辛酸。

中国银行总行大厦

唉，谁让你喜欢做建筑师呢！成果来自于坚持，坚持就免不了辛酸。所以，辛酸是值得的！

院里要建一系列实验楼。规模都不大，功能各异，有的简单，有的复杂，但要求都差不多：低造价，低取费，多贡献。这意味着我们的团队必须继续提供超值服务。由于各种原因，这些项目陆陆续续干了七八年。其中有一栋环境与能源实验楼，两轮施工图做完均因决策改变而作废。仍然是凭着一股韧劲支撑着我们继续前行。我们的执着，也感动了施工人员，他们看到设计人员为了达到更好的效果，一遍遍地修改设计，一趟趟地到工地交底，于是更加积极地配合我们。一共完成了五栋实验楼，一栋比一栋效果好。当这些楼竣工后，我甚至比当时中银大厦完成时要更感到骄傲：用低廉的造价取得上佳的效果，这才是建筑师的能耐！

如果只承接上面这些项目，团队的经营是难以为继的。经过一批小项目的磨砺，院里终于把最重要的项目科研办公楼委托给我们。接手之初，

中国建筑科学研究院办公楼改扩建前后对比

有好心人提醒我，这可是全院瞩目的大事，院里专家如云，要慎而又慎。我虽然也有些担心，但执着的性格还是让我一如既往地践行着自己的认真。不知是否由于经历了太多的磨砺，还是由于获得了更多的信任，在做这个项目时，所有的曲折反复已经觉得很寻常。心境的平和，似乎使设计意图也更容易得到贯彻。当大厦落成后，颇有一种不以物喜、不以己悲的感觉，倒是想起当初所受到的忠告使自己心中有些忐忑。当员工们搬进新楼后，我悬着的心终于落了地。曾为我捏把汗的人也来参观，赞赏的神情让我知道，我们又迈上了一个新的台阶。

院里的旧楼改造还在继续，其中一座在我们的手中变成了近零能耗示范楼。从"垃圾堆"里捡回来的项目也快要建好了，我们和甲方期待着落成后的那份满足。我们也时常免不了参加投标，虽然中标的不多，但在与外国建筑师竞争时，也有获胜的记录，有的项目多次反复，有的项目白干了，无望中的坚持最后又看到了希望。几年的埋头，猛一回首，发现自己居然已经走出了一条独特的路。

弹指一挥间，不知不觉到了年过半百的岁数，渐渐感到精力与体力的下降；但是，耳边却总有一个声音响起，那是在清华大学上学时大喇叭里每天发出的呼唤：让我们健康地为祖国工作五十年！我不知道我会不会辜负清华的期望，但我知道信念的力量。前面的路很长，看不到尽头，而人生，就是细细体会这一路莫测的风景！

徐锋：追求地域"特质"之思考

徐锋：1964 年生，现为云南省设计院集团总建筑师。代表作：中国昆明世界园艺博览会（温室）、丽江悦榕庄酒店、昆明翠湖宾馆（二期）、昆明市"昆明老街"。主编《云南建筑》（双月刊）。

　　中国当代建筑的发展实际上在各地区之间是有很大差异的。在经济发展较快的东部地区，建筑国际化的速度很快，很多城市的标志性建筑呈现出"高大上"的态势，甚至被比喻为国际建筑大师们的"试验场"；而中西部地区由于经济发展相对滞后的原因，建筑似乎相对"落后"，但这个因素却使其地域特性保留得相对充盈，朴素的建筑语言使得当代云南的"滇"风建筑更贴近当地老百姓的生活。

　　在建筑设计领域广义地讨论"地域性"，应该是一个象征空间形式、生活形态、社群文化及自然环境等多重含义的语汇。因此，在探讨地方性风格或是建筑特征时，必须兼顾空间形式与生活形态的关联性及社群文化与自然环境等方面的综合性考量。地域性建筑是自然适应性、人文适应性、社会适应性的统一。外部环境则主要体现了自然适应性，而内部环境更多地体现了人文适应性和社会适应性。地域性建筑的魅力是由表及里的。借用安藤忠雄的一句话："建筑形式所要承担的'责任'，不是继承形体，而是继承眼睛看不到的'精神'。将属于地域的，个人的特殊性与具体性的东西继承下来。"故在创新之前是传承，设计之初首先要对设计"原型"，对已长期存在的老建筑、室外空间、民居聚落的成因及特点，乃至原住民的生活方式、文化等进行探研与梳理，进行广泛而深入的研究，为地域建筑的现代表达找到内在关联。

建筑设计如何体现地域文化，其中所存在的矛盾是必然的。云南省是我国西南地区一个地理环境多样、民族构成复杂、历史发展特殊、文化构成多元的省份。云南省现在大力发展旅游、建设文化大省，就是想把云南特有的神秘的地域文化、风土人情、人居环境呈现给全国乃至世界，让全国人民都可以更了解云南。但事实上在这个过程中也出现很多的矛盾，比如在丽江，很多游客非常喜欢到丽江旅游体验民风，但是经过这几年的发展，一些丽江当地人不开心了，这是由于生态人文景观的保护与追求现代生活方式发生了冲突。丽江当地人也向往现代人的生活，也要开小汽车、住有空调的房间、卫生间也需要改善等，因此矛盾日益突出。类似的问题，无论是云南丽江还是云南大理、西双版纳，我们在工作中都会常常遇到。面对这些冲突，我们应该如何解决，是我们目前需要思考的重要问题。另外，一些没有纳入国家文化名城保护体系的有特色的、地域文化比较悠久的小城镇与村落，受到的开发性破坏速度更加迅猛，在这方面，身处云南的建筑师面临的现实情况背景是非常复杂的。

还记得 20 世纪 80 年代刚参加工作的时候，提倡的是体现民族形式，就是如何在建筑设计中体现少数民族文化。随着时间的推移，现引入了一个地域文化的概念，这个概念包含很多方面的内容，比如外部物理条件（气候、地形、地貌）、人文条件等。实际上大家都在不约而同地思考"地域文化"的问题，这让我想起一位云南作家曾经这样说过："人类生活是一条宽

西南的建筑师们，左起董明、钱方和徐锋

广的河流，河面上的礁岩、流水、浪花反映了不同的历史时间段，但是在时代的浪潮的冲击下，人们往往陷入了迷途，从而忘记了水面下的石头。"其实这席话引入到建筑创作就是建筑本质的回归问题，很多建筑创作作品在多年以后再拿出来反思是非常有意义的。尽管当时的因素非常的多，但这就更促进我们对建筑的本质的探求。

记得大概十多年前顾奇伟先生曾经写过几篇影响了一批云南建筑师的文章，如《无派的云南派》《有特质才无派》《无招无式，解脱自我》，所表达的就是一种朴素的建筑创作思想，即崇自然、求实效、尚率直、尚兼容。建筑创作最终状态应该是无招无式，究竟如何才能做到无招无式，在建筑创作过程中，应该倡导运用地方材料、现代技术去体现地方传统特色。

有的项目在设计之初，会自觉地寻找与原型的关联；有趣的是，有的项目在建造过程中会惊喜地发现原先没有预设的关联，反而又可总结提炼出一些新的"原型"，这是一个双向互动的过程，带来了新老之间对话交流的愉悦。归纳起来，这些作品中大部分的亮点，往往都能恰如其分地反映地域与时代的特征，这种寻找与设计原型关联途径的设计方法，为地域性建筑的可持续创作探索着一条适当、合宜的道路，有着其积极的社会意义。

在云南做建筑设计背景跨度非常大，今天可能刚在河谷亚热带某民族聚居区做完一个项目，明天的项目也许就是在高山寒带某民族聚居区了。在项目设计时间非常紧张的情况下，建筑师虽然有很多的想法和思考，但是关注点大多还局限于个体项目上面，因此整体的观念应该是大家越来越备受关注的问题。近几年建筑设计中也在探讨本质的回归，回过头想一想，这么多年都在拼命地追求，但是究竟什么才是我们想要追求的，这是我们首先需要明确的，那就是建筑本质理性的回归，最近我们很多项目的设计都在追求体现这一特质。每次提到云南这个多元化的地区，大家就会联想到"原生态"，不能总是仅仅停留在展示古老的过去，应该在时代的发展上加以跟进，在未来的状态中加入时间的概念。人们的生活方式、生活节奏随着时间的推移是在不断变化的。如果建筑无法围绕这种变化而变化的话，那么就将停滞不前。在云南，民族文化这么众多，建筑创作中考虑传统的例子也已经不少了，回想一下，我们究竟是遵循原生态的原则，还是用"美声"来唱"民族"的歌。我认为云南建筑师所走的路，应该是一条用先进的技术手段去达到地域文化的表现之路。

建筑师应该充分地运用传统工匠的智慧，无论现代的技术如何的发展，传统的工匠的方法是非常值得学习和借鉴的。现在经常提到的生态、节能，很多项目是花很大的代价才达到所谓的节能，背离初衷，反而达不到预期的效果，而有些地区的一些传统低技术的方法，却可以达到很好的效果。比如云南很多经济不太发达的地区，建筑的通风、采光、防潮以及太阳能的利用等可以说非常高明。传统工匠的智慧也可以算作一种历史的积累，是非常值得学习的。

云南现代本土建筑创作的方向，应该按照本土的"情理"进行创作，"情理"指的是国情，也就是当地的经济、自然、人文等，抛开所有（无论传统的还是国外的）固有形式的追求和其他派生的东西，特别是莫名其妙的

丽江悦榕庄酒店

昆明老街

所谓的创意，植根于本土的传统地域文化，尊重自然、顺应自然、保护自然才是"地域建筑创作"的本质回归。

我们不能一直以设计院的生存、产值问题为由而忽视建筑的本质，如果一味地强调这些原因的话，那么建筑师就失去了其存在的价值。在这种情况下，如何体现建筑师即特殊技能专业的工作者的存在价值，我想这也是建筑师从事这个行业的一个服务于社会的建筑创作的最终目的吧！建筑师这个职业可以说是很古老的，但是为什么明明拥有几千年的职业历史还一定要随波逐流呢？中国改革开放已经三十多年了，这个阶段已经不能仅仅停留在模仿上面了，通过近十年的当代地域建筑创作设计研究的回顾，我想是否我们已经到了该反思一下我们接下来的建筑创作之路应该如何走的时候了？

钱方：絮语拾掇

钱方：1962 年生，现任中国建筑西南设计研究院有限公司总建筑师、中国建筑学会建筑师分会副理事长。代表作：国家电网成都电力生产调度基地办公楼、四川广播电视中心、成都市天府软件园、成都市高新区科技商务中心。

"自白"的邀约使我进入这样一种状态：万千思绪涌出，令我漂浮在记忆的水面上，如"莫比乌斯带"复杂性的单一延伸，我体验到一种陌生的接触，陷入具象对抽象消解的谜题。

意识是一种存在，它被嵌入我们构成世界的关系之中。我尝试着拾起意识的碎片，还原自己对建筑及其世界的理解。因为我尚有许多心里不明白的"怕"，所以求得"还原"后内心的踏实平和与淡泊自守。

利益

我从事建筑活动 30 年来的体会是：建筑师就像在充满悖论的池子中游

泳，考验的是建筑师审时度势的平衡能力，要去平衡其中各种"关系"的力，好让自己不至于下沉的同时，还要故作轻松状。

建筑是各种"欲望"的搏击场，是为欲望而赋予的具体形式。其间，这些欲望是以利益方式呈现的，因此建筑（这里"建筑"一词既是动词也是名词）过程就表现为为利益分配的博弈过程。资本追求除了利益，没有其他目的。

职业建筑师应具备两种素质：作为行业专家的专业技能和职业技巧，以及作为社会公正和公平维护者的诚信与责任感。建筑师既然作为个体从事相关公共利益"合理"分配的事业，客观存在着多种价值观在个体之内博弈的状况，其中既有代表公共利益不同群体的，又有代表建筑师个体观念（可以是产生积极影响的）的，到底哪部分占主导选择呢？前者抑或后者？这其中的"标准"尺度又如何拿捏？当代经济学及其文化逻辑所关心的是消费和欲望，更多的是欲望中的过剩性需求。如果刺激欲望超过了基本生活所需，而资源又遇到限制，我们又如何生存自处？建筑师的设计又从哪儿开始？我陷入了悖论。

中国传统文化和社会所倡导的知足和勤俭应该有其现实的价值，我们需

钱方设计的成都市天府软件园效果图

要客观尊重公共利益中可言说者及不可言说者（包含自然环境中的动植物等一切生灵）的部分，重新梳理我们的价值倾向。我们手中所做的事是否过多地为了某个荒谬的设计或存在刻意地去给出理由？

关系

建筑师的重要技能之一是基于问题出发的平衡与协调"关系"。这里"关系"包含两个层面的内容：其一是专业外部的，即与业主或客户的关系、与施工建造方的关系、与相关行政管理部门的关系等；其二是专业内部的，即与设计相关的各工种（结构、水、暖、电等）之间的关系、质料与空间的关系、功能与形式的关系、形式与意义表达之间的关系、材料与构造的关系、色彩与肌理的关系等。两个层面的关系，后者从属于前者，尤以前者最为千姿百态、变幻无常，出人意料地充满创意。受价值观影响，从属的方式（思维与行为是否统一）因人而异，当下建筑师对后者关系协调的关注和能力远远落后于前者。

从"关系"也是生产力的角度来看，我国特有的建筑建造体制（包含建筑学科设置及其教育评价体系）派生出了独特的"关系"系谱。如不了解这种"关系"的"意思"，那么要设计建造好建筑的目标就如纸上谈兵。在中国当好建筑师不易，创意除了协调好专业内部关系外，还要分出大部分给那独特的"关系"，这或许是"创意都去哪儿了"的答案。

标准

现在的建筑师常常纠结于逻辑上难以表达的既非因亦非果的状况，缺失了对事物整体关系的深究。在抽离了具体因果关系之后，便可发现其实是"标准"尺子的差异所致。现实中的"标准"其实是利益阶层价值观的具体表现，在当下价值标准"利益"独大的情况下，建筑师的抉择似乎更接近于

钱方（中）与工作室团队成员讨论方案

"动物法则"，我们的行为很难经得起道德批判。因此，建筑师站在公心的立场，基于整体关系，客观地设定"标准"能否"克己复礼"了！让资本也呈现出不以逐利为唯一目标的追求。

"自性"

人类历史上科技与经济创纪录地高速发展，刺激与膨胀了人认知上无所不能的欲望，一些建筑师驻足在自己建造"伟业"的荒谬之中难以自拔，沉迷于虚张声势、喧嚣所鼓噪的"自信"。在面对自己及我们共同生活的世界有那么多未知的基本面，却自以为无所不能时，可曾想想对于未来我们不能做什么？什么是不能做的？我们是否该实实在在地节制欲望，认清自己，建立"自性"？只有真正地唤起"自性"才能自信（无"自性"的"自信"往往流于无底气的"自负"，空有"自信"的架子而已）。

钱方（左二）及其团队与法国建筑师保罗·安德鲁（左三）交流沟通

无意义形式

现在大多参与建筑设计的人员（此处不称建筑师是有所指的）心目中，其设计权重的大部分是属于喂养自身需求的视觉游戏。形而上的意义附会以纵欲方式无节制地泛滥（连境外建筑师也看到国人的喜好所带来的利益），资源合理利用被抽离，形式与意义的内在逻辑脱钩，"存在就是合理的"可以消解被批评的锋利。这世界到底怎么了？存在就剩一张虚荣的"皮"了。无意义的形式无端地扭曲了人对建筑的基本认知，制造了许多奇奇怪怪的解码过程（给建筑起绰号已是常态）。

我们更需要简单而深入人心的设计。

建筑师只关注视觉（仅仅是知觉的一部分）表面性的个人喜好，加之社会生活日益粗鄙化的趋势，造成人们对建筑整体感知的缺失。因此大多建筑师的设计是从图纸到图纸，办公室到办公室，对生活以及设计的建造实施生成过程知之甚少，忽略了知觉行为结构知识的探究和积累。难以想象一个建筑师在既无对前人知觉共通规律研究成果的习得，又无亲身对日常生活的深刻体验总结，能将建造的素材予以有意味并触动感知地组织与表达。形式存在成了形式荒谬的前提，就如不了解烹饪的基本流程就做不好厨房设计一样。

风格

风格是历时性沉淀下来的产物，指望短期内独创一种风格有点异想天开。如果建筑设计与当地的人文、气候、地理环境能够很好地相融，建筑就像在建造基地上土生土长的一样，成熟处理问题方法的积累所呈现的形式自然形成了建筑风格。

建筑设计的背景条件各异，其解决问题的方法不同，建筑表达修饰的策略也就不同，因此会形成其特有的建筑表情。虽然建筑设计具有共通性，如山地建筑，不同地域对山地建筑的设计处理会具有共通性，从而形成这类建筑的整体特征，但这共通性无法消解背景性的差异，它只是方法的借鉴而已。地域不同导致所需解决的问题各异，自然就会形成差异化的建筑风格，所以说，建筑风格不需要刻意为之，更不是一种强加。

在特定的建筑环境背景之下，特定的应对解决方式——当然包括对现代建筑技术和材料的运用——形成特定的建筑风貌。如果在实践的过程中，解决问题的方式被不断地重复使用，随着时间推进，不切实际的方式会被淘汰，久而久之沉淀下来的，以成熟修辞方法去解决问题，并因此产生的建筑表现，历时性地形成了当地特有的建筑风格。

文化

文化的积淀是一个历时性的过程，建筑文化也不例外。它需要良好的环境来精心培育和促其健康成长。当下设计与建造的短视、建造的粗糙、不负责任的过程控制，乃至建筑的短命，这些都是建筑师有意无意间参与扼杀建筑文化的共谋行为，其背后潜藏着一个重要的逻辑：这就是对危机麻木而平静地接受和迎合，同时在特有意识形态虚幻的保护下，求得一时之安，甚至变相利用和苟延残喘。我们太功利了，大把精力都放在对未来物质苛求的忧虑和烦恼上，缺少了对当下行事的专注与承担。没文化的行为又如何产生有文化的结果呢？

在我们的建筑行为中，每个人都在追求其中的"功"与"德"，可事实的结果是"德"消失了，只留下许多无用"功"。从文化的角度看，"悖论"与"荒谬"已是我们当下具体存在形式的常态。

建筑师理应共时性地参与，集体性的多些社会怀想、深思熟虑和文化反哺了。

约束

每个建筑师都曾经企图摆脱所有的制约（规范），为自己引入原始创造所需的条件，这其实是对自由与约束辩证关系缺少理解的妄想。正如矛盾（问题）是事物存在的理由一样，没有对建筑要求的诸多规定（约束）便失去了建筑创作产生的基础和自由。其实，我们面临的大多约束并非来自外在，而恰恰是来自人自身思维方式观念性的自我制约，尤其是"面子"的束缚。设计的意义实际上并不只存在于单纯的既有知识之中，而是存在于多元知识框架之间的关系之中。因此，与其幻想去减少外在制约（约束），不如解放思想，放下面子，打通知识壁垒，整合制约，去释放出最大的创作自由。

只有当一个人获得了主客体辩证意识时，他才能面对或承受出乎意料的结局。

存在感

人类发明语言、工具，构建社会组织，发展文明，用来展示自身的力量和存在，这是一种必然选择。建筑与建筑师的存在感也是人为赋予的，后者的存在感依托前者确立。现在一些建筑师过于寻找（关注）存在感，其实是内心无着落的填空之举，或是欲望对功利的寄托。就拿建筑的标志性来说，不考虑自己身份和周围环境，自顾言说的表达，未必产生预期效果，倒是过度的存在感诉求让设计者的心态产生了异化。现实中建筑物标新立异的零乱与纷杂，让整个社会群体迷失在存在感的寻找之中，人们麻木于过多需解码的感知信息，并无所适从。

无论人与物，存在感的获得不一定要集中可见，它也可通过与周遭环境的相互衬托或彻底地融入环境之中获得。实现存在感的目标，不在于抓在手中设计的有限表达，而是可以放开而达到能掌控的无限可能。

机会

目前，中国的建筑师设计的机会太多了，却大多面对机会不知尊重。其实面对机会就是遭遇问题，机会是问题的化身。不懂得尊重机会，放弃机会，急就草率地处理问题，如何设计出令人尊重的成果呢？所有的事物都有生命，关键是如何唤起它的灵性。因此，抓住手中的每次机会，为下一次机会做铺垫和准备。善待问题，做问题的朋友，为令人尊重的成果的出现创造可能。

对话

对话是交流沟通的主动性行为描述，其表现形式远超出我们惯性的认知。对话与交流在建筑业内包含了两个层面：即人与人之间，建筑与环境之间。对于职业建筑师而言两者都十分重要，可以事半功倍（优秀的建筑师都具有两个层面的素质）。针对前者，良好的交流沟通技巧和策略是实现设计目标和推广合理价值观的基础。对话方式其实有多种形式，不仅仅是一味服从的方式，如果对话交流方式单一到只停留在顺从的话，那么建筑的发展便无从谈起，建筑师的职业性更无以体现。关于后者，对话的基础是人赋予的共同关注的动机或意愿，客观地尊重主客体尤为重要，没有这个基础，就是各说各话了，即使是吵架（对话的一种形式）也是如此，否则何谈争吵。因此，建筑与环境要产生对话，必须彼此之间有共通性的融入，且融入的方式是多样的，不仅仅是协调性的。

文化发展的最重要机制就是对话和交流，建筑亦是如此。理性确定想要达成的目标，技巧性地选择对话与交流的方式，或许是实用有效的策略。

建筑伴随着人类文明发展到今天，一直隐含着这样的道德悖论：在我们得意于我们无所不能、精彩纷呈的创造并为之娱乐消费的同时，却冷静理性地发现，我们的建造"伟业"恰恰是造成环境危机严重后果的根源，并成了"荒谬"的注解。导致环境恶化的罪魁祸首不是我们建造的建筑，而是植根内化于我们无节制的欲望。

以"模糊"的眼光（学习绘画需着眼观察，利于辨识整体关系）回望我从业三十年的经历，许多事情依然看不清楚也看不明白，业界各种奇奇怪怪的现象远远多于奇怪的建筑。在我国，建筑已成了对资源利用最浪费、对环境破坏最大的诱因和承载体。想通过类似"狼来了"的劝诫或道德批判来唤醒我们自救意识的做法，在今天已收效甚微了。其实，我们无须通过寄托美好未来这自欺的可能性，而更迫切需要一份抛开惰性的"自觉"。尽管我们努力去消除我们与真理之间的距离，但上苍总有这么一股莫名的力量让我们无法彼此接近，可谁又能阻挡总有那么一些人（包括建筑师）保有天真的坚持和探索？这或许就是人类的格式塔吧！

金卫钧：设计的逻辑

金卫钧：1964 年生，现为北京市建筑设计研究院有限公司第一设计院院长，北京市建筑设计研究院副总建筑师。代表作：三亚喜来登度假酒店、首都师范大学国际文化大厦、LG 北京大厦（合作设计）、海南三亚湾蓝波湾。

就中国建筑现状而言，大体存在两方面问题，一是城市规划，再有就是建筑单体设计。具体来说，城市设计的主要问题是城市文化的缺失和规划整体意识的缺乏；而建筑单体设计的问题就在于很多建筑设计逻辑的缺乏，体现在立面上就是缺乏章法。对于城市规划的设计，应该着重考虑城市总体的控制，对于建筑单体的设计，则应该充分考虑设计的逻辑关系。一旦建筑师的设计语言杂乱，所设计的建筑就会缺乏章法，从建筑的内在反映出设计师的逻辑缺失。每一个建筑的形态生成，其后无一不隐含着彼时彼处的逻辑必然。一个设计方案的形成，并不是从草图引出的发明，而是通过对社会问题、场地、地域环境、气候、规划限制等与具体项目相关的约束条件进行研

金卫钧手绘的建筑表现图

究分析后的过程推演，使得建筑方案自然"浮现"。这种逻辑分析的设计方法，更加重视过程的设计，而非直接寻找设计结果。结果是最终方案的产生更加"有理有据"，因为有内在的逻辑性贯穿其中，从建筑的整体设计到细节设计，都要做到建筑内在秩序与设计手法的连续性，在此基础上运用恰当的建筑语言描述出建筑的内在精神，整个作品都会呈现出一种由内而外的建筑气质，给人们带来触动乃至震撼。

　　我国建筑设计存在最多的问题就是没有推导过程，直接得出建筑的结果，或直接给出甲方想要的结果。过多的直接导致我们总是先形成建筑形态，再用建筑去适应地形地貌。这样做的优点在于能够快速满足各类人的各种要求，速度快、效率高，但是它反映出来的矛盾也越来越大，建筑切合城市环境的程度越来越小。建筑设计强调一种正向的、有条理的推进，用更好的方式去解决因环境场地因素对设计造成的制约与影响，经过严密的分析和推进以得出最优结果，这是一种很符合逻辑的分析，由这种特有的场地和环境生成特定的建筑。

　　从逻辑的关系来讲，实际上存在两个逻辑，即内在逻辑和外在逻辑。外在逻辑即是建筑面对的场地条件、地域条件，包括气候、环境、规划限制等，这些是建筑师都会遇到的共性问题；内在逻辑是建筑师自己的喜好和审美，包括建筑师所追求的境界。每一个建筑师都有自己的习惯和逻辑，这体现出他们自己对于建筑的追求和修养，相同的条件下设计出的建筑成果也就

截然不同：有的建筑师喜欢突出个性，像扎哈·哈迪德；有的建筑师喜欢朴素，像安藤忠雄；有的建筑师喜欢关注建筑的结构，像库哈斯。所以建筑的世界才会丰富多彩。但是往往内在逻辑和外在逻辑是一种交织的过程，这使得建筑师要反复推敲，对二者进行多次调整，调整的过程也会伴随设计的整体进度而多次进行。

　　大师之所以能称之为大师，就是因为他们能纯净思维，有了纯净的思想同时用恰当的建筑语言来体现，实现好的建筑构思。许多房子看上去很简单但思想境界很高，而有些建筑结构复杂并不代表思想就一定有多高深，往往建筑思想的深度与纯净度成反比。建筑讲求的是内在而不是表面，就像功夫高手不张扬，但内涵的思想功力已达到一定的深度。国内众多建筑，虽然运用了很多设计语言，但最终却让人觉得似曾相识甚至稍嫌混乱，这正是因为设计语言流于表面，形式、空间与建筑的内在并没有必然联系，因此，建筑

海南三亚喜来登度假酒店

最终成就的多是功能上的满足，而无法说是艺术。

　　建筑师从毕业到入道类似于"修行"，修行最后的结果是放下，是顿悟，做建筑设计也是一样，成长过程就是思想净化的过程。贝聿铭大师用最简单的方法去解决最复杂的事情，现在很多建筑师是用最复杂的方法解决最简单的事情，本末倒置，背道而驰了。初涉建筑设计时可能加法多运用一些，随着阅历的增长、视野的开阔，可能减法要多一些，当你回归建筑本源的时候，设计就会变得简单。

　　建筑师犹如一块电池，要随时充电，及时更新，与时俱进。建筑师要涉猎的方面太广了，每个时代都有不同的潮流趋势和发展方向，我们看到的许多建筑大师的作品在今天看来已经很过时，但在当时是处于领先地位的。可见，建筑也是一种潮流，一种与时代共同进步的产物，而一些建筑大师为什么多年以后还能保持高端的地位甚至更升华？正是因为他们在不断地充电，不断地进步！

朱铁麟：不忘初心

朱铁麟：1967 年生，现为天津市建筑设计院执行总建筑师。代表作：天津中华剧院、天津数字电视大厦、天津医科大学总医院外科中心和神经中心、天津顺驰建筑师走廊 5 号别墅。

我从 1985 年进入天津大学学习建筑设计至今整整 30 年，从最初入行的误打误撞，到后来产生兴趣，乃至现在完全爱上这一行业，非常庆幸自己选择了建筑设计这个职业。谈及执业感悟，由于平时很少有机会系统地思考，此次接到金磊主编的邀约，正好将平时一些零星碎片的感触做一个梳理，权当执业 30 年的有感而发，谈一下自己对建筑师培养与成长的想法。

关于建筑师的培养路径

我大学毕业后到天津市建筑设计院参加工作，经历了我国建筑市场从兴旺到火热的全过程，从开始参与中小型项目到后来主持完成大型工程，有一个由浅入深、从简至繁的过程，大致可分为三个阶段。

毕业之初正赶上总院在改革开放的特区窗口设立分院，我有机会参加了广州、厦门分院的创立。当时凭着初生牛犊不怕虎的精神参与了多项方案投标，在市场竞争中得以锻炼。由于在厦门鼓浪屿龙泽花园与白鹭苑、广州外商投资企业培训中心、广东顺德容奇药厂等多个项目中表现出色，回院后作为主要方案创作人全过程参与了平津战役纪念馆等一系列个人从业生涯中里程碑式的项目，使自己掌握了建设全周期的经验。2000年作为全国"50名青年建筑师赴法学习项目"中的一员，赴法国布列塔尼建筑学院学习一年，开拓了眼界，回国后在院领导的支持下成立了个人建筑师工作室，主持完成天津医科大学总医院医学中心（17万平方米）、罗兰新园住宅区项目等。2004年开始担任天津市建筑设计院总建筑师并兼设计二所所长，主持设计了天津电视台（25万平方米）、天津文化中心银河购物中心（34万平方米）、天津梅江会展中心（40万平方米）、天津南京路君隆广场综合体（18万平方米）等代表性作品。自2014年起开始担任院首席总建筑师至今，始终工作在设计一线。

这般履历式地复述自己的职业历程，似乎这个成长过程略显繁杂，但回想起来倒是非常切合一个建筑师的成长发展规划。因此想建议给现在的青年建筑师：要做好个人的成长规划，依据个人特点确定好未来职业发展方向。

现在建筑设计行业的项目越做越大，专业化越分越细，青年建筑师一开始或是加入到大型项目的一个局部，或是一开始就投入某一类专项设计，缺乏对工程的全过程认知。而完成一个大型项目需要很长时间，几个工程做下来时间就都流失了，但这对个人控制全局能力的锻炼却很有限。青年建筑师应该在服从工作安排的基础上，有意识地根据自己的发展规划，培养对项目全过程的经验，打开眼界，做到由总体到局部、由宏观到微观的全面了解，打好基础，为未来成为独当一面的主创设计师做准备。

做施工图型建筑师还是做方案型建筑师

建筑设计的内容涉及方方面面，全面且综合，这也是建筑师的成熟期不可能太年轻的原因，必须经历各种磨炼和经验积累。但在这过程中，一些建筑师有时会由于长时间研究施工构造、政策法规、相关配套、项目管理等具体技术性问题而磨灭掉对方案创意思想的关注，结果虽然可以成为一个合格的项目负责人，但创作的激情、思想的火花却减弱了。所以建筑师还是应该有自己的理念和思想，而不要满足于成为一名合格的匠人。

这也为建筑师在成长过程中，是侧重施工图方向还是侧重方案创作方向，为建筑师未来发展的两个方向的分水岭。当然，从客观上讲，这两个方向无法严格地区分。因为建筑师必须具有较强的施工图经验，创作的方案才是合理的、成熟的、落地的，但人没有全才，即便全才也会有所侧重，自己必须在设计的团队中找到自己的位置。特别是现在一些大型设计院强调战略转型，即由从前只做建筑设计转而成为工程设计总承包，又包含了从项目管理、成本控制以致工程设计的各个方面，建筑师本人对此必须有所抉择。

我始终希望成为一名有创意的方案型建筑师，这是我的志向与兴趣所在。每当面对一个项目苦思冥想，众里寻他、蓦然回首式的灵光一现，找到了解决问题的关键，那种乐趣和享受让我受用无穷。每次看到自己设计的作品被大家认可时的那种油然而生的成就感，正是我当初学习建筑的梦想；历年来一切经验的积累、一切技能的储备都是这一结果的实现手段，我对创作的偏爱至今痴心不改。

做一名收放自如的创作型建筑师

我是一个功能主义者，始终把建筑的舒适好用的功能摆在第一位。建筑是供人使用的，但同时也是一门艺术，寄托着人们的情感、文化，建筑史上所有为世人所铭记的作品无一不在精神上给人以强烈的艺术感染力。在创作实践中，我经历过从使用功能来推导适宜形式的过程，也发现形式有时又并不完全由功能来决定，两者互为因果、相互辩证。对建筑空间的塑造也经历过从二维到三维再到多维的研究探索过程。

2001 年在法国学习的这一年，对于我对建筑设计的认识、对建筑师成长的反思，都是非常关键的一个节点。那段时期正好是我整个工作生涯的中间点，迫使我有机会去调整忙碌、浮躁的工作状态，跳出熟悉的成长环境，游历欧洲各地，用不同的视角反思过去，也再次用学生的心态深入学习。因此我认为，建筑师应该周期性地使自己"逃离"出惯性的工作模式，适时从旁观者的角度冷静、客观地审视当下，这样才可以长时间保持最佳的创作状态。

理想的创作状态是能打破固有的惯性思维，在熟知各种规范、法规、限定条件的情况下，又不为之所束缚，给思想充分的自由，必要时突破专业局限，从相关的领域寻求借鉴。设计天津数字电视大厦项目时，为符合电视工艺使用要求，满足节目制作播出连续性，每个频道工作层配设自用的演播厅，而每个演播厅尺度特殊、空间高大，又具有严格的隔音要求，设计中借用生物学 DNA 分子式中的双螺旋空间结构，把建筑平面设计成"井"字形九宫格布局，把各频道演播大厅竖向上交错旋转上升式布置。交错上升的演播厅形成双螺旋结构的一个实轴，又用另一个交错上升布置的空中休息庭院形成双螺旋结构的另一个虚轴，两系统盘环上升，使演播厅两两不相邻，既节省了隔音造价，又得到空间丰富的室内绿化中庭，创造出一座采光通风良好的绿色生态大厦；而位置相对固定的工艺线井，犹如纵向的树干串联起旋转交错布置的各个演播厅，通过对生物学形态的引用，切合了这一工程的功能使用，创造了独特的空间形态。这一项目因此获得 2011 年"第六届中国建筑学会建筑创作优秀奖"。

建筑的实用性功能决定了它必然要受到各种法律、规范、政策的限定，

天津数字电视大厦

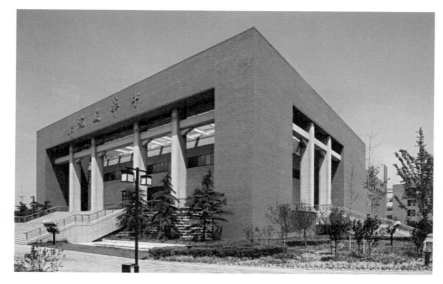

天津中华剧院

建筑师就是要运用自己的技能，解决好建筑合理合规性与艺术表现力之间的矛盾，达到两者相得益彰，不要轻率地放弃任何一方面。

设计中的妥协与底线

成就一个建筑，建筑师必须懂得妥协。妥协，有时是善于倾听和采纳不同视角的建议，不同的出发点和关注点会得出不同的结论，建筑师不要固执己见，要能突破自身的狭隘，学会兼听则明，很多时候就会获得意外的惊喜和突破；妥协，有时是采用另外一种处理方法，建筑的解决方式不是唯一的，条条大路通罗马，不拘泥于一种方式是能力的体现；妥协，有时又是一种策略，是一种曲线迂回、以小搏大的变通方式。

但妥协不等于迁就和顺从，建筑师应有自己的底线，底线是建筑师的社会责任和应有的职业道德，不做粗制滥造的设计；不做对资源和环境有破坏影响的设计；不做利用专业知识协助不良开发商钻政策与规范的空子、坑害社会公众利益的设计。

　　建筑设计没有最好，只有更好。解决问题的办法，既有其内在规律，又千变万化，没有程式之规，这种捉摸不定的美始终让我着迷。中国建筑设计经历了建筑前辈的厚积薄发、新一代建筑师的强学思辨；如今，日新月异的新技术、新手段不断丰富着它的内容，吸引着众多建筑师不断探求，但我们要坚守着不忘初心的态度，方得始终。

谭晓冬：拾荒记——人生如戏

谭晓冬：1965 年生，现为贵州省科研建筑设计院院长。代表作：贵阳青岩"天工之城"。

受邀写"自白"，作为一名表白分子，感激之余，诚惶诚恐。从事设计工作以来，我并没有感受到自己是一名建筑师，也许将自己定位为一个设计爱好者更为合适。匆匆二十余年过去了，自己对建筑设计并没有什么高深的见解，倒是觉得更像一个拾荒者，零零散散，无系统的头绪，走到哪，拾到哪。在此只能略略表达一些浅显之见，思绪多而杂乱，从中择取部分，无逻辑梳理，片段随笔，笔随心的思绪而动。

拾荒者

设计者需要一双发现的眼睛。

拾荒者有比一般常人更加敏锐的眼光，在寻常之中寻找和发现他们心目中的"有用之物"，在人们不经意的地方找到他们的"宝贝"。许多平凡而美好的事物就在我们身边，我们不缺乏美，缺乏发现美的眼睛。发现平凡之中的美就需要有拾荒者敏锐的目光。难道设计者不该如此吗？设计者应该有拾荒者的精神，为了生存（不论是在物质上还是精神上）而不断地寻觅和发现生活中的"有用之物"，在生活的寻常处发现现象背后的本质。设计源于生活，又用于生活。用一双拾荒者的眼睛去观察和发现生活中的有用之物，我想这是设计的基础。

与此同时，设计者还要发现和认识自我，不断地在自己的身上发掘潜力，在设计的历程中不断完善自我，这是提高设计水平的基础。以拾荒者的精神相伴左右，从生活中发现与设计相关的创作元素，我想这是更能贴近人的需求的一条设计之路。

职业选择

选择职业就是选择一种生活方式。也许是因为兴趣而选择，也许是选择后产生了兴趣，但无论如何，兴趣是关键，这会让你快乐地工作与生活着。

我并没有把设计当作是一种职业，而一直当作是一种生活方式来看待。记忆中，儿时就喜欢用木块（我父亲在"五七干校"学到的手艺活，他在家常用一些木材的边角料裁成小木块给我们做玩具）搭建"房子"，初中假期时会跑到父亲的设计单位玩耍——开始做一种叫"描图"（没有任何薪酬）的活。也许这种玩耍的方式（其实也是一种生活方式）给我埋下了伏笔，那时就想自己的将来会与此有缘。

大学时，一开始学的导弹工程专业，并没有学习建筑专业。在大学头两年多的时间里，专业没怎么学好，倒是看了不少建筑方面的书籍，记忆最深的是《波特曼的建筑理论及事业》与柯布西耶的《走向新建筑》。当时自己也处于"身在曹营心在汉"的状态，最终还是做出决定放弃正在就读的专业回到家乡开始建筑专业的学习，也正好赶上贵州办第一届建筑学专业，时间是 1986 年。这种选择是自己的兴趣使然，尽管在选择的路上并不顺利。

工作伊始也是在一种一知半解的认识中进行的，但因为自己感兴趣，所以充满激情。必须承认的是，在设计的过程中与纠结相伴：理想和现实总是有差距，在经济收入和设计理想之间就像心里装着两个"小人"，不时地争斗着，庆幸的是兴趣让我坚持到现在。如今已到知天命之年，淡泊与理想并存，还在路上，像一个拾荒者，继续寻找那有用之物。

生存

二十多年的历程，对一个设计者来说应该是设计的刚刚开始。生活的阅历会让自己看到历程的变化，从一种物化的生存状态渐变成不仅仅为物化生存，同时也感知社会责任的另一种状态。经历过为生存炒羹的年代，也经历过自我创业的年代，最终为了一个设计团队而工作。团队成员也有许多同样的纠结者，一些人为基本的生存而劳作，另一些人为了兴趣而工作，我扮演着一个协调者。在我看来这两类人没有谁对谁错，都是一种生存的状态；在自我的经历中，我曾扮演过双重角色。

妥协是一种能力

从事设计行业的人都会有坚持自己设计理想的激情时段，坚持自己的设计理念是设计者的理想，但设计并不是一个人的事。在设计过程中往往会遇到设计者的设计理念和业主的想法（或其他因素）之间的矛盾，一种妥协的状态会慢慢产生，这是设计者纠结的情节之一（当然还有一种情节的纠结是业主高要求的设计，低费用的付出）。自己在设计过程中常会遇到这样的事。经历多了发现这不是问题的关键，问题的关键在于你坚持的是什么？妥协的是什么？到了后来自己又发现妥协是一种能力的体现，是一种协调能力。对于一个项目，设计者、业主、政府管理部门都会有不同的认识和要求，项目本身注定就是一个你中有我、我中有你的状态，设计过程就是一种各种因素之间矛盾的协调，而对矛盾的协调的本质就是一种妥协，只是看谁让步多一些或少一些而已。有了这样的认识，设计者也许会有更多的乐趣，让"妥协"变成设计思维中必不可少的因素，让妥协变成一种解决问题的能力。

角色

对于角色的理解是两个方面，一个是建筑角色，一个是建筑师角色。

建筑在今天这个多元化和包容性的时代里，不论是从文化性还是建筑技术的发展上来看，都具备了走向成熟的条件。每一个城市都应该彰显自己的地域特色，即便是国际化的今天，更应该有所体现。城市（或城市的局部区域）犹如一幕戏，不同的城市（或城市的局部区域）上演着不同的剧目，建筑置于区域环境之中，不同的建筑就是这幕戏里的不同的角色。设计者针对建筑的设计，首先是要解读"戏"所要表达的意义并分析在其中的角色作用。在不同的物理环境和文化语境下，建筑角色遵循其中，同时各有分工。不论角色的主次和多样性，我更希望有"喜剧化"的效果，这样的城市会有序而充满活力。

那么建筑师又如何定位呢？同样也是一个角色问题。一个项目也如一场戏，设计是戏的开始，建成使用是戏的尾声，建筑师参与其中，在不同的项目里可能会扮演着不同的角色，或许是主角，或许是配角，也有可能担纲导演的角色，或者是一个参与互动环节中的一个观众……建筑师没有固定的角色，但只要参与表演就要尽其所能。

规划而设计着，设计而规划着

如果城市就是一幕戏，那么城市规划就是这幕戏的剧本，建筑设计就是剧本中的角色，读懂剧本才能领悟戏的灵魂（当然这个前提是剧本的优质和不随意的修改，这么说你懂的），才能领悟角色的定位。角色要靠剧本来统领，而剧本又必须靠角色来表现。建筑师必须站在规划的基础上进行建筑的设计，而不是建筑本身的"独舞"。哪怕是一个小小的建筑也会和规划有着重要的关系，更不用说那些重要的公共性建筑。好的剧本都会给角色一个表现的灵活度，而不是将角色固化。

建筑师要有规划（读懂剧本）的意识，同样规划师要给建筑（角色）留有余地，要有适时的前瞻性，予人玫瑰，手留余香。

规划而设计着，或者设计而规划着……

包容的城市、建筑与人

城市的趣味和活力往往就是因为一种混搭而产生的状态，不论是在历史的时间轴线上，还是在同一时期不同文化的兼容上。城市的混搭不是乱象重重，而是承传基础上的变迁，文化移植消化后的接地。城市的混搭不一定有逻辑性，但一定要有人文的关怀。

一个混搭的城市需要一群有包容心的市民；一个混搭的城市需要一个有包容度的政府；一个混搭的城市就是一部交响曲，由不同的乐器合奏而成，既不是弦乐四重奏，更不是小提琴的独奏，即使那是多么优雅之音。

城市的包容体现在建筑与建筑、建筑与环境之间的那份谦让与尊重，也体现在设计者的宽容之心。建筑的唯我独尊是对城市的一种伤害，设计者的唯我独尊是对建筑的一种伤害。

设计，未完成

建筑从设计开始到最后的建成使用，或多或少会留下遗憾之处，会有一种"未完成"的感受。这也是设计的魅力所在，让自己一直在路上而无终点

谭晓冬考察贵州民居的传统
手工艺作坊

之感。这种遗憾或许是多种因素造成，但只要参与了，设计者就应该承担起这份责任，就如戏没演好，每个角色都会引以为憾。

设计是一个过程，设计思想的成熟是一次只有开始没有终点的旅行，随着路途的增加，不断找寻到新的"有用之物"，不断有新的发现而打开眼界。不是一个设计就能充分体现设计者的思想，而是在更多的设计中完善自己的思想。"下一个设计会更好"，这就是一种"未完成"的表白，"未完成"就是一次思想成长的旅行。

设计之度

设计没有标准答案，但设计不应少了植根之度。

仁者见仁，智者见智。同一个地点、同一个项目，不同的设计者会给出不同的方案，或者不同的业主也会影响到不同的结果，有时还会受到职能部门的影响而产生变化。同一栋建筑，不同的人看了也会给出不同的评判。但不论什么原因，区域的物理因素、文化因素、经济因素、地方法规以及建构的技术条件等都应该是设计的基础，也是设计者应该把握的度。至少这样可以减少建筑乱象丛生的现象，可以减少毫无植根基础的建筑形式肆虐我们的城市。

设计者对自己和自己所设计的作品也要有一个度的把握，别把自己看得太高——自以为是、唯我独尊，但也别把自己当作画图的工具——一个没有设计思想的机器。不论怎样的结果，设计者应该有一个良好的心态面对我们的劳作，以优雅的姿态面对一切。

由城市想到"城事"

我们的城市日新月异，我们生活的节奏也随之提速，但总有一些不协调的声响令人感伤。道路变宽了，而车速却慢下来了；住房的品质提高了，但人与人之间的距离却远了……忽然想起了儿时搭积木的光景，一会儿的工夫，几座房子就"造"好了，可那是游戏而已。城市的发展有其自然的规律，是一个长期的过程，城市的变化有一个慢热的周期。有些城市，老城的问题没解决，几年的工夫就会冒出一个新城，于是人们纠结于新老城市之间。设计者先别忙于新城的设计活路，应该回过头来想想我们的城市到底出了什么事？尽管设计者不是城市发展的决策人，但也是城市发展的参与者，别让我们的城市出了事。

林语堂先生说过："人本过客来无处，休说故里在何方。随遇而安无不可，人间到处有花香。"愿我们的城市是有故事的城市，而不是事故频发的城市。让每一个生命的过客都能置身于一个随遇而安、花香扑面的"故里"中……我想这应该是一个设计者思考和为之努力的分内之事。

人生如戏，以拾荒者的精神相伴左右，生活而设计着。

屈培青：从建筑之家走来

屈培青：1957 年生，现为中国建筑西北设计研究院有限公司总建筑师。代表作：西安人民大厦索菲特酒店、西安红星巷改造、西安美院教学楼、西安市人民检察院业务综合楼。著有《建筑创作与构思方法》。

我从小生活在一个建筑师之家，我的外祖父陈汉明是我们家第一代建筑师，1955 年响应国家和华东院支援大西北建设的号召，他和华东院的一批建设者们从上海华东院举家迁移支援大西北，来到西安中国建筑西北设计院工作。我的母亲也随外祖父一起到西北院参加工作。我父亲屈兆焕在上海中学毕业后考入东北建筑工程学院建筑专业，也在 1955 年大学毕业后响应国家支援大西北号召，来到中国建筑西北设计研究院工作。两代人离开上海，开始了他们在大西北的创业经历。我从小在西北院成长，受家庭及大院文化的影响，耳濡目染的都是建筑语言及建筑文化，天天看着大人们画画、设计大楼，也使我从小就有一个梦，梦想成为一名建筑师，继承外祖父、父亲的事业，设计我喜欢的房子；就在我家扎根西部二十多年后，我圆了我及我们

我家的三代建筑师：（左起）外祖父陈汉明、父亲屈兆焕和我

家的一个梦，成为我们家第三代建筑师。

织 梦

大学毕业后，又回到了从小生活和熟悉的西北院，大院里那些我从小仰慕和崇拜的叔叔、阿姨们一下子成了我的老师，我在他们零距离的指导下学习和工作，真是感到十分的荣幸。我开始拜师，静下心来学绘画、做创作。

在我建筑设计和建筑绘画的创作道路上，离不开我的导师葛守信（西北院副总建筑师）对我的指导和帮助。记得我还在上小学的时候，葛总与王觉（院副总建筑师）在西北院的办公楼前搭着画架，画《毛主席去安源》的巨幅油画，我每天放学回到大院，就看他们画画，对两位前辈非常崇拜。20年后，当我大学毕业回到了我熟悉的大院，而且被分配到葛总手下学习，感到十分荣幸，能在葛总手下学习绘画，是我从小就有的一个愿望。记得工作初期，办公室很多年轻的建筑师都在葛总的指导下学习画渲染图，而且每个年轻人的画风都有所不同，我开始几年也是东学一下、西学一下，没有形成自己固有的画风，绘画水平一直也没有多少提高，后来葛总就告诫我："一、画渲染图不能什么画法都学，要根据自己的性格和特点来确定自己的画风；二、每画完一张渲染图后把它挂在墙上看上一个星期，会感到越看问题越多，最后再重画一遍；三、画渲染图要突击一个阶段画，才能提高和领悟出一些道理，如果画一张停一个月的话，就可能很难提高。"我根据自身的绘画基础、特点和性格，选择了构图细腻、层次丰富、色彩明快的画风。1989年，我在葛总手下突击画了一年渲染图，其他老总的方案我也画，水平得以较快提高。1991年，我的两幅建筑画参加全国建筑画大赛获奖，并被收入《中国建筑画选》一书。

到了1998年，我成为全国最年轻的建筑画评委，在北京香山饭店参加了"首届全国电脑建筑画评审会"，评审会云集了全国的专家及学者，大部分评委是我以前只在教科书上与刊物上见到的专家前辈，有杨永生主编、钟训正院士、彭一刚院士，有魏大中、卢济威、纪怀禄、范迪安、崔愷等诸位先生。

特别是见到了杨永生老先生，让我感到一直很遥远的事情突然就拉近了。开始见到杨老还有些拘谨，当我走到杨老面前自报姓名说："杨老师，您好！我是西北院的屈培青，从做学生时代到工作就很仰慕您，今天第一次见到您很是激动。"他说："噢，你就是屈培青，你是葛守信的学生，你的建筑画在前几年的建筑画大赛及画展上我看到过，画风很有特点。"这让我感到十分惊讶，杨老居然知道我的一些情况。在评画过程中，杨老看出了我的拘谨，所以每次评画的时候他总让我先点评，他与其他评委讲："让年轻的小屈总先评讲，我们老同志先讲了，年轻人就不太敢讲了。"杨老的这一举动，可能对经常参加评审的老同志来讲是一句很平常的话，可对我来讲，这是杨老对年轻的我莫大的信任和鼓励，也增强了我的自信心。其实我们年轻人在成长的道路上，特别需要有这样的前辈引导与帮助。对我们才出道的年轻人来讲，这种成长中得到的关怀要比成名后受到的恭维强百倍。会后，杨老和我在香山饭店的院子里讲了很多建筑界的故事，也问起了我学建筑的经历，当杨老听说我们家三代都是学建筑的，他也特别激动。杨老对我们年轻人的那种谦和、关心与谆谆教导之情，让我受益匪浅。

屈培青的两幅建筑渲染画

建筑画的学习，不但提高了我个人的美学修养，还提高了我的创作能力，可以说我的创作能力提高是从建筑画突破的。从业 20 年后，当我成为一名设计院总建筑师及设计所的管理者时，也开始带年轻人了，我发现我身边的年轻人正慢慢放弃手绘做方案的方式，而用计算机在拼方案。以前没有计算机的时候，我们必须得用手绘草图及渲染图。而现在计算机时代开始冲击着艺术学科，美术课和钢笔速写也成了完成学习的过路课程，很多学生放弃了手绘基本功的训练，而直接进入到计算机画图阶段，对 Sketchop、3DMAX、Photoshop、计算建模及渲染技巧掌握比较熟练，在不断提高计算机操作能力的同时，手绘能力消失了；但学生们没有意识到不会做方案，以及计算机这种逻辑思维的工具是不能取代抽象艺术的创作构思的，从学习方法上有些本末倒置，其结果是很多学生毕业后，放弃绘画，不会用钢笔徒手构思草图，更谈不上有一个正确的构思创作方法。这就不得不使设计院在招聘人才和大学在研究生录取复试阶段时，用快题考察学生的表现思维能力。有一次，有一个社会上办的手绘班让我去讲一次课，我去一看，来听课的有一千多人，这真让我吃惊。

关于怎样培养一个优秀有才华的建筑学的学生，我认为建筑绘画和艺术修养的基础教学是必须加强的，手绘能力强的学生方案能力不一定都强，但方案能力强的学生手绘能力一定强，也是未来成为一个优秀建筑师的必要条件。我现在给我的研究生在做两个事情：一个是在补他们的手绘表达和艺术修养基本功，现在我招的研究生第一年在完成上研究生必修课的同时，再补本科的美术课，一学期须绘 100 张至 200 张钢笔画，最终达到脱手成图；第二是教他们一种创作思维和构思方法。用草图做方案，如果说在三年里要求研究生阶段能大大提高构思能力，这也不太现实，构思能力要在以后的工作中不断提高。而现在我是在扳正他们的学习方法，如果方法扳正之后，以后在工作岗位上能力会直线上升。如果扳不过来，一做方案就用电脑去拼，那他永远是个匠人，不是建筑师；而我们是要培养建筑师，不是画图匠。这十年来，留在我工作室里工作的研究生在做方案时，都是用徒手草图做方

在"首届全国电脑建筑画评审会"上，屈培青与杨永生编审（左）合影

案，其中有一批年轻的建筑师已成为院级的主创设计师。

筑梦

在我建筑创作道路上，对我影响和帮助最大的是西北院张锦秋院士和韩骥老师（西安市规划委员会规划师、清华大学教授）。因为我是西北院子弟，从小在西北院长大，我的父母与张总又在西北院共同工作，从我小时候见到张总和韩老师时叫阿姨和叔叔、到工作后改称张总和韩局长，我觉得，张总和韩老师给予我的是老师加长辈的双重关心和培养。记得在 20 世纪 90 年代后期，我已成为所里年轻的总建筑师，同时负责了一个所的生产任务和技术工作。那时正是建筑设计市场的高峰时期，大家都在争任务和拼产值，当时，张总和韩老师就告诫我："小屈，第一，你要记住产值是一时的，你今年产值高了，大家记住你了，你明年产值低了，大家就会忘记你了，而作品是一世的，一个好的作品能让大家永远记住，而且，一个好的作品又能给你带来更多项目。在创作的道路上是没有捷径的，不要浮躁，要沉下心来，在一个领域中学习研究。第二，在西安这个历史古城做建筑创作，不要和北京、上海比规模和比大小，而要走地域文脉的创作道路。"在两位前辈的教导和启发下，我开始静心思考，选择了我所喜爱的关中民居建筑和民风建筑为学习研究方向。从古城西安淳朴的民风和素雅的民居中去寻找古城建筑素朴的文脉与苍古的意境，并从现代建筑中折射出传统建筑的神韵。

通过近十几年的研究和创作，今天，我们成立了关中民居研究中心，而且一直在民居和民风建筑上不断探索和创新。在 2005 年"第二届中国威海国际建筑设计大奖赛"中，我们设计的《锦园五洲风情》民风建筑获得建筑金奖，《西安锦园坊》民风建筑获得建筑铜奖。后来作品又参加在北京召开的"中英城市复兴论坛"，引起了很大轰动，西安市规划局局长和红星还发函至中建西北院祝贺。今天我们已做了中式、简中式、新中式项目几十个，回想起来这要感谢十几年前张总和韩老师告诫我的那一席话。

我认为建筑存在于城市当中，并会在不同程度上影响甚至改变城市，严格来说我们设计了建筑，同时也设计了城市。在一个城市的历史过程中，不可能将每一个建筑都做成标志性建筑，如果都把自己的作品作为标志性建筑，那也就没有什么标志性建筑了，我们也应根据建筑的自身特性设立不同层面的定位。一个城市既要有历史性、标志性建筑及重要的公共建筑，也就是城市的"红花"，这类建筑主要布局在城市肌理重要节点上，注重的是建筑风格；同时也要有成片的风貌统一的民居建筑及一般民俗民风的建筑，也就是城市的"绿叶"，这类建筑要与城市特有的肌理相吻合，要更注重建筑风貌。

西安这座古老的城市，需要有标志性建筑作为城市的名片及"红花"。这些建筑产生的时代不同，因而风格各异；他们坐落在不同的重要地段，影响着西安的整体形象。他们不但是构成城市特色与建筑风格的重要因素，也是西安这座城市的标志，这些不同时代的建筑共同形成了古都肌理中的"红花"，即城市中的"地标建筑"。同时城市也需要有大量的、呈现出统一和谐风貌的民风建筑肌理，形成了古都肌理中的"绿叶"，因此，要想维护好城市特有肌理的和谐，建筑师往往要有"甘当绿叶配红花"的精神。因为古城风貌保护及传统建筑形式的保护不只是一个简单的概念，不只是简单地建筑形态保护，而是城市中一种肌理、一种脉络传承的延续。

筑梦中的几个故事

在我三十多年的建筑创作设计过程中，我得到了很多领导、大师、老总及业界同行的关心和支持，他们的一句话、一个具体的指导与帮助，对我来说都是极大的鼓励。我今天能成为建筑老总，也离不开他们对我的支持与培养。

记得在十年前，我们完成《锦园五洲风情》作品的创作，并在全国获了金奖；叶如棠部长是我们建筑界的领导、前辈及建筑专家，当时在北京专门给我写了一幅字鼓励我，并通过我们的甲方杨小青先生从北京带回西安转交给我；作为建筑界的晚辈，能得到前辈这么珍贵的礼物，心里十分激动，我一直把它挂在我的办公室墙上，激励自己努力创作。

贾平凹是中国当代最具影响力的作家之一，这位从陕西黄土地走出来的西部作家中的领军人物，也是一位从农村走出来的关中农民。少年时代的艰辛生活，塑造了贾老师俭朴、吃苦、坚韧、善于思考且从不张扬的个性。从他的《废都》《秦腔》等小说中，能解读出他对社会和人生哲理的认识。其作品获得过国内外多个大奖，他因而被誉为文坛的"奇才"。在做贾平凹文化艺术馆设计前，我与贾老师近距离接触，就艺术馆的设计思路进行了多次座谈。从一直是以仰慕的角度拜读他的大作，到零距离地与贾老师进行对话，突然间感到了一种陌生和差异，以至于我不敢相信在我面前平常得不能再平常的贾老师就是那位如雷贯耳的大作家。在那几次对话中，贾老师给我留下了三个深刻的印象：第一语言质朴，乡音浓重，言语中流露出对家乡文

屈培青设计的贾平凹文化艺术馆

化的深深眷恋；第二烟不离手，他本人也提到自己在创作过程中，需要一个封闭、安静、不受干扰的写作空间，还要有用不完的笔和抽不完的烟。从他抽的烟中，我们能闻到关中旱烟的烟火味。通过座谈，我们在不断剥离他著名作家的身份，从他的秦腔中，寻找到了关中汉子的坚韧和他受关中文化内涵影响的影子；第三亲切自然，质朴低调，平易近人。带着这种思想的碰撞我们开始了创作。当我们完成了贾平凹文化艺术馆的作品之后，得到了贾老师的认可和赞扬，同时贾老师给我亲笔题了四个字："穆如清风"。

有时人的一生梦想如果没能全部实现，总会有意或无意地要把没有实现的那一部分梦想寄托在下一代身上。我的儿子屈张，受我们家三代建筑师的影响，从小也喜欢上了建筑专业。2004 年高考，他以全省优异的成绩考上了上海同济大学建筑专业，圆了我们家四代建筑师的梦。儿子在同济大学五年里努力读书，大学毕业时又以优异的成绩被保送到清华大学建筑学院读硕士研究生，当时庄惟敏院长正好在西安开会，我就找到了庄院长，把我孩子学习情况向他汇报并希望孩子能读他的研究生，庄院长欣然答应。因孩子在清华大学庄院长那里学习，我和庄院长的接触和工作交流的机会就更多了，

贾平凹给屈培青的亲笔题词

很多项目经常请教庄院长，并请他来担任我项目的评审专家，我从庄院长那里学到了很多东西。庄院长是一位学识渊博、工作严谨、谦虚随和的人，我孩子通过研究生阶段的学习，不但从庄院长那里学到了专业知识，更重要的是学到了做人的品德。孩子研究生毕业后又被保送读庄惟敏院长的博士。

圆梦

作为一名建筑师，能够有项目做并且做好项目，这是我们最大的愿望。而我们的作品最终能够得以实现并被社会认可，这是对建筑师的最高嘉奖。今天不管我创作的作品达到了一个什么水平，但是我一直在努力追求着创作，创作给我带来快乐，创作使我广交朋友。创作是幸福的，也是艰辛的，但历经艰辛后带来的是快乐是希望。因为每当我完成一件作品，总是感到有很多缺陷和不足在里面，带着这种遗憾和不满，激励着我又在进行下一个创作。通过创作之路，使我对建筑艺术和自己有一个不断的认识和提高，并且有一个永无止境的追求目标，对建筑艺术和人生哲理也有一个更加理性的认识和理解，也使我心态更加平和。三十多年来，我所做的每一个项目不敢讲

西安人民大厦索菲特酒店

它有多高的水准，但我都尽心去做了，同时也很享受这个创作的过程。回顾我所经历的人生道路不敢讲我是一个成功者，但绝对是一个幸运儿；这一路历程中，做了两件我心里最喜欢的事情：一是圆了我想做一个真正建筑师的梦；二是到目前为止，已带了 80 名研究生。这也就够了，因为一个人如果梦想成真，那是最幸福和最快乐的。

叶依谦：往日时光

叶依谦： 1969 年生，北京市建筑设计研究院有限公司副总建筑师、3A2 工作室主任。代表作：怡海中学、北京国际投资大厦、朝阳区 CBD 财富中心、北京航空航天大学东南区教学科研楼、中海油新能源研究院（在建）。

我们生活在一个价值观多元并存、飞速发展变化的时代，新概念层出不穷，如"大数据""互联网思维"等等，让人目不暇接，时时刻刻都会有新东西出来颠覆传统行业、传统观念。时下最流行的概念叫"互联网＋"，大致意思是所有的传统行业领域，都要思考如何跟互联网概念接合，从而形成全新的商业模式，带来新的经济增长点，为社会发展提供原动力。

而建筑设计，作为一个已经存在了两千多年的古老职业，创新、发展也是一个无法回避的现实问题。我们苦苦思索，在互联网时代，建筑该是什么样子？解决的途径也找到了不少，技术层面有 BIM 平台、参数化、非线性设计、3D 打印等；经营层面有全球化、资本运作、集团化发展、全产业链等。这些听上去的确令人欢欣鼓舞，感觉建筑师离 IT 精英们的距离也不遥远了。

北京航空航天大学东南区教学科研楼

北京国际投资大厦

不过，即便是进入了网络时代，建筑作为人们生活庇护所的传统功能跟两千年前却并没有本质的不同，对于建筑的基本要求如安全、实用、美观、经济等，也依然有效。无论建筑师们如何努力地想给建筑赋予时尚、轻盈、多变的潮流元素，建筑的建造过程却还是离不开钢铁、水泥、砖瓦、木材，建筑一旦落成，仍旧会存在相当长的时间，还是无法像时装那样想换就换的。

建筑设计是一个要有匠人精神的职业。建筑师的职业本质始终是要做出满足需要的好设计，而"好设计"的内涵，是经过多少代建筑师匠人式的师徒传承，一点一滴积累下来的。我认为匠人精神对于建筑师来讲，绝对是褒义词，也是必不可少的。建筑设计需要才华和创造力不假，但是如果没有工匠式的扎实技艺作为载体，终究只能是浮光掠影、空中楼阁。这方面的正反案例相信建筑师们都不会陌生。

我们这代建筑师，按照现在的说法叫"70后"，从时间角度讲，我们算是赶上好时候了。在大学受教育时，那些编专业教科书的老先生们还在一线教课；到了工作单位，那批大师级的老总们也都年富力强。可以说，我们是受过完整系统的专业训练而成长起来的一代从业建筑师。目前这批人，在大设计院工作的，基本上都是中坚力量；另外那些有胆有识的，干的也都风生水起，遍地开花了。

有种说法讲建筑师是老年人的职业，我深以为然。因为这绝不是所谓建筑师越老越值钱的庸俗市井观念，而是职业匠人精神的真实写照。一个建筑专业学生，需要相当长时间的学习、磨炼，才能走完由学徒到入门、出师再到从业建筑师的起步阶段；在此之后，需要更长时间的努力工作和积累经验，才能成为真正意义上的合格建筑师（现实是合格率并不高）。而走这个路段，除了少数天才以外，往往要耗掉建筑师职业生涯的大部分时间。

我从毕业就一直供职于北京市建筑设计研究院，至今已有19年，虽说年头不少，但是也仅仅是刚过了入门阶段。关于个人职业生涯的总结、感悟还远谈不上。倒是从业以来，有缘受到过北京院多位名家的指导，让我拥有了职业生涯起步阶段难得的学徒经历。这些前辈的教诲，在很大程度上影响、塑造了我的职业观，让我对匠人精神的师徒传承有了深刻的认识。这里，我想以文字写下与这些前辈交往的点滴回顾，算是我学徒生涯的记录吧。

马国馨

还是在我学生时代，马国馨院士来我们学校办了一次"北京亚运建筑"的专题讲座。那次讲座中，马总颇具感染力地介绍了亚运主场馆的规划、设计、建造过程。其中，北京院的原创设计、系统化的团队工作模式、先进的 CAD 技术在设计和施工中的应用等，均让我印象深刻。当年，在我们学校办讲座的各路专家、学者很多，其中也不乏来自设计院的建筑名家，但是，马总的讲座对我的影响最大。自此之后，到北京院工作就成为我的就业目标。

当我如愿进入北京院后，在工作上与马总的交往机会并不多；但是，却能时刻感受到马总作为北京院学术带头人的影响力。记得首都机场第二航站楼竣工之际，院里组织了一次现场业务学习，马总作为该项目的总负责人，百忙之中抽出时间亲自全程介绍，那次学习让我至今记忆犹新。作为这样超大型工程的总负责人，马总居然对各种细节都如数家珍，娓娓道来。他详细讲解了行李传送系统的技术原理、工艺流程、设计难点，受理柜台、休息厅座椅的材质、构造难点，国际水平的公共卫生间的设计思路等，让人印象深刻。另外，马总还特别介绍了很多有匠人精神的技术细节，比方候机厅外檐口非常巧妙的传统做法的导水锁链（这个做法记得当场很多老建筑师都不熟悉），反复实验了多次才成功的超大面积发光顶棚材质的选择和施工要点等，更是令人叹为观止。可以说，首都机场第二航站楼是代表当时北京院最高整体技术水平的原创设计项目，而马总的专业水准和敬业精神在其中起到了决定性的作用。

对于我们这些年轻建筑师而言，马总就是北京院最高专业学术水准的同义词，也是这个行业的标杆，而马总温和、幽默、低调的做人态度，更是让后辈们尊敬且钦佩的。近些年，马总逐渐淡出了设计一线，更多地投身于理论研究工作，偶尔会在一些场合遇到马院士，他依旧是那么行色匆匆、神采奕奕。

吴观张、王昌宁

吴总的代表作有毛主席纪念堂、外交公寓等，王总则是五洲大酒店、北京康乐宫的总设计师。将这两位老总放在一起说，北京院的同事们都熟悉，是因为吴、王退休后在北京院成立了一个工作室，专门替院里培养年轻建筑师。他们每年在新入职的大学毕业生中挑选几个有潜质的苗子，搁在他们工作室培训一年，然后再分配到各生产部门。当年，两位老总的工作室在院里的名头是很响的，现在北京院的相当一批骨干建筑师，都有在他们工作室学徒的经历。我有幸在求职实习期间，在他们工作室学习了几个月，工作后又得到过两位老总的教导，算是他们的半个徒弟吧。

吴、王二总性格外向、风趣、乐观，一副标准的老派建筑师风范。吴总总是随身带着一把折叠式比例尺，讲到设计时永远是边画边说，对各种标准尺寸、数据了如指掌。吴总对徒弟们经常爱说的一句话就是："在我这里就是教你们一些建筑设计的 ABC。"其实，这些 ABC 恰恰是建筑设计者在学徒期所必须掌握的，但是，能教授的师傅并不多。

王总是大家出身，性格开朗，喜欢跟年轻人聊天、开玩笑。由于爱好广泛，且有国外工作的经历，王总的视野非常开阔、国际化，讲起设计来，天马行空，信息量大，对于技术数据也是同样的重视。王总经常爱用他自己的作品作为正反例证，讲解设计中对于各种空间尺度、比例、尺寸、构造的控制和把握。例如，他多次讲过五洲大酒店客房标准间扇形平面的家具布置问

叶依谦硕士论文答辩会时，与邹德侬（左）、吴观张（中）合影

题，从而推演出弧形客房楼平面最小的半径尺寸数据。

何玉如

我入职的第一年，被分配到时任北京院首席总建筑师何玉如办公室工作，主要工作包括在何总的指导下完成一些方案设计，以及整理张镈老总的作品。何总学识渊博，为人儒雅，代表作有首都宾馆、大观园酒店、深圳金峰城、南通博物馆等。

在何总的手下工作，需要有专注、严谨的态度以及研究的精神，何总在中国传统建筑营造法式方面造诣颇深，这在他的大观园酒店设计中有着完美的体现。他在指导设计过程中，非常强调建筑构造的理性和章法，仅仅一个好看的立面造型是不够的，还要理清内在的材料、构造的逻辑关系。我在何总指导下参与过一个公园会所的设计，在他的要求下，我绘制了多轮非常详细的立面详图、构造大样图，用来推敲各种材料的组合效果以及构造的合理性。

虽然跟随何总的工作时间并不长，但是现在回想起来，那一年的时间却基本奠定了我日后的职业态度。何总退休后逐渐淡出了设计工作，目前在书法方面造诣颇深，令人钦佩。

魏大中

我在工作第二年时，被分到北京院三所，到所里后，第一个重要项目就是跟随魏大中先生参与国家大剧院的方案设计。魏总是国内著名的剧场、酒店设计专家，建筑水彩画家。当年他还在清华任教时就开始了国家大剧院的设计，对他来讲，国家大剧院是他毕生的职业梦想。

进入大剧院项目组后，在魏总的指导下，我参与平面部分的设计。这是我职业生涯中第一次受到如此严格的指导，真实地感受到了设计这样的大项目应该具备的严谨、理性、专业的工作态度。魏总为人亲切、随和，对年轻人更是没有一点架子，平时所里的年轻人都爱跟他聊天。但是，在大剧院项目组中的魏总，却是极其严肃、专注。经常为了一个平面或者造型的细节的问题，会跟大家反复讨论，反复推敲，直至得到了他能认可的最佳解决方案为止。其间印象特别深刻的一次，魏总特意带队去北京多个剧院调研，目的就是让大家对平时并不关注的剧场后台部分、观众厅吊顶内马道、灯架等技术细节能有感性认识，从而在设计中能够做得更加准确、合理。

大剧院项目组奋战了半年多时间，一举夺得了国内竞赛的头名，当时的兴奋和骄傲至今仍记忆犹新。后来，因某种原因，大剧院最终成为法国建筑师的作品，北京院是中方合作设计单位，魏总是中方设计主持人。在大剧院建造过程中，魏总因病故去了，留下了诸多遗憾。

20 世纪 90 年代，国家大剧院项目组工作照（左二魏大中，右一叶依谦）

柴裴义

我在三所跟随柴裴义先生完成了多项设计，从时间上讲，柴总是指导我最长的师傅，对我的教诲也最深。

柴总早年曾被公派到日本丹下健三事务所工作，回国后因中国国际展览馆设计一举成名，之后又设计了多项名作。在北京院的大师中，柴总尤以方案创作水准和对工程的全方位掌控能力见长。柴总指导方案，眼力独到，善于在众多的可能性中捕捉到火花，然后予以指点，直至发展成为一个优秀的方案。在工程设计中，柴总对全局的控制也很精确，在投资的合理配置、各专业的协调合作、施工进程中关键环节的把握等方面，同样有大家风范。

能够师从这样的名家，对于年轻建筑师来讲，当然是难得的机缘！柴总不仅自己非常敬业，对跟随他工作的年轻人要求也很高很全面，在工作中得到他的肯定不容易，需要全身心地投入。同时，他对年轻人也是无保留地悉心指导，对于他认可的徒弟也是尽可能地给予机会。

在三所的七八年时间里，我在柴总的指导下先后完成了孟中友好会议中心、国际投资大厦、缅甸国际会议中心等工程的全过程设计，以及其他多项方案设计工作。特别是孟中友好会议中心和国际投资大厦两个项目，柴总对我基本上是手把手地从头教到尾，从前期方案设计、初步设计、施工图设计一直到工地服务阶段。在各个设计阶段对于重要环节的掌控，在施工阶段对于不同材料、构造技术的选择等，柴总都会适时地予以指导。

从 2005 年起，我开始在北京院里运作独立的工作室，身份也由单纯从事技术工作的建筑师转变为一个团队的负责人。在继续承担设计工作的同时，更多的精力要放在对团队的管理和对年轻建筑师的指导方面。经过这种身份的转变，我才逐渐地意识到柴总对我教诲的意义有多么深远。因为我发现在我工作的每个环节的思维方式上，柴总的烙印都是如此深刻！

我们这代人，工作机会比前辈们多很多；也因为社会的开放和信息传播途径的进步，我们的眼界也相对比上一代人开阔。但是，事物总有两面，在我们获得了足够职业广度的同时，在职业深度方面的思考和积累，却显得欠缺了。因为设计业务量大、设计周期短，导致我们在每个项目上平均投入的精力和时间都会压缩、打折扣。因此，我每每反省这十年来所走过的路，都会感到诸多遗憾。

刘力

北京院有多位设计大师，但是在院里一般人说起大师这个词，就是特指刘力，这想必是源自刘总在北京院有着大师级的影响力吧。

我和刘总没有师徒关系，但是有幸在工作中得到过刘总的不少教导和帮助。刘总身上有很多优秀品质值得晚辈们学习，比如勤奋、好学等。刘总的

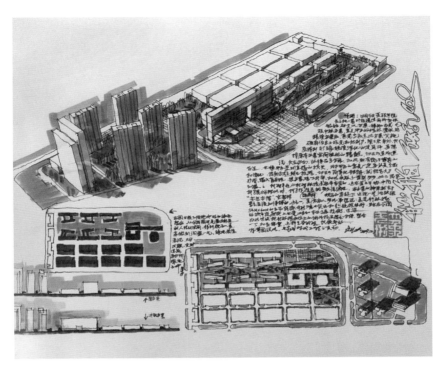

叶依谦珍藏的刘力大师早年手绘草图

草图在北京院是很出名的，更为难得的是，到现在他依然还在画，没有丝毫的懈怠。

几年前，刘总指导我们工作室的一个外地项目，他不仅跟我们一起出差、看现场和与甲方开会交流，而且还花时间为这个项目画了多幅指导性草图，并在很多重要环节上提出了控制性建议。刘总的敬业精神和专业水准赢得了甲方的高度尊重和信赖，为这个项目的顺利推进打下了坚实的基础。

刘总永远保持着年轻、积极、开放的心态，是我们身边少有的能够真正做到与时俱进的老专家。就在不久前的一次会上，刘总还跟我交流 ipad 画画的技术心得。

匠人式的师徒传承，是建筑师职业本质的一部分。匠人精神在中国现代建筑设计行业传承了几代人。在北京院的传承应该是从张镈、张开济、赵冬日三位大师开始，然后是华揽洪为代表的"八大总"，再之后是熊明、马国馨、何玉如、刘力、柴裴义、魏大中、朱嘉禄等为代表的"文革"后的一代老总，"60 后""70 后"的这批人是再后一代了。能够在这样名师云集的地方工作并得到他们口传心授，既是难得的幸运，也是一种鞭策。

单军：学习与思考

单军：1966 年生，现为清华大学建筑学院副院长、中国建筑学会建筑师分会副理事长。从事城市设计与北京城市空间的社会文化系列研究。代表作：北京中关村科技中心大厦，中央美术学院新校园（设计组成员），北京大栅栏历史街区的保护、整治与复兴规划与城市设计（合作主持）。著有《建筑与城市的地区性》，译著《东方建筑》（合译）。

刚刚过了本命年，处于介乎孔子所谓不惑和知天命之间的状态。说不惑是达不到的，无论是对这个世界或是对建筑，我都还有很多困惑，更遑论知天命了。其实，随着年龄的增长，解开了原有的困惑，又会出现更多新的困惑，关键是随着个人阅历的增长和学力的提升，能帮助自己更清醒地认识到这些困惑并加以正确对待，这就是我所理解的"不惑"的意义。在我看来，与能"求同存异"相比，能"知所不知"则更为难得。记得在拙著《建筑与城市的地区性》"后记"中曾谈及罗兰·巴特"抬头而读"的意义。多年来，我也在工作中养成了不断学习，并不时停下来、"抬头"思考一下的习惯。对我而言，所谓建筑师的自白，其实也是一次很好的自省机会。

荀子说："学不可以已。"孔子则说："学而不思则罔，思而不学则殆。"

我很庆幸，大学本科时建筑设计课形成的讨论和思考的风气，培养了我在读研究生乃至工作后勤于思考的习惯。之所以庆幸，是因为处在当今这样一个大变革的时代，如果没有不断地学习和反思，无论是作为一个建筑师、大学教师，还是作为一个社会中的个体，都会很快地被时代所淘汰。我更庆幸的是自己工作中所具有的双重角色——教建筑的教师和做设计的建筑师，这两种互补性的角色，很好地督促我在理论和实践两个层面去不断地学习与思考。

作为教书匠，我能每天都沉浸在一种学习的氛围中。我本身就是一个极具好奇心的人，经常与一群充满各种求知欲和好奇心的年轻学生们进行交流，使得我能够不断地获得启发并保持一种年轻的探索未知的学习心态。很多人羡慕大学教师，觉得每年有寒暑两个假期可以休息，其实对我而言，假期是我在平常繁重的工作中能够不时停顿一下，得以静心读书思考和再充电的机会。至少在过去的近二十年，我几乎所有假期都没有休息过。读书和思考于我而言，不仅是习惯，更是一种愉悦和享受。

作为建筑师，我则能够时刻面对我们今天的时代和现实世界的真实性，并深刻地感受到个人的命运和发展与时代背景的紧密关联。我是1984年考入清华建筑系的，我们那个时期的学生，当时怎么也想不到我们赶上了改革开放和新时代建设的历史机遇。2014年高考前，学校招办主任问我，怎么解释这十年建筑学如此热门的原因，我说可以讲建筑学赶上了千年一遇的机遇。事实上，更准确地说，这样的大建设，既是历史机遇，更是严峻的挑战：比如高速的经济发展所带来的雾霾等种种环境污染和环境恶化问题。中国当代建筑师的工作状态，则是在高速发展的另类"大跃进"下，往往疲于奔命，"设计"变成了"快速设计"，从而几乎丧失了自我反省的机会。唯其如此，建筑师的学习与思考，在这个时代才显得弥足珍贵。

如何学习与思考，是不太容易的一件事。其实，我自己也是近些年才算开始懂得了一些。其中一个主要的方面就是关于博与专的关系问题。

我在十多年前，曾给我的每一个研究生都送一本胡适的《读书与治学》，并以适之先生的一段话与其共勉："理想之学者，既能博大，又能精深。博大要几乎无所不知，精深要几乎唯他独尊，无人能及。"我认为这段话也同样可以作为建筑师的终极追求。在我看来，不懂历史或者不尊重历史的建筑师，不是好的建筑师；同样，只关注单体建筑，而不关注城市、不注重环境问题的建筑师，也无法应对更为复杂挑战下的建筑实践。尽管要做到知识的广博是很难的，要达到圣哲们的"通人"境界更是一种奢望，但建筑师是可以不断地去拓展视野，并自觉地弥补自身不足的。我个人的经历就是如此。记得在我已经准备做建筑设计研究生的时候，刻意选择了城市规划专业来拓展自己对城市的认知；2001 年，当时学院领导秦佑国先生和左川先生要我自己选择去哈佛大学还是麻省理工学院去做一年的访问学者，作为建筑学的教师，我几乎没有丝毫犹豫地选择了城市研究方面更强的麻省理工学院。现在看来，上述这些经历对我后来的建筑创作和学术发展影响很大。

随着自己阅历的增长，我逐渐认识到，"博大"不易，"精深"更难，尤其是面对这个浮躁的世界，想要潜心研究一门学问，甚至一个问题，都需要极大的毅力和热情。在大学和研究生时期，我可以算作今天所谓的"学霸"吧，总是追求各个方面的优异和完美，而直到做博士研究生期间，我才真正开始认识到"术业有专攻"所蕴含的深意。当时博士论文遇到瓶颈而写不出来，就转而应中国建筑工业出版社之邀去翻译布萨利的《东方建筑》一书。在翻译期间，我花了大概一年的时间，去补了很多传统东方建筑文化的课，尤其是针对我当时还不太熟悉的印度建筑，买了近百本关于印度文化、艺术与哲学的书来学习和参考，拜访并结识了国内首屈一指的印度学学者王镛先生和北大季羡林先生的高徒段晴教授，段教授精通包括印地语、巴利文和梵文等多种语言。当时每天工作到深夜，因此得了"鬼剃头"，后来花了近一年时间才康复。译著出版后，获得了国家图书奖，并得到了学界的认可。正是得益于这段时期的专注研究，1999 年我和学院几位教师去印度考察后，为《世界建筑》印度专辑写了一篇我迄今也还比较满意的文章：《新天竺取经：印度古代建筑的理念与形式》，并得到陈志华等先生的谬赞。这段经历使我认识到，要想在理论和思想上获得些微成果，都需要极度专注地下一番苦功。同时，我也更理解了要"有所为"就需要"有所不为"，学会放弃，才能有所收获，这也是我建立正确"得失观"的开始。

孔子说三十而立，是说在不断学习和充实自己修养的基础上，确立自己对待世界、对待生活的态度和观念。我不敢说我 30 岁已达到这个境界，但这个时期，也就是 1996 年左右，确实是我学术生涯中一个至关重要的阶段：通过导师吴良镛先生的引导和我们多次讨论，我确定以"建筑与城市的地区性"作为自己的博士研究课题，而对地域建筑和人居环境的关注，也成为我此后近二十年一直持续研究的学术领域；同时，在这个时期，我逐渐地形成了自己的建筑观与方法论。

在我的建筑认知中，类似柏拉图、笛卡尔哲学或逻辑学二元论的二元关系分析，是一种重要的思想方法。我在多篇文章和演讲中，都谈到了这方面的思考。需要解释的是，首先，我的二元关系分析是建立在多元的基础上的；其次，这种关系，是有所侧重的"偏正关系"，如同建筑设计，所谓"乱中有序"（order in chaos），其中的秩序才是主要的矛盾。在《时代建筑"之间"》一文中，我提到："以 A 和非 A 可以概括万物，但选择 A 是什么却很关键。例如说：这世界上有两种人，一种是去过泰姬陵的，另一种是没有去过的。这句话之所以有意义是因为它凸显了去泰姬陵的重要性。所以，二元之间的选取隐含着对关系中主要矛盾的判断，是一种智慧的行为。"我之所以花很多篇幅来加以说明，是因为二元关系分析所强调的矛盾的对立统一，是我在破解和感悟"不惑"时基本的思想方法，我的创作实践也从中受益很多。

事实上，尽管教师和建筑师不是二元的两极，但两者兼具的这种身份，对我的建筑创作还是有很大益处的：由于没有国营设计院或者私营事务所的经营压力，我可以有所选择地去做一些有意思或者有挑战性的设计。正如舒马赫《小的是美好的》以及《小建筑，大思想》的书名那样，建筑的意义是不应该以其规模的大小来定义的。我早期设计的呼和浩特市回民区老人院，就是一个规模不大的项目。该设计的核心理念是体现建筑的人文关怀，具体而言就是针对"老人＋穆斯林"这样双重身份的特殊人群，在设计中充分考虑了老人在方向感上容易迷失的特点，以及伊斯兰建筑的方向性特征，通过清晰的南北向——作为主要居住功能，以及东西向——作为辅助功能的定位，来组织建筑的空间形式。项目不大，但却蕴含了我在"方向性"二元关系基础上对使用者双重身份的诠释，当然，另一个重要的设计理念，就是从地域性的视角，对回民区特定地段环境的应答。

正如我在主编的"地区建筑学系列研究丛书"总序中所言："建筑地域性的意义，至少体现在以下两个方面：其一，展现了人类文明和建筑文化的差异性和多元化价值；其二，展现了一种人与环境万物和谐的价值观。后者不仅在人类建筑文明数千年的历史中延续下来，而且，随着当今人类生存环境的日益恶化，显得尤为重要。而在我看来，地域建筑最具启发意义的，就是综合上述两方面而形成的一种'多元和谐'的价值观。由于地域性的建筑设计立足于所在特定地区的气候、历史、文化、习俗等语境，更注重一种自外而内而非自内而外，自下而上而非自上而下的设计方法，因此，既定地点历史文化的特殊性和建造环境的多样性，就成为设计创意丰富的灵感源泉。"

对环境多样性和地域历史文化的尊重，一直贯穿在我的建筑创作中，即注重建筑在时空两个方面的"定位"，倡导一种"此地此时"的设计理念。无论是晋中市博物馆、图书馆对传统晋商文化的再阐释，蒙古安代舞博物馆、蒙医博物馆对游牧文明和地景的解读，还是印尼商务馆舍对境外建筑"所在"和"所属"双重地域性的思考，都体现了上述的设计思考。

在迄今建成的项目中，钟祥市博物馆算是我的一个代表性作品。不是因为该项目获得了一些国内外的奖项，而是因为在这个项目长达七年多的设计创作中，凝聚了我长期以来的学习与感悟，例如对历史与当代、建筑与环境、内与外、秩序与变化、轴线与动线、公共与私密、简单与复杂等二元关系的思考与表达。在关于古今之际、山水之间的时空思考中，该设计看似更注重建筑与环境之间的和谐关系的呈现，具体体现在其借鉴《园冶》的景观设计理念、塑造建筑与环境相互渗透的"园中之园"的空间意象。但实际上，在这个创作中，我更多思考的是对历史的尊重，以及传统与当代的关系问题。在明代文物石牌坊与新建博物馆之间，我最终选择了用新建博物馆极简朴的粉墙，来对比烘托雕刻繁复而精美的石坊，从而使历史与当代在对比和对话中同时获得凸显和尊重。其中，对历史的态度，不仅行之于外，更是来自内心深刻的反省和感悟。

其实，我认为，我们这些"文革"后成长起来的建筑师，无论从个体的角度，还是群体的层面，都需要在如何对待历史和当代的问题上做出回答。作为群体，在一个以变化为主旋律的时代，我们这一拨人，一直徘徊于传统和现代"之间"，对历史的研究和认知，与前辈学者和建筑师相较还存在着不少差距。其实，历史的价值，不仅在于其是文明和思想的积淀，也在于能为我们今天找到"定位"，从而更好地把握当代、面向未来。汤因比在《历史研究》第九章与第十章中，纵论了文明在空间和时间中交汇的意义。作为一个历史学家，他在论述"文明在时间中的接触"时，没有泛泛夸大文艺复兴的价值，而是说："我发现，如果一个社会只接受旧事物的复兴，而不是去寻求一种新的创造起点，那么一个文明本身产生的天才就会被扼杀。"我认为这也正是"以史为鉴"的真实含义。

就我自身而言，随着阅历的积累，越来越体会到历史镜鉴与先哲智慧的价值。诸如《老子》《论语》等典籍，虽只有寥寥数千言，却往往能使我在每次阅读时获得新的启发，甚而成为创作时直接的灵感来源。建筑不仅是关于空间的艺术，更是关于时间的表达。历史以及由此带来的对时间的感知和认知，令人敬畏。

在电视剧《纸牌屋》中，凯文·斯佩西扮演的议员在演讲中说："和谐，与持久或永恒无关；而是不同的声音汇集在一起，只有那一瞬，那个瞬间只有一息之长。"建筑的和谐之美，在历史的范畴中也不过是一个瞬间，因而

中央美术学院新校园

需要不断地再创造；而我对建筑每一次新的认知，在漫长的个人修行途中也仅是刹那的觉悟，"已知"之于"未知"，不过是沧海一粟，因此需要不断去学习和感悟。

刘恩芳：让思想超越行动

刘恩芳：1964 年生，现为上海建筑设计研究院有限公司总经理。代表作：静安区新福康里规划、国际丽都园、世博会浦江镇定向安置基地五街坊、华东师范大学闵行校区文史哲古学院。

　　我不知道我还算不算传统意义上所说的建筑师，我在管理岗位多年，目前管理着一家由上千名设计师组成的、有着一定历史的、正在由传统体制向新体制转变过程中的设计院，由于难以割舍对建筑的爱，所以还情系着设计。我一直认为设计院的院长就像上海三甲医院的院长，应是医院的一把"好刀"——医术高明、专业权威，设计院的院长在专业上也应有一定的建树和追求。在中国经济快速发展的今天，大型的设计院已经变成了企业，对规模、效益、发展的要求已经超出了建筑设计专业本身的特点，管理者不光是建筑师和要了解懂得设计师，还要具有企业家的精神，才能适应发展的境遇。因此我工作的重点主要放在设计院的整体发展以及如何为建筑师、设计师搭建更好创作的事业平台上，同时也将一部分精力放在行业发展前瞻性的有意义的研究上，还担当少部分项目的设计总负责人；这样以求让"刀"不要生锈，也使管理更贴近设计本身。

正是这种对建筑专业的喜爱，使我一直在不同角色的兼顾中，相互促进、转换交融，感触颇多，虽然不能像主创建筑师一样将全部精力投入到创作中，但还是欣然接受了金磊主编的邀请，决定将自己的所思所想写出来，记录下这一段的心路历程。

时间记忆

选择学习建筑学是一种偶然，还有遵从父母之意，但当我完成学业，从学校走进设计院，开始自己的职业生涯以来，就越来越对其情有独钟。这里面蕴含了对建筑那种难以割舍的热爱，越是靠近建筑，越能体会那种砖石间的感动，越能感受那种梁柱间的震撼，越能体会那种虚实间的责任。

作为建筑师，创作是一种心路历练的过程，同时随着时间的推移，创作也是一个渐渐领悟的过程。人们常说建筑是凝固的音乐，就像多棱镜可以折射出万千的世界，记载着太多人类的情感，交织着无数的美好与哀伤，表达着时空的寓意。回首人类的发展史，建筑作为最直接、最具体的纪录，承载着历史的内涵，让当今的人们感受着人类发展的过去。无论是走进法国那雄伟华丽的凡尔赛宫，还是漫步于中国那宜人的小桥流水的江南古镇，无论是对古埃及的金字塔的敬畏，还是对雅典卫城的赞美；无论是为保存完好的城池而惊叹，还是为深埋于地下的曾经辉煌却一夜消失的废墟而沉思，建筑在世界各地都留下了人类灿烂文明的记忆。建筑，或完好，或残缺，或消失，都见证了人类走过的一切，人们游历于世界各地，也常常为这些存在于遥远或不远的过去的建筑产生一种难以名状的遐想，这就是建筑的魅力，也是其承载的历史对于后人的启示。

从事建筑设计这一职业是美好的，也是辛苦的，要承担很多的社会责任。时间检验着建筑，建筑承载了时间的记忆。我们这一代人，是中国改革开放后培养起来的建筑师，一经开始执业，就赶上了城市经济大发展的机遇，有更多的机会参与设计项目，有更多的理念在项目的实践中得以实施，经历了学有所用的喜悦，也经历了快速发展过程中对于大多数城市文化缺失的迷茫。特殊的成长经历，蕴含了时代的幸运，也经历了时间的磨炼。这种心路的历练培养了一种对创作的诚挚态度和坚守，那就是对历史环境的尊重，对于当下发展的适度性的思考。正如星云大师所说，世上没有任何东西是不需要经过时间成长的，即使是时间，也是走过一秒又一秒，才能成分；走过一分又一分，才能成时；走过一时又一时，才能成日；春夏秋冬慢慢挨过，才能成年。

机缘巧合

在历练心路的创作过程中，机缘切合的领悟是重要的，也是多层次的。这包括对项目的理解，对项目基地环境的认识，对项目根植于大地的未来表现，也包括对参与项目各个组成团队之间的交流，以及对自我思想过程的把持和认识。

对基地环境的理解和诠释至关重要，从建筑所处的自然和人文环境入手，正确把握过去、当下和未来的关系，在尊重基地所处的本土文化内涵的基础上，用当代的语言表达建筑。特别是互联网的信息时代，"全球化"已经渗入人类生活的各个层面，其中也包含我们建筑设计专业所涉及的和人们生活密切相关的空间载体——建筑内外。在过去数十年城市快速发展的浪潮中，全球化给发展中国家带来了新的视角、新的材料以及更多元的选择，但同时也对各国的本土文化产生了巨大影响和冲击。本土文化逐步在"他人"的话语下被淹没，在一些城市建设中地域性被国际化所取代而逐渐衰落和消失。如何在"全球化"的热流中不迷失自我，保持本土文化的积极性一直成为现代建筑设计的重要命题。

建筑是一种物质空间化的地域精神和民族哲学，在当前全球化的语境

国际丽都园

中，文化如果与社会生活的根本价值取向相分离，它就成为一种无意义的抽象。因此，文化的意义应体现在各种功能的建筑所呈现的生活中，建筑与城市生活的关联性是一个很有意义也很有趣的话题，因为它不仅是一个学术问题，同时也是一个建筑人与围绕建设过程的人文环境问题，更是建筑背后，建筑人如何阐述空间与城市生活的关联问题。城市生活的价值取向，是由城市的公共生活内容所决定，包含人在城市空间中所发生的事件、活动所演绎的城市公共生活的内涵。人的衣食住行与文娱活动形成了日常生活，构筑了空间中的事件和活动，不仅满足基本的日常生活，还有心理和文化上的需求，以及与历史事件及传统习俗活动相联系。它们既有一定的公共性和参与性，还有不间断的持续性。承载这些城市生活的建筑是人类创造的物质文明和精神文明的集合地和空间场所，它用自己独有的形式，根植于大地，揭示人们的审美观念、处世原则和生活态度。

从环境出发，回归内涵，在环境、人、场所、历史、当下、未来诸要素的机缘中形成设计的逻辑表达，过程中相互制约，要素互融，从而形成设计的立意、构思和最终成果的内在联系。

"无处非中"

"无处非中"，这个出自艾儒略 1623 年完成的《职方外纪》中的词语，作为一个地理意义，今天已经很明了了，因为地球既是圆的，所以世界上就没有一个地方不能被定义为中心。而在全球化的今天，其意义更为深远。

"无处非中"，这也是我多年来一直在内心秉承的创作思想和管理理念。这一内涵成为一种内在思想，可以贯穿在设计过程中的创作理念的形成，也可以贯穿在管理理念的推动中。

这里面包含有两层含义。其一，是设计过程中对于本土文化的思考，在面对互联网使全球化变成了无所不在的境遇时，我们对待文化传承和发展的态度。其所蕴含的寓意的重要性在于，在文化自我认同的同时，更要将"他者"不断地包容进来，抛弃自认拥有天下最合理文化的自我，才能增加理解本土文化的机缘。在表述文化特殊性中诠释出它的普遍性，使其更具有普遍的意义。正像大多数社会人类学家长期以来一直致力于的，认识"他人"世界，理解包容，然后善待自我与他人的"同"与"不同"。

在创作中尊重、认识、理解历史，然后用当代的语言阐述和发扬。纵观历史，传统文化中崇尚的敬天、顺天、法天、同天的原始生态意识，使人们逐渐形成了尊重地域环境的建筑文化观，因地制宜，从南到北呈现出一大批与地域气候环境相适应的建筑和建筑群落。这种根植于大地的建筑文化理念可谓渊源深厚，并切合了当今社会的可持续的绿色发展理念。传统文化的建筑设计的智慧，为我们今天的可持续发展行动的价值取向奠定了文化基础。同时，我们还应在实践中发扬光大。正如安藤忠雄曾说，批判的继承传统，使之具有现代的精神，让建筑在新旧的对话中激活城市、创造新的文脉、形成场所精神和地域精神。

其二，是面对互联网的信息时代，"全球化"已经渗入人类生活的各个层面，设计院的管理也在经历挑战和机遇。工业时代的"中心"的概念，逐渐改变，被赋予了新的内容和新的含义。美国作家亨利·哈迪曾经这样描述："网络预示着一个在旧社会母腹内不断生长的新社会，网络提出了全新的政府模式，网络是各种观念和思想的最大自由市场。"连接、交互、协作、边界模糊、快速便捷的网络特点，使大家不因时间和空间的差异与距离而产生困惑，所有的机会都基于网络化的平等与开放。《失控》的作者凯文·凯利也曾说过："互联网构建的新时代、新世界，人不论老少，代沟的差异不再是鸿沟；地不分南北，空间的隔绝不再是障碍。各种认识和观点在这里可以随便交锋，各种思想和想法可以任意交流。"

这也许就是这种互联网的力量颠覆了传统的中心概念。互联网，为人们提供了各种各样的简单而且快捷的资源获取的手段，提供了巨大的信息资源和服务资源。通过互联网，全世界范围的人们可以互通信息，交流思想，获得知识。

这种平等与开放让彼此成为相互的机会。因此，管理工作也不再是传统意义的管理，也应探求在大数据的网络时代找到新的管理点，或许"去中心化"将为建筑师和设计师提供更为广泛的发展空间和平台，可能也更符合建筑设计本原的要求和特色。

"合抱之木，生于毫末；九层之台，起于垒土；千里之行，始于足下。"面对当今的世界发展现状，如何从过去的建筑意义中找寻当今建筑的意义，又如何从纷杂的世界百态中保持清醒的判断与正确的选择，从强势的全球化的进程中确立中国建筑的世界性呢？作为建筑师或企业家，我们的想象力还远没有充分地表现和展示，我们的创新力还远没有承担起时代对我们所需求的一份责任和重任。在这一文化创新的过程中，只有不断地将"他者"包容进来，来审视挑战"自我"，才能在全球化的"趋同和变"的环境下，不断将自身的"个性和不变"阐释出来，将活力释放出来。

开放、尊重、包容、撞击、新生……进入更宽泛和更深刻的思考与行动中，让思想超越行动，引领我们前行。

褚平：回归本心

褚平：1962 年生，现为北京市建筑设计研究院有限公司副总建筑师、医疗建筑所所长。代表作：北京大学光华管理学院、北京大学国际关系学院、北大企业研修院、北京首都国际机场股份有限公司办公楼。

    我本不是一个善于总结的人，更何况"自白"这样深刻的命题。社会环境越来越浮躁，每天在忙碌中度过，根本无暇顾及"心"的声音，但得到编写组的邀约，却也十分高兴，因能有这样的机会重新回归自己的内心，驻足回望已经走过的建筑师之路，感到是一种必需的责任。1986 年，我设计的第一个项目是北戴河北京市委干部招待所，两年的苦心历练使我深刻地意识到：建筑不是画画，画画如果画不好可以撕了重来，但是建筑不一样，一旦盖起来，永远站立在那，无论好坏，都不能藏起来，它属于公共资源，不仅改变了环境，而且人们会持续使用 50 年以上。从那时开始，我就对建筑设计有了强烈的"敬畏"之心。在这里，我就撷取几个职业生涯的重要片段，既是对过去的反观与思考，也是对未来的期许与借鉴。

褚平（左）与张德沛总建筑师（中）合影

我的北大情结

北京大学在别人眼中是中国高等教育的"圣殿"，但对我而言却是事业的真正起点。

1994 年，北大光华管理学院是我在北京大学做的第一个项目，收到委托后，我一直在为项目的设计定位纠结，北大光华管理学院是从北大经济学院分离出来的，是当时国内首家商学院。学院院长厉以宁教授跟我讲，这个项目的定位就是要做国际一流的商学院，但我对此也是懵懵懂懂，"国际一流"到底有哪些标准？当时厉教授每年要到世界多个国家讲学，于是我就有了随他一同去美国的机会。我那时才三十多岁，他却如此信任我，带着我们开始了美国的"游学"之旅，对此我非常幸运。当时我们并不是单纯的项目考察，厉教授去商学院讲课，我去观察体验商学院建筑及师生教学与生活，到处收集资料。有趣的是，回国后没有哪所美国商学院的建筑外形给我留下深刻的印象，我能记忆的全是建筑内外的情景和环境，师生们在其中的行为模式。由此我体会到，建筑属性是"空"，"空"并不是虚无，而是代表无限的可能。从这个建筑开始，我的意念便有所改变了。我认为建筑是人在其中流动之后形成的印象，不是一个单纯的"物质载体"，而是一种"场"，是人们内在行为需求生长折射出来的空间环境。也就是从那时起，我开始研究并复制国外的商学院建筑模式。

研究过程很有趣，我是先从研究什么是大学开始。在大学里，主导者是具有创造力的一流教师团队和教授，他们需要的是可从事于研究和交流的、自由的、开放的学术环境。这就不难理解商学院需要大量的单人教师研究室，而行政与教学是两个系列，教学行政办公基本上是集中设置。记得北大光华管理学院刚落成时，经常有人打电话询问："为什么学院不都是教室，而是有上百个单间？"这在当时很令人费解。那个时期，设计对教学组织行为缺少了解，没有建筑策划环节。学生对于大

褚平（前排右二）与厉以宁教授（前排左三）等人合影

学来讲是产品，学生能成为何种人才，能创造什么样的价值，取决于大学的教育。于是我又研究了课程安排，学院里的教室不多，以中型教室为主，全部是马蹄型的，由于强调案例教学，分层次讨论，所以教室分大、中、小三种，它们之间可以相互关联。除此之外，还有一个特别深刻的体会，商学院就像一个大餐厅，处处能吃饭，研讨室能吃饭，多功能厅能吃饭，走廊里也摆着茶点，但似乎意不在吃，而在于沟通，从教室到公共交流空间呈线性展开，各种交流需求与上课需求是互融的。整个设计过程下来，我感知到教育建筑最重要的是两点：第一点，教育建筑空间一定要促成各层次的沟通与交流，这是教育的核心本质，其中不仅包含着课上教学活动，还有课后学生之间、老师之间、师生之间乃至跟社会团体方方面面各种层次的交流；所以，室内到室外所有的每一寸场所营造的场景都一定要符合这种教学行为的模式，这才叫商学院。第二点，大学是常青基业，教育建筑必须适应学院的弹性发展需求。建筑是活的，是有生命的，因为建筑属性是"空"，没有人的参与，建筑本身没有任何意义。无数的学生留下了永恒的故事与回忆，形成精神场所，存在于每个人的心里，我想这可能就是历经沉淀形成的"文脉"。此时，我也在思考建筑师重要吗？既重要也不重要，建筑师就是搭一个硬件平台，然后让各种人物在里面"表演"并营造，看到这些功能被满足，身为建筑师就会非常高兴。我与北大保持了二十多年的合作关系，我强烈地意识到建筑师的作用是要帮助他们促成这个环境可持续地使用。

北大国际关系学院的设计过程也极其难忘。北大校园实际上是圆明园遗址的一部分，在建设用地里面有六棵古树，当时学校方面有一种意见是将古树砍伐，希望盖一个气派的大型建筑，因为要搭建平台，要成长，一定要有形象。我感觉这种立场与"一草一木皆教育"的理念相背离。我曾读过许多中外知名教育家的文章，其中有位耶鲁大学的校长就说过："教学本质就是在树下、在廊子下的传承。"这是特别质朴的一种觉悟。于是，我将六棵树逐棵做了测量，发现胸径都在 30 厘米以上，均有百年历史，所以在做设计时，我以保留古树为出发点，围绕它们做文章。除了绿树环抱，在地块北侧是燕园文物保护区，塞万提斯像矗立在草坪上，东侧是静园，西侧是勺园。在这样一个环境里，要考虑很多综合因素，并不是建筑师一拍脑袋就能创作出来的。在设计时，我力求建筑外观的朴素，不要把钱都花在外面，一定要放在室内，追求良好的内部视觉空间，注重房间的通风、采光、遮阳和节能等生态环境。建筑盖成后，我越发觉得自己判断的正确，在这样的环境中，盖一个气派大楼是无趣的，也是没有深刻感知的，而且当年留下的气场带来的"美好"更是可遇不可求的。如果提升到环境保护的层面，我倒认为这样的设计使我重新认识了人与自然的关系，它不是人在保护环境，而是身在其中的人会受益于环境，环保是双向的，你会受益于它，也会影响到它，这是建筑师应树立的观念。

从"单纯"的建筑师到"复合"的管理者

承蒙公司领导的信任，让我带领 BIAD 五所，成为一名管理者。

而我自认为成为合格管理者还需要去历练，这是唯一学习的途径，这是一场漫长的自我修炼的旅程。首先管理者不是做自己，它是一种角色转换，要学会变换频道。做建筑师就要具备建筑师的角色、心态和思维角度。而做管理者，就要意识到应"从负责自己的工作结果"变成"负责别人的工作结果"。对沟通的要求高度提升，需要考虑团队的做事方式、思维方式，甚至是情绪。

2015 年是我担任五所所长的第二年，要着手建章建制，要有清晰合理的流程和分工。从项目跟踪、到设计、再到收款，这一流程得转起来，把"网络图"画清楚，每一个人干的事情都清楚，这是要培训和训练的，是一点一点生长出来的，等于从开垦开始。真正会管理的人一定是自己写管理章程，能充分结合自身的实际，哪怕不够严谨，但足够实用。此外，多年做教育建筑的经历也让我在管理的岗位上受益匪浅。分析大学怎么运营，这其实

北京大学光华管理学院

有多种层面的，跟做管理是一样的，都要找准需求。如学术上功能需求是什么样的，艺术需求是什么样的，社会需求是什么样的，需求写全面是一种界面，反映出来并体现到设计上则是另一种感受。

不得不说，作为管理者，我的自白是：有时也很痛苦，在痛苦的过程中，人的心智模式是能够改变的。只要属于干什么事都想干好的那种人，总会在面对痛苦时做出改变，所谓"换心"，你就不能是原来的你，不能是单纯的建筑师，要用你的智慧去成就所有人。当你想干成一件事的时候，总会有无数的制约和干扰，这个世界真的是按下葫芦起来瓢，没有绝对的，根本没有单点思维，你想让大家跟着你，但没有人跟着你，你怎么办？唯有改变自己。

作为建筑师的一点感悟

2014 年 6 月 6 日，北京难得的一个晴天，阳光普照，和风习习。我坐在办公室里，望着窗外，静坐了几个小时，近处灰瓦成片的四合院，远处高楼林立的长安街，历史风貌与现代建筑交融于眼前。我想，建筑真的是一种责任的载体，它的生命要比人长远得多，它是承载现代社会使用功能的关键平台，建筑师无论耗费多少精力、多少力气，都不能丧失职业的道德；建筑师真的是一项特殊的职业，只要你愿意尽心尽力，就会留下物质的东西在世界上，它是你自己的东西，建筑师的生命已经和自己的作品融为一体，这是一种具象的传承。佛教说天道、人道和域道没有好坏之分，只是处世方式不同，但我想，真正人道、天道向上的灵魂是简单的、干净的、不功利的，也更永恒，按现在的理解，似乎有点傻气，但绝对是聪慧和真诚的，我确信能成事。当建筑师做设计时，怀着不同心态做事，感知到的结果是不一样的，有时候你追求一种"解"，那不是你看到的表面现象，而是自己想达到的内心情境。

在建筑师拿起画笔的那一刻，无论为了自己、为了设计，还是为了社会责任，我想对得起自己的生命与良知，或许这才是落笔一刹那的"本心"吧。

麦一兵：在路上

麦一兵：1962年生，现为昆明中森华创建筑设计有限公司董事长，麦一兵工作室主持建筑师，世界华人建筑师协会资深会员，云南土木建筑师协会建筑师分会副理事长。代表作：公园1903。

岁月如梭，从大学毕业至今已近三十年，时间真好似历史的鉴证人，它真是可以印证世间的好坏美丑的。回头再看大学毕业后的这三十年，真是有太多太多的感慨：一是觉得时间过得好快，光阴似箭；二是也看到了一些事情，可以做一些总结。

我本科是在重庆建筑工程学院读的，读的是建筑系城市规划专业，但实际上当时的重庆建筑工程学院城市规划专业也就是以修建性详细规划、城市设计为主要教学方向，在我的印象中，曾参加过一县城的总体规划，那会儿还没有控规，所以我的建筑教育应该说还是以建筑学为基础的城市规划的专业学习，所以现在很多朋友说起我是学城市规划的，我都会说我基本不懂规划。另外，当时建筑系的学生还有一个特点就是大家学习都很努力，都想成为建筑大师，把建筑当作艺术来看待的氛围还是很浓的。这也是当时中国建筑教育的特点，它是以培养建筑大师为目标的建筑教育体系。当时同学们崇拜的是当时已留校的师兄汤桦，还记得当时我们系在系主任李再琛教授的支持下创办了中国第一本建筑系内部学生刊物《建卒》，搞得很热闹；反而当时对于建筑技术等建筑最本质的一些东西关注较少，如建造技术、构造、物理等等，记得有一次建筑物理考试，全班 32 人，就有二十多个人不及格，都"补了洞"。应该说我的建筑基础教育是不完整的，它使我想起目前的一些创作，只强调建筑艺术性一面而忽略了建筑最本质的一些东西，目前学界提出要重归理性、回到建筑的"本源"、反对所谓"奇奇怪怪"的建筑等观点，听来也就不足为奇了。1990 年，我有机会到东南大学建筑研究所读硕士研究生，师从齐康院士。我的专业是建筑设计及理论，真正开始了建筑设计生涯，坦率地说是从读研开始的。当时东南大学建筑研究所可谓人才济济，有齐康、郭湖生、潘谷西、刘叙杰、赖聚奎、陈宗清等教授，也有当今中国建筑界的一些领军人物，像钟德昆、孟建民、王建国、郑昕、段进等新生代博士，建研所的教育方式我觉得更像一个传统的私塾，由师傅手把手地传帮带。我在东南大学建研所最大的收获应该是渐渐理解了如何成为一名"社会建筑师"的基本条件，促使我逐步走上了职业建筑师的道路。

我们这一代职业建筑师是在一个传统文化缺失和国外信息匮乏的环境下成长的，不像中国第一代建筑师是在一个中西混杂的语境中成长的，既受到西方国家建筑文化的熏陶，又有较深的中国传统文化的根基，才华横溢，学贯中西。我们欠缺的太多了。"文化大革命"是一场灾难，中国传统文化被"革"了命，而国外的信息又被闭关锁国挡在了外面，中国文化出现了断层，新生代建筑师基本上没有接触中国传统文化和西方文化的机会，在学校只能看到有限的文献资料，出国深造成了每个学子心中最大的梦想。大多中国建筑史的教育也就停留在资料整理和史实的研究，而真正这些优秀的传统文化用于当代中国的建筑创作研究特别是方法论的研究更是少之又少，原来最多用的方法是符号学和类型学，这点日本和中国台湾地区比我们做得好得多，值得我们学习。真正出现了所谓的"中国风"也是近年来的事，经济的强势带动了文化的繁荣，大家肚子吃饱了，有钱有闲来做点文化的事了，价值观特别是建筑师和决策者们的价值观发生了较大的变化。

改革开放以来的三十多年是中国快速发展时期，1978 年 12 月 18 日，十一届三中全会确立了改革开放的基本国策，从安徽省凤阳县小岗村实行家庭联产土地承包责任制开始，中国走上了强国之路。大规模的建设出现了，中国成了世界上最大的工地，但遗憾的是，我们在应对这种疯狂的建设高潮时，在制度、人才和经验等各方面的准备都是不充分的，这种情况在建设过程中就出现了在所难免的失误和偏差。

新中国成立之初公共建筑的全面苏化和住宅建筑的极端实用主义，政治的干预和经济上的捉襟见肘等影响是显而易见的，但最痛心的是对首都的旧城改造事件，外行管理内行在中国是一种常态，今后还将持续很长一段时间，这是中国的现实。

改革开放定为基本国策，外来文化大举进入中国，文化的交融有利于文化生态的平衡和发展，只有融合才能健康成长。

所谓的中国特有的"欧陆风"出现了，大多数人认为这是富足的表现，"欧陆风"席卷中国大地，更有甚者把整个欧洲小镇照搬到了中国，什么英伦风格、法国风情、地中海、南加州……我们作为一线建筑师也参与其中，虽然从建筑师的角度来说并非完全苟同，但中国建筑师在话语权方面完全是弱势群体，文化的交融应该是可以的，但大规模的"克隆"已失去了自己的根，难道我们不要自己的根吗？我们的根到底在哪里？这是值得思考的问题！

国际建筑大师和事务所来了，带来了新的建筑形态与技术，更符合决策者的口味和虚荣心，同时挑战着中国建筑师的能力和自尊，开始是学习的心态，但近几年来出现的批判的声音，动静越来越大了。但无论如何，我们是否考虑到中央电视台可以建成"大裤衩"，国家大剧院可以做成"水煮蛋"？这些实验性的作品是否给我们一些启发呢？

事物总是有两个轴：时间与地点。它带出了我们长期争论不休的两个命题：地域性与国际化，民族性与时代感。从 20 世纪 80 年代初一直讨论到现在，一直没有很好的答案，似乎其本身就是一个伪命题。按道理来说，独特的风土人情和自然环境孕育了不同的建筑风格，而建筑的时代特征应该为在历史的构架下表现出来的一种阶段性特点。

结合地域特征的建筑创作被重新认识，批判的地域主义、本土建筑、本源建筑等各种思潮成了建筑师新的价值取向。建筑是自然与人之间的东西，建筑平衡着人与自然之间的关系，人对自然是又怕又爱，"天人合一"是建筑的理想，我认为这也是建筑师的奋斗目标！

从地域上来看，出现了不同地域的同质化现象，同质化是一种价值趋同，这在中国高速发展进程中也许是一种必然，但它有一个重要的特征就是我们在走向所谓的"现代化"的进程中出现的传统文化的丧失问题，而这一问题反映在建筑上就是工业化、市场化带来的城市化进程中具有地方特色的建筑文化特征的丧失。这在住宅设计中表现尤为明显，这种设计方法解决了"有和无"的问题。同质化并不可怕，怕的是没有特色的同质化，一个地区如果建筑出现一种有特色的同质化现象，反而是一件好事，如云南的丽江、云南的很多聚落、印度的红堡、欧洲的小镇，都呈现了高度的同质，它反而成了一种特色，但如果每个地区的建筑出现同质化，或者一个城市的建筑都长成一样，那就真有问题了，"千城一面"绝对不是我们追求的目标。昆明前几年就出现了高度的同质现象，因受城市规划政策、开发商以利益为中心等多种因素的影响，出现了大量从空间、高度、体型、形式等高度的同质，一个城市的特色荡然无存。不同城市会长得一样吗？在高度信息化和高速成长的经济社会，快餐时代的今天是一定会出现的，简单复制的成本是最低的，短期的经济效益从文化角度来说带给我们的是地方特色的消亡。幸运的是，野蛮生长之后使我们成长，我们进入了传统的地方文化的修复期，我们开始重新审视自己，我们从哪里来，要到哪里去？

拆，是中国旧城改造的一种简单粗暴的方式。我们在做了大量的建设工作的同时，也做了大量的建设性的破坏，中国的建筑是短命的，平均寿命也就二三十年，中国的建筑师有点可怜，建筑的寿命活不过自己的寿命。在中国做设计，不求永恒，但求所谓的"十年不落后"。在这种疯狂建设、大拆大建的大潮中，相信我们每一个建筑师都参与过甚至做过"帮凶"。1986年我刚从重庆建筑工程学院毕业，分到规划院即参与了昆明市南屏街的改造规划。云南老一辈的人都知道，南屏街对昆明来说沉淀了太多的记忆，它记载了昆明20世纪三四十年代一段畸形的繁荣，这条街上有太多当时著名建筑师和事务所的作品，两旁种满了高大的法国梧桐，覆盖了整个路面，夏天行走其间清凉宜人，然而从目前的眼光来看，完全可以作为昆明市名片的街道，当时为了所谓的交通问题，被无情地拆了一半，从拓宽道路的角度来说是对的，但如果单纯为了解决交通来看，还有没有更好的解决办法呢？在昆明类似的情况还真多，大观街、武成路、金碧路……我都参与其中，这是我职业生涯中永远的伤疤。后来大家醒了，却悔之晚矣！然后我们又走向另一极端，开始了简单仿古！仿古一条街，仿古旅游小镇，全国又遍地开花了。这种反历史的做法不知还要继续到什么时候？是否几百年之后，我们的后人也来仿我们现在的建筑呢？

城中村，是都市的毒瘤？昆明在过去十年开始了大规模的城中村改造运动，三百六十多个城中村进入了改造计划，本质上来说，昆明的城中村是该改造，其脏乱差现象已严重地影响了昆明的城市形象。实际上城中村的村民们已完全不是农民了，他们主要靠出租私房和其他经营来维持生计。城中村改造之后，都变成了高楼大厦，生活条件改善了，生产生活方式并没有改变，靠租房过日子的照旧，打麻将的人从地上搬到了楼上继续打，但生活成本提高了，原来住在城中村的人住不起高楼大厦，如果实在待不下去，那只有撤离这个城市了，那么一些基本的服务将没人来干，城市的竞争力将下降；由此可见城中村改造，更多的是一个社会问题，而不单纯是建设问题。

反思过去是为了更好的将来，经济的发展和文化的发展往往不是同步的，文化的发展总是会滞后一点，GDP的高速增长不一定全是好事，它使我们措手不及！吃快餐可以管饱，但也就少了很多生活的滋味。生活方式的多元导致了建筑文化的多元，包容与共生是这个时代的主题，也许要总结反省的东西实在太多，现在 GDP 降下来了，也未必不是件好事，它使我们能有更多的时间去思考，去批判，去纠正！建筑师作为社会发展的参与者可以有更多的时间去关注原来我们忽略的一些问题，建筑师的生命应该与建筑的生命同周期。我们永远在路上！

罗隽：留英轶事

罗隽：1962年生，现为中国建筑技术集团有限公司总建筑师，国家"千人计划"专家，英国皇家特许资深建造师。代表作：北京国际机场T3航站楼（英国福斯特公司中方代表之一）。著有《中国风水史》（合著）。

　　早就想提笔写些平淡而又浪漫的文字，记录自己留英的一些轶事，因为我一直认为这是我人生中最刻骨铭心的一段时期。我对建筑学和建筑文化的热爱和深刻理解，对职业精神的认识和崇尚，对我职业生涯的丰满，对西方文化中生命力的理解和感悟，对人格眼界的开拓和宽容的品质理解，对自由心灵的向往和执着追求，等等，这段经历对我有着毫无疑问的潜移默化的影响，使我的人生得以升华。因自小受到的家庭熏陶、后来的学习和生活经历，以及个人对社会生存状况的自觉和独立的观察、自省和反思的形成；这些形成了我将现实主义和理想主义相结合的品质和个性，养成了崇尚诗意的建筑创作和写作文体的风格。所以，真的感谢《中国建筑文化遗产》编辑部的热情督促，我才在忙碌的工作中挤出时间，静下心来回忆那些还不算遥远的往事。

留学时光似韶华

1994 年 10 月底，我辞去大学的教职，自费去英国曼彻斯特理工大学（UMIST）留学，攻读项目管理博士学位。

出国留学，选择攻读项目管理博士学位是经过深思熟虑的。凭着对自己建筑设计能力的自信，再花三年时间攻读与建筑学相关的博士学位似乎没有必要，但大学时代就对老一辈留学生，如钱锺书、钱学森、杨廷宝、童寯和梁思成等非常崇敬，心中一直坚信去欧美发达国家学习和工作一定会对自己开阔眼界、了解中国文化之外的世界有极大裨益。事实上，在曼彻斯特理工大学的学习，和在奥雅纳国际工程顾问（ARUP）、福斯特及合伙人有限公司（FOSTER）这样世界一流公司的工作经历，使我确实收获了优秀的学术研究方法和研究成果，先进的公司管理和项目运作方式，高质量标准和管理理念，以及先进的建造技术知识，当然还有对西方文化的深刻了解、认知世界的方式和洞察力。

我选择去有深厚文化底蕴的英国求学，这其中很大的原因是对英国古典文学怀有的浪漫情怀：中学时代就看了许多英国古典文学名著，熟知莎士比亚、拜伦、雪莱、狄更斯、哈代、威廉·华兹华斯、简·奥斯汀、勃朗特三姐妹等一长串名字。幻想着自己是否会有一天去到那遥远的国度，亲历那延绵不断的绿色田野、神秘宏大而阴暗灰冷的古典庄园、茂密参天而青藤缠绕的古老橡树、寒风苦雨中孤独而立的乡村农舍，还有街巷如织尖塔耸立回荡着沉闷教堂钟声和广场上喧闹的车马混乱交织一起的城市景象……

当时，自费去英国留学十分不易。英国的博士学位不是以攻读课程为主，而是以研究课题为主，提交的研究课题必须通过所申请大学和国家两级学术委员会严格的审批。我提交的研究课题和发表的数篇论文得到了委员会专家们的认可，申请到了英国政府 ORS 海外研究学生奖学金。记得当年从武汉到北京英国大使馆办签证时，得知从国内能直接申请到这个奖学金的，只有几个人。

曼彻斯特理工大学是一所著名学府，被誉为英国的"麻省理工"。初到曼城，我很快适应了这里多变却又清爽宜人的气候，喜欢上了十样食物八样煮的简餐和宁静的生活，也爱上了这所位于市中心区紧凑开放的校园。我一直认为，以围墙为特征的中国大学反映了典型的当代中国农民文化形态的社会状况，什么时候大学没有围墙了，就标志着中国转型成为一个成熟开放的现代工业文明的国家。

在攻读博士学位期间，我几乎看遍了所有与课题相关的英文著作和文章，最大的收获就是纯熟地掌握了社会科学的研究方法论，这与在国内读硕士研究生时单纯地用"阅读＋思辨"的方式写论文做研究有质的区别。西方尊重知识产权的意识也深入我的思想，这都对我后来的学术研究、做事方法产生了很大的影响。

1996 年夏是我博士研究的第二年，一位新加坡朋友介绍我到曼城一家大型建筑事务所——费尔哈斯特建筑事务所（Fairhurst）短期工作。我第一天西装革履地踏入位于曼城市中心区、紧邻中国城的那幢宽敞高大整洁的现代办公大楼时，心里有点莫名的兴奋——这是我第一次到这样的大公司上班。身材不错的金发女秘书直接将我领到了董事会主席的小间办公室，我看到一张写字台对面的角落里，一位和蔼可亲、着西装领带的老头儿正伏在一张小圆桌上画着方案草图，见我进来，微笑着跟我聊了一会儿，随后领我到楼下去见他的助理，一个长相有些女气的高级合伙人南（Lan）。南问我："我们现在正做几个项目，一个是混合用途的工业建筑，前部分是两层办公，后部分厂房采用钢结构和金属屋面及外墙系统；另一个是公司总部，建在一个工业园里，用地十分宽裕，层数只有三层，拟用坡屋顶和空心墙外墙。你想参与哪一个？"我说我想同时参与这两个项目。南又问我："你想做方案还是画大样和详图？"我说画详图。我想知道你们用的什么建筑技术和材料，特别是构造技术。他就笑了，说："前年我们公司来了一位年纪较大的中国女士，她也说要画详图。"

就这样，我初步接触到了钢结构技术，细部结点设计，金属屋面系统，包括防火、防潮、防水和各种外墙体系。给我印象很深的是英国建筑多采用清水砖墙和空心墙技术，这种技术极为成熟和有完善的配套产品体系，保温隔热效果很好。我对此技术的细节掌握极为全面。当时，国内民用建筑除了合资项目，还没有采用钢结构。我写了《90年代钢结构在英国建筑中的应用》一文发表在1997年第11期的《建筑》上，应该是国内最早介绍钢结构应用的文章。不比不知道，我常常感慨英国人能将建筑的细部处理得极为细腻和将建筑构造研究发展到极致的品质，日本人也是这样。而当代中国人做事的风格总是流于肤浅，不重细节，建筑质量品质低劣。曾经和友人谈到伦敦和巴黎的品格，有诸多共识：巴黎讲究场面宏大、轴线、外表和气势；而伦敦很多建筑外表平凡，城市结构随性而有机，但细部精致，耐人回味，注重内部空间体验和舒适气氛，更具内涵。

碰巧那段时间，在我居所的附近正在兴建一栋学生公寓，采用的就是空心墙技术和木结构坡屋顶。于是我隔几天就会在晚饭后溜进工地，仔细查看空心墙的构造，包括空心墙的厚度、保温隔热板的厚度及固定件、外墙通气孔的分布、排水孔的设置、钢窗过梁的构造、防水处理、外墙顶部的压顶处理和木屋架的搭接等。清水砖外墙的一个明显优点就是外墙面无须再贴面层，显露本真色彩和质感，既节省造价又缩短工期，城市的色彩基调也非常柔和。遗憾的是我国现在已摒弃了这项传统工艺和材料，据说理由是制砖取土毁坏良田，大量的砖墙外表变成了虚假的贴皮。其实，英国的空心墙技术是现代才逐步发展成熟，烧制砖块的材料也多为废渣和烂土。

从这件事可看出，中国有些决策者仍有"非此即彼"的封建农民文化意识的短视思维，若按此逻辑，当世界上汽油资源耗尽之后，我们就不用开车了，而不是去寻找和开发新的可替代能源和技术。

回国后，在建立团队的过程中，我面试了不少求职者，有刚毕业的学生，也有已在国内大型设计院工作了七八年的建筑师，我没有费尽心思地去考他们的设计，只让他们当场画两种外墙（一种涂料、一种干挂石材）的构造大样。别看这个题目简单，但能考出他们对建筑材料和构造知识、对建筑物理原理的理解，还有徒手画的能力、对比例的把握和制图通用符号的了解，结果没有一个人画对，可见国内建筑学教育的水平。

潜心一流的学术研究

留英攻读博士的最大收获是熟练地掌握了研究方法论，而且认识和体会到了研究之美，这些都是通过自学得来的。初到英国时，面对每周与导师讨论研究课题的时刻，加之英语的生涩和不知如何进入研究状态，我确实焦急和茫然。随着对"文献阅览""文献综述"阶段的逐步深入和对研究方法的了解，我逐步从枯燥的研究格式中体会到了研究方法的结构设计和美感。在西方特别是英国的学术体系中，把所有学科的最高学位都统称为哲学博士（医学学科除外，以前也没有工程博士学位）。英国人认为特别在博士阶段训练的最主要内容就是研究方法论和其应用。哲学问题有个定义是方法论问题，在他们的概念里，当研究达到了一个顶峰的阶段就应该是哲学阶段了。留英三年，我深切地体悟到掌握了研究方法和研究手段，就好像战士有了武器，可以自信地去做任何研究！

在英国，我学的是项目管理，这同我本科和硕士所学的"城市规划"和"建筑学"在学术上没有丝毫关联，但在实际的工程项目中关联还是蛮大的，比如，建筑设计是项目管理全过程中的一个设计阶段。所以，为了作研究，我得首先把选题研究领域内所有的英文学术出版物全部读一遍，以便了解这个学科的知识范畴、前人做了哪些研究、研究了哪些问题、有哪些成果，分析在哪些领域你可能去做研究或可能有哪些成果上的突破。假如这一步做得不到位，那么就很可能会不幸地做了前人已经做过的研究，得出的研究成果与前人在几年或几十年前的一样，而这种重复研究是毫无意义的。尽管你花了很大的气力，结果却毫无价值。

回国后，眼见一些建筑院校的师生，特别是硕士、博士研究生做的一些研究非常浅显。我同这些老师谈到重视研究方法论的问题，他们不太理解：第一没接触过，第二掌握起来有一定难度。在研究方法论中，研究采取的搜集数据到最后分析数据的方式需要用统计学的原理，研究者必须具备一定的数学和统计学知识。当然，现在统计学的模式有很好的社会科学软件，比如SPSS，但对这些软件，研究者必须了解它分析的内容，知道搜集到的数据放到软件里采取哪种分析方法，得出来的数据化的东西还要进行解读。这一过程是以前我国社会科学领域的大多数专家教授都没有掌握的，但现在我高兴地看到，很多大学里从国外回来的教授和博士已将这些方法逐渐融入到社会科学研究领域。否则，你的研究成果只会停留在一般的水平层次上，无法达到国际一流的水准。

伴随着难忘的留学时光，我持续地收获了一些学术成果。第一年，我在《建筑》上发表了《现代管理获得方法与中国建筑工业改革》一文，这应该是中国第一次介绍西方项目管理获得方法的文章。该文入选"中国科协第二届青年科学家年会"，我也受邀回国参会，受到党和国家领导人集体接见。第二年，我获得了英国皇家特许建造学会CIOB的"首届研究论文国际竞赛"第二名，被授予1997年度"创新与研究"成果奖章。我的博士课题在"国际承包——建筑合资企业管理和经营"方面做了一系列开创性的理论研究工作，其成果丰富了国际合资企业理论在建筑业领域的理解，对项目管理知识体系做出了贡献，特别是对项目管理在发展中国家的特征、组织结构、经营管理及成功的市场进入具有指导作用。研究成果多次发表在行业内国际权威学术期刊，并在国际会议上被多次提及，其中，有两篇文章我最为得意，呈现了非常经典的西方学术研究的方法和研究论文的格式。直到现在，国外的多所大学还有人参考我的这些研究成果，持续着这个课题领域的研究，且时常与我鸿雁传书，这就是学术界。

加入全球工程界的翘楚——奥雅纳国际工程顾问（ARUP）

1997 年底，我完成了博士论文。但因为邀约外部导师的时间安排，直等到次年 5 月才进行论文答辩。说来奇怪，我们系当时很少答辩有其他博士生参加旁听；但我答辩时，却来了不少人，估计是因为知道我的外部导师十分知名，加之我的内容有些新鲜。答辩一结束，我的导师就笑着走过来，冲我竖起大拇指说："隽，我很惊异，你一点也不紧张！"几天后，经导师推荐，我进入奥雅纳的曼彻斯特公司工作，公司董事罗杰·密尔本（Roger Milburn）对我很是照顾，将我安排在英国西北部铁路系统改造项目组，有一位资深工程师指导，协助项目的质量和安全管理工作，由此开始了我的专业在工作中的应用。在奥雅纳的第一年，我就重点了解和考察了公司的组织管理结构，项目运作方式和项目管理体系，全面熟悉了公司的项目管理手册和工作程序。记得刚工作不久，在罗杰主持的一次完善公司质量管理体系的会议上，安排我做会议记录，这是我的第一次。像奥雅纳这样一流的公司，质量管理体系中的会议记录有很详细的格式。我集中注意力，尽可能地不漏掉每个参会人员的观点、建议和讨论的行动要点。会议结束后的第二天，我就整理出初稿，拿去给几个关键的参会者审看，他们都说写得很好，只稍稍做了些修改和补充，就分发和存档。可以毫不谦虚地说，至今我都很少看到写得那么完好的会议记录。

在中国，许多人不理解为何会议记录是项目管理的一个重要工作或工具？因为，它包含了管理工作中的监督、计划、控制和行动的全部信息。我们的工作素质不知何时才能由粗放做到有序和细致？

奥雅纳国际工程顾问曼彻斯特公司有一百二十多人，它位于市中心牛津大街上临近市政厅的一栋古典柱式老建筑内，但室内风格是很现代的工作室风范，温馨又时尚，这跟奥雅纳的艺术素养有关。世界各国的众多著名建筑师都很喜欢和奥雅纳合作，原因是他们对工程学领域的不懈追求，和为建筑师解决难题的公司文化，充满了内在的创新激情。给我印象深刻的是，公司

罗隽在布宜诺斯艾利斯参加第 13 次国际建筑双年展

常有不定期的"午间 PPT 讲座",内容是项目组和公司员工介绍正在做的新项目,或一些供应商、材料商和职业学会人员向大家介绍新产品、新技术和新法规等。这种活动既给大家提供了一个午间交流项目的平台,又让大家及时了解领域内的最新动态和进展,而且参与的时间还能汇入英国各职业学会要求的 CPD 学时,并提供免费的午餐。这作为公司文化建设的一个方面,很受大家欢迎。

有一次,由我们西北部铁路系统改造项目组介绍项目情况,会上演示了我为克鲁站(Crewe Station)画的两张设计概念草图,大家都说画得不错。

在奥雅纳的第二年,我一边继续协助铁路组的项目管理工作,一边加入了公司组建不久的制药项目组,此项目加上我共四个人都是建筑师。项目组轻松愉快的气氛使我至今难忘。项目组经理保尔·弗伦德拉(Paul Frondella)是公司资深主任级员工,意大利人,身材魁梧,脸上时常带着迷人的微笑,跟行政、市场和秘书小姐们混得很好。他极力把我调到他的小组,对我十分器重,并经常对我说:"隽,你将来一定能成为伟大的建筑师。"至今,每当我想起他的话都感到很羞愧:自己离伟大建筑师的目标实在相距甚远。他告诉我一个秘密，其实 1997 年当我还在福斯特公司时，他就知道我了，那时两家公司合作准备参与世界著名制药公司阿斯利康（Astra）在中国无锡新建的制药设施，我是项目联合体的主要建筑师之一。后来，由于某些原因，这个项目未能实施。另一位是他的长期合作者弗雷德（Fred），荷兰人，长得矮胖，啤酒肚凸起，说话很风趣。更有趣的是他的姓氏罗特曼（Loterijman）发音同"彩票人"（Lotteryman）很接近。第一天保尔向我介绍他时，我忍不住就脱口而出："我真希望能与你同姓。"这两个人的家我都去过，保尔住在离曼城市区约半小时车程的一个美丽小镇上。弗雷德的家更为独特，沿保尔家门前的路驶往他家的乡村 B 级公路上，沿途是典型的醉人的英伦田园风光景色，约 15 分钟来到一片绿油油的广阔田野，初秋的微风拂面而来，弗雷德家那座独栋英式乡村住宅就孤零零地耸立在那一片广阔的田野之中，周围有几颗茂密的大树。我当时就被这"绝世而独立"的景象惊住了：多么切合他睿智、安静和脱俗的人品！午后湛蓝的天空上，飘逸着一朵朵白云，纯净透明，一望无际的金色田野万籁俱寂，宛如英国浪漫派诗人威廉·华兹华斯吟唱的那幅田园画面：

> 我们漫游的大地上，
> 似乎再现缥缈的仙境，
> 那正是你向往的地方。

这种田园风光弥漫了整个英国，是英国人一个多世纪来坚持实践霍华德田园城市规划理论的杰作，也影响、孕育和形成了我对中国城镇化未来图景的理想和实践方法。

那一阶段我的收获是接触到了一个新的建筑类型领域——医药制药行业，学会了编写完整的制药设施项目前期策划报告，并跟着项目组做了一个试验工场和生产设施，了解了超净厂房的技术要求和设计要点；另外我还知道了制药行业是世界上最暴利的行业之一。1999 年底，奥雅纳开始涉足中国机场，当年即参加了西安机场二期扩建工程的国际设计竞赛。我们的团队包括了奥雅纳、英航快翼、哈克罗工程咨询公司（Hawlcrow）、英国航空航天集团（British Aerospace）、卢纬伦建筑师事务所（Llywelen-Davis）等六家一流英国公司组成的联合体，并且申请到了英国政府的海外项目资助资金。但这次投标由于英国人的固执，我们犯了两个低级错误：超了面积一万多平方米和概算的单方造价做到了一万两千元，结果被评委做了靶子，尽管我们的方案是最好的。这次失败使我明白在项目团队里我不能再保持中国人"温良恭俭让"的所谓美德，必须由我掌握话语权。所以在我后面的职业生涯里，包括首都机场 T3 航站楼国际竞赛，都由我主导和确定商务文件的数据。

2000 年，我从英国调到奥雅纳多伦多公司，开始参与了一系列北美、中国的大中型机场项目。2001 年参与国内第一个机场项目"重庆机场新航站区总体规划和 2 号航站楼方案"国际竞赛，担任了英国联合体团队的项目经理和总规划师，我们的方案最终中标。在投标和随后承担初步设计的那段日子，我们的团队得到了英国驻重庆总领事馆的倾力支持。倚仗着年轻和有着一个充满活力的身体，每次我从多伦多飞六个小时左右到温哥华，然后等待两三个小时，再转机飞约十一个小时到北京。第二天上午到达首都机场再等待一两个小时飞目的地重庆，连续约 24 小时的行程，我仍然精力充沛。

在奥雅纳的五年半时间里，格里格·哈德肯森（Greg Hodkinson）和特里斯特拉姆·卡弗拉（Tristram Carfrae）对我影响至深，是我的职业榜样。这种榜样不是机械和生硬地强加，而是基于紧密的共事经历，后来我常会不经意将自己与他们作比较。格瑞格将我调到美洲分部多伦多公司，并给我创造学习和适合我施展的机会；特里斯特拉姆领导着澳大利亚分部，在北京奥运水立方项目中对我的工作充满信任，并委托我代表奥雅纳澳大利亚公司签署北京奥运第一个项目水立方的设计合同。这两个人都有谦和、幽默和宽厚的品德，还有年轻健康的心态。记得一次与格瑞格回中国参加一个国际民航研讨会，发现他随身都携带着运动鞋，坚持每天清晨去健身房跑步，我真是自叹弗如。特里斯特拉姆在一次与 PTW 和中建国际的联合体会议中，面对 PTW 同事的过分玩笑，却用微笑平静地应对过去。我当时从心底油然而生出一股钦佩之情，感到了内心自信的强大所产生的力量。特里斯特拉姆是世界著名的结构工程师，他创造性的结构设计方案使北京奥运水立方项目得以实现。

现在，这两个人一个是奥雅纳集团董事会主席，一个是副主席，搭班领导着全球一万一千五百多名优秀员工驰骋在强手如林的世界工程咨询和设计领域，执着地实践着"塑造一个更好的世界"的宏愿。

转会英国设计界领袖——福斯特

2003 年，在参与北京奥运场馆鸟巢和水立方项目的同时，我早已"盯上"了首都机场 T3 航站楼项目。T3 航站楼规模大，技术复杂，投标时估算就达到 160 个亿，比几个主要奥运场馆的总和还多数倍。这样的项目一生中能有几次深度参与的机会？也自然会引发全世界设计巨头们激烈的角逐。然而，我有信心。凭借过去几年在机场规划设计和投标中积累的丰富经验，在 T3 项目的国际竞赛中，从投标策略、组建联合体到方案理念、概算和商务文件数据的确定，我都发挥了关键作用。我亲自帮助首都机场扩建指挥部修改、起草好的国际行李系统招标的英文标书，被奥雅纳资深的行李系统专家评价为"世界上行李系统标书中最好的"之一。

当时，福斯特团队负责人莫占（Mouzhan）在项目竞赛过程中并没有深度参与，但在后期得知我们的方案入围三个备选方案之一后，几乎隔几天就从英国打电话给我，询问有关情况。特别是在当年 10 月底竞赛最终结果公布的前几天，又电话给我，心情很迫切，我说："应该再过几天就宣布结果了，我们应该是第一名，你放轻松些，别着急。"他说："隽，我这些天寝食难安，就像十月怀胎后孩子将临出世，心里七上八下的。"我理解他这种急迫的心情：他希望赢得这个国际级的项目，他需要成绩！当然，我们大家都需要成绩。

莫占是英籍伊朗人，在英国留学完成学业后就进入福斯特工作，曾参与和领导了福斯特团队香港国际机场项目的设计工作，十分勤奋上进。记得T3航站楼刚中标不久，我们一起同车陪来京的诺曼·福斯特勋爵去北京院，当我们尾随诺曼的车沿长安街驶过东方广场时，他开始鼓动我加入福斯特，说福斯特是英国最好的建筑师事务所，诺曼有很高声誉很成功的人生。听得出来他对诺曼十分钦佩。我问他："你现在在福斯特工作怎样？"他说："当然不错啊，但我想成为公司的合伙人！"当时，他已经是公司的董事和设计三部的负责人。我心里暗想：他真是个极有抱负的人。果然，在我离开福斯特不久，他就成为高级合伙人并被诺曼任命为公司的首席执行官，公司也由我加入时的约六百人发展到约一千二百人。遗憾的是，去年听在福斯特时的一位同事说他已经离开了公司。我一直对他推荐我加入福斯特心存感激，真心祝福他的职业生涯一帆风顺，再创辉煌！

2003年10月29日，在国务院总理温家宝主持的国务院第26次常务会议上，选定荷兰机场咨询公司（NACO）、福斯特、奥雅纳联合体提交的T3航站楼方案作为实施方案。我们终于赢得了竞赛，随后与业主开始了设计合同的谈判，并计划在当年12月初正式开始方案深化修改。其时，由于我在T3航站楼项目中的突出表现和莫占的极力推荐，得到了诺曼的赏识。2003年11月的一个早上，应邀来北京与业主交流方案的福斯特夫妇和莫占邀请我到他们下榻的北京国际俱乐部饭店一起共进早餐。席间，诺曼向我发出了加盟的邀请："隽，你是建筑师，为什么要在奥雅纳呢？T3项目中标了，我们要在北京设立代表处，你能否到我们公司来？"当时诺曼已经72岁了，但依然神采奕奕，面无倦容，身体健硕，步履轻盈。莫占看着我笑，我感受到了他办事的高效率，犹豫了一下还未回答，老先生马上就接着说："你别担心，我会给鲍勃打电话。"鲍勃·爱默森（Bob Emmerson）当时是奥雅纳国际工程顾问全球集团董事会主席。

福斯特公司是英国几十年来在设计声誉上一直排名第一的建筑事务所，

鲍勃本人更是因为成就卓著被英国女王授予勋爵称号。12 月中旬的一个晚上，天气晴朗稍有寒意，我就在首都机场宾馆接到了莫占打来的电话，他兴奋地说："隽，诺曼已经跟鲍勃打了电话。他现在跟我在一起，要跟你讲话。"随后，我就听到远在万里之遥的电话那端传来诺曼的声音，他开口的第一句话就是："隽，欢迎你加入我们团队！"

第二天上午，我接到了奥雅纳东亚分部董事会副主席彼得·艾耶（Peter Ayres）打来的电话。他说："昨晚接到鲍勃的电话，他说诺曼给他打了电话，要你加入福斯特。我们刚刚中标 T3 项目，也非常需要你。你怎么想？"我平静地说："离开奥雅纳确实舍不得，但经过慎重考虑，我觉得加入福斯特会更好地发挥我专业的特长。"彼得说："我理解了，这是一个不错的选择。我们感谢你在奥雅纳做出的杰出贡献，祝你未来取得更大的成绩！"

就这样，我以公司董事和福斯特北京首席代表的身份加入了福斯特公司。

留学英国，并且在奥雅纳和福斯特工作数年是我难得的人生体验和职业经历。"十年浩劫"的终结使国家和人民获得了重生，也砸碎了强加在我们这些"黑五类"子女身上的精神枷锁。大学时代在《外国近现代建筑史》里读到的那些遥远而陌生的著名人物、公司和作品时，做梦也没有想到会有朝一日出国去亲身经历。所以，我一直十分感恩父母帮我选择了大学专业，让我今生能从事自己喜欢的专业，也使得我随后经历了这些跟建筑学和建筑文化相关的人生故事。

刘方磊：以道营器，以器扬道

刘方磊： 1973 年生，现为北京市建筑设计研究院有限公司一院建筑创作部部长。代表作：金宝街香港赛马会北京总部会所、雁栖湖国际会议中心、首都师范大学国际文化学院大厦、公安部 710 工程。

岁月能够增加建筑的沧桑，空间是时间的载体。

风过，树摇叶落；雨过，水滴石穿！

昆虫在墙壁上留下足迹，飞鸟在屋檐下筑起巢穴。

岁月留下的痕迹使得建筑有了更强的感染力，沉淀在建筑表面的沧桑，讲述着岁月的洗礼。

风吹走浮华，雨洗尽铅华。表面的华丽在千万次的风雨洗礼中，浸成了筋骨的念力，浮华与铅华在风雨中升华……

2010 年 4 月，雁栖湖核心岛规划第一名（兴奋及惊喜），而后杳无音信（等待），耳闻投标重启中（失落与无奈），再次参与，从头再来（希望全力以赴）。

2010 年 10 月 8 日，雁栖湖核心岛国际会议中心确定为实施方案（惊喜，感恩）。

2011 年 7 月，会议中心初步设计，设计施工图（蚊叮虫咬，日月交织的画图时光……）。

2011 年 10 月，会议中心破土动工（终于……），项目的坚守（坚持、沟通、不妥协、上百次下工地、讨论与争论）。

2012 年 10 月，雁栖湖国际会议中心两轮国际投标（强手如云），而后杳无音信（等待）。

2013 年 3 月 31 日，三天出新方案（飞机上的草图……）。

2013 年 4 月 8 号，雁栖湖国际会议中心确定为实施方案（再次惊喜）。

2013 年 7 月，会议中心初步设计，施工图设计（又是酷暑时节，依旧蚊叮虫咬、日月交织的画图时光……）。

2013 年 8 月，安保中心确定为实施方案（又一惊喜）。

2013 年 10 月，会议中心破土动工（感恩）。

2013 年 11 月，安保中心破土动工（感恩）。

2014 年 11 月，"第 22 届 APEC 首脑会"在雁栖湖国际会议中心召开。

2015 年 4 月，"第 5 届北京国际电影节开闭幕式"在雁栖湖国际会议中心召开。

雁栖湖项目的粗略时间表表达了我的期待，呈现了项目的曲折，表达了一个建筑师必须经过的心路历程。我在这样的历程里经历了命运垂青，经历了命运的考验，经历了等待与希望，经历了付出与收获，经历了"相信"的力量。至此，我坚定了我的方向，我有了进一步的思考，我确信了"知行合一"的真实不虚，我找到了"以道营器，以器扬道"的建筑思想。

如下是我的思考，或为"自白"。

1. 建筑师需要生活的历练以及思想的成熟，需要时间的积累与沉淀。建筑师的理想是什么？建筑师要有藏在自己内心深处的自信，常常通过自省，找到自己出发的起点。不断调整方向，向着自己的目标前行；建筑师需要耐受力，需要自我疗伤的能力，需要不改初衷的勇气，需要一往无前的果敢；耐受力集中表现为"韧"劲，刚柔并济。

2. 建筑师是理想主义者，同时需要较强的现实主义能力。确切地说是将理想转化为现实的能力，这当然需要有命运的力量帮助。理想而不偏执，现实而不庸俗。建筑师要具备"相信"的力量，"相信"是一种力量！

3. 建筑师应该是具有高尚人格的人，需要将情感注入砖石土木之中，赋予其生命的力量。我坚信能够创造出伟大建筑的人一定需要拥有伟大人格的力量，能够赋予建筑生命的人应该具有较高的艺术品位。在我眼中，一石一木皆有生命。

4. 建筑师要对自己的职业充满"崇敬"之心，万不可轻视以及亵玩自己的职业。我们从事的是"崇高的事业""自轻者人恒轻之，自贱者人恒贱之"，建筑师在创造"城市文化"，在大地上创造文化场所以及人文景观。

5. 建筑师需要"大我情怀"，我生有涯而知无涯，人生是以"有涯逐无涯"的过程，建筑师的一生应该是以"有涯筑无涯"的过程。通过构筑空间实现"大我情怀"，当你看到人们在你设计的建筑中或穿梭，或交谈，或开会，或工作；这一瞬间，你会感到莫大的欣慰。建筑师在给"他人"带来愉悦与便利的同时实现了自己的人生价值，实现了"大我"。

6. 建筑师是一个融入社会的人，但同时应该是一个能够随时成为"冷眼看社会"的人，建筑师要了解社会各阶层人们的心理以及行为习惯，建筑师需要通过自我修养的提高，创造出高于目前以及当下人们审美层次的内外空间：能够培育人们优雅之行为，能够陶冶人们优雅之情操。当然是在人们能够接受而且乐于接受的前提下，建筑内外空间对人们的影响是潜移默化且无法回避的。

建筑师一直在寻找一种语言，一种建筑的语言，一种空间的语言，一种材料的语言，一种无声的语言；一个地脉的沿革，一个天脉的轮回，一个文脉的追述。脉动有如波动，光波、声波、电磁波，如梦亦如幻，如风

雁栖湖国际会议中心

亦如电。我常常在一个拥有强大空间场的建筑间感觉到力量的存在，我能够与其共鸣，我感受到建筑曾经经历过的故事与情感，我能够感受到建筑所拥有的岁月念力，随着年龄的增长，我越发愿意感悟建筑空间发出的力量。游历与体验，穿越与感受，想象与接收。用第六感感觉建筑空间所能传递出的时间信息与文化信息。感知这种力量的存在，同时能够在设计中种下场所的力量。

建筑六面体界定内外空间，人们在空间里生活、工作、学习。建筑师在营建空间场，在营建每个人的人生舞台。每个人都要在建筑中度过，每个人都无法绕开他生活的城市，每个人都要选择青年时奋斗的城市，每个人都要选择老年时安享的城市。

而获得设计空间的权力与机会需要竞争与努力，即便无人赏识，建筑师依然需要无怨无悔，需要百折不挠，一个方案的确定意味着巨大的人力与物力将按照方案界定的形态投入，建筑师应该正视方案确定的艰难与艰辛，虽然建筑师将近九成的倾注心血的方案可能永远停留在白纸上。这便是我的职业，我清楚地看到了这一点，对一个人内心巨大的挑战与考验，无论你的名声以及职位，你将永远直面挫败与荣誉，选择直视面对。建筑师从来就没有常胜将军，守望与坚持，希望与等待，强大的内心将伴随建筑师的职业生涯，没有失败就不会有成功来临。以上谨以自白。

曹晓昕："建筑自白"三题

曹晓昕：1970 年生，现为中国建筑设计研究院建筑设计总院副总建筑师。代表作：北京市人民检察院新办公楼、中软总部大楼、巴彦淖尔市西区高级中学、中国文化部部委办公楼。主编《有关建筑》《有关设计 II》等，著有《纯的杂》等。

繁华与荒芜——写在意大利的旅行之后

生命中，不断有人离开和进入。

于是，看见的，看不见了，记住的，遗忘了。

生命中，不断有人得到和失落。

于是，看不见的，看见了，遗忘的，记住了。

一段来自几米漫画中的词句，却给我的意大利旅行增加了另一种诗意之外的思考。

亲历人类近代文明之路，在直面古罗马遗迹的日子里，没有理由不慨叹：文明与文化对于线性的社会历史总是在不断地离开和进入、得到和失落中更替进行。"然而，看不见的，是不是就等于不存在？记住的，是不是永远不会消失？"

十年前同样的欧洲旅行，忽然觉得不能算是看世界的客观旅行，更多的是情感化的圆梦之旅。来自物质生存环境落差让我以一种怯懦的心态来羡慕和崇拜欧洲的城市与建筑，这样的心态与农民工初次进北京、上海等大城市时几乎无异，物质世界的差异对心灵造成的强烈震撼，让我们很难分清我们崇拜的是物质世界还是其背后的精神文化，也很难让我们客观判断欧洲文化价值和本土自身文化的价值差异，以至于自己也开始怀疑文化对于一个民族或地区独立存在的价值。不能否认在近现代中国经济长期落后的背景下，确实难以让人顾及我们的文化诉求，难以认真思考我们的本土文化是不是在萎缩和衰退；随着中国经济的飞跃式发展，中国的一线城市与欧美的城市差异急剧缩小，意大利作为不发达的发达国家，中国作为发达的发展中国家，似乎有了在平等语境下的比较平台。构筑这个比较的平台，还有重要的一点是历史的共性：都曾经拥有不平凡也不曾断裂的文化脉络，虽然我们的母文化在近代被西方文化所压制甚至植入，但与其说是文化的压制倒不如说是为了经济的发展而受到的胁迫。没有了"城乡物质差异"所导致的心理落差，甚至北京、上海与那不勒斯等意大利的二线城市相比，还会出现"逆差"，物质上有了底气，也使人有理由相信这样的思考更客观，文化的价值可以是相对独立的，它与物质崇拜无关。

意大利这个国家与民族曾经拥有强大的历史背景：从埃及和希腊输入的文化基因不断强势延续，让古罗马成为欧罗巴板块上最强大的帝国，之后虽遭日耳曼人的毁灭，其文化和宗教却生生不息，几乎感染了整个欧洲，14世纪从佛罗伦萨开始的文艺复兴更是让整个欧洲板块迅猛崛起，并借助其创造的现代经济社会规则，通过资本通吃全球，让古罗马延续下的欧罗巴文明成为世界上最有统治力的文明。

在信息传播空前迅捷的今天，越来越多的人都知道意大利的当代国民行事缓慢、散漫、浪漫，搞经济不行，打仗更不行，不尚武、不尚工，与美国比起来也算不得尚商，几乎没的可尚了。意大利人作为公民个体更注重生活的享受，这也让作为集体性的国家单位丧失了公共性效率，随着全球经济这两年的不景气，近年经济呈现颓势更为明显。这种文明强势和近些年经济的颓势，让我们很容易提出一个问题，意大利国民会不会很失意？然而这个问题对于我们的思维方式是一个问题，而对大多数意大利人来讲则是个伪问题或者是个可笑的问题。我们总是习惯用国家经济甚至单纯的 GDP 来衡量国家的成败，并用集体意识的国家尊严来代替个人尊严。而他们很关心个人的尊严与幸福，个体的生活状态和经济有关，但更多的是对精神生活的品质追求。艺术领域的高度成就延续到了生活的各个方面，文化艺术生活空前繁荣，强大的历史文化成为当今世界的主流，塑造着国民的自信与尊严。在迷恋经济增长的中国，很多人怀疑：经济不行谈何文化？是不是经济应是文化价值的前提？82 届奥斯卡电影节评奖，票房市场毫无作为的《拆弹部队》独揽六项重要大奖，而有史以来最为轰动并创造前所未有的市场票房纪录的 3D 电影《阿凡达》只获得了技术性奖项，评委会以自己独立的价值尺度对这部创造经济奇迹的电影说了"不"的同时，更传递出评委会的一种文化自信的心态；而这样的事情在中国几乎难以想象。

作为国家盛衰的 GDP 增长指数，虽然与个人的幸福指数有关，但并不是最重要的，文化与艺术的成就会带来更大的精神快乐与自信，价值观及其影响力将构建民众的精神家园，形成无法改变的人和国家的终极精神品格。意大利人对于缓慢、散漫、不尚武、不尚工有自己的理解和价值依托，也许这就是一种对浪漫生活的最佳解答。意大利人的飞机、火车不是最先进的，卫星要不是依托欧盟也许都上不了天，更不要说更尖端的科技能力，但是意大利创造了世界的主流生活，顶级生活奢侈品的品牌大部分源自意大利，从服装到箱包，从化妆品到顶级跑车，以至于有人断言世界的富人圈是被意大利化了的富人圈。也许现在谈论推动近现代的世界名人：伽利略、哥伦布、布鲁诺、达·芬奇、米开朗基罗、拉斐尔、但丁……有点虚无缥缈，会被讥笑为附庸意大利的风雅，而在现实的世界里，各种豪华场所却无一例外地充斥着意大利的品牌。本来奢侈品在全球范围的消费无可厚非，因为它是完全具有西方传统和个人情趣化的东西，但缺乏贵族传统、人均 GDP 只有三千美元的中国，却成为消费大户，预测 2015 年就可超过日本成为最大的奢侈品消费国，其市场份额在全球将会达创纪录的 30%，可谓未富先奢。在中国一线大城市，办公室里的普通职员可以花三个月的薪水买一个 PRADA 的提包，在公交车上和地铁站里提着货真价实的一线奢侈品品牌的小白领和大蓝领们比比皆是，其实他们大多省吃俭用，为了一套房子的首付算计着度日。奢侈品平民化的背后正是中国自身文化价值感的缺失，这种由于本土文化基因的缺失必然导致用其他文化来填补，白领们也知道 PRADA 的提包寒不能取暖、饥不能果腹，但背上了就好似背上了自信。这一点表现在建筑文化上就是在每一个城市都阶段性出现的以罗马柱为代表的欧陆风情，复制完古罗马后复制欧洲的近现代，因为我们虽然有钱，可我们提不出自己的价值观，更没有独立的审美语境，我们只能用别人的价值观来呈现。在深圳，某开发商直接复制了一个意大利港口小镇，名字也一样叫"波多菲诺"，甚至连街边小店的招牌也一模一样地复制了过来。"克隆"和"山寨"一时间成为和国际接轨的最直接有效的手段，因为不用接，我的和你的一模一样。

中国的文化在建筑上已经处在了两面受敌的危险境地：一方面政府和开发商雇用国内建筑师克隆欧美古代、近代和现代的建筑，另一方面又雇用欧美建筑师在中国创造新的欧美当代文化。重要的建筑和地段非要请境外设计师做设计，中国本土建筑师连参与投标的资格都没有！在中国建筑的圈子里，很多人慨叹我们的建筑学发展这么多年，依旧不能脱离欧美的轨道。

因为在中国经济的提升并没有实现文化的更高诉求，换而言之商品的大量出口并没有带来文化上更多的输出与贡献。我们可以给这个世界以各类的商品和物质，抛开祖宗留下来的东西，我们在文化的高度上又给予了当今世界什么呢？甚至我们可以通过资本的运作将世界知名的品牌收入囊中，却不能将独立文化观向世界传播。前不久李书福收购沃尔沃，可是我们依旧不能说沃尔沃是中国的品牌，换个角度看，不能否认的是欧洲的汽车品牌控制了中国的资本。文化的力量不是通过武力或是金钱就可以征服的，历史上范例无数：日耳曼人武力征服了罗马人，占领了罗马，却被伟大的古罗马文化所征服，不但丢掉了自己的落后部落文化，反而还成为古罗马文化的传播者。中国历史上外族多次在武力上入主中原征服汉族，却都沿袭了汉文化，只有元朝是例外，蒙古人拒绝用汉字也不沿袭汉制，结果统治不到一百年就又回到草原放牧去了。因此，在历史长河中，民族、地域之间的角力，最后胜出的不是武器、金钱，而是看不见摸不到的文化。

从这个角度上看，与汉唐宋对世界的贡献相比，我们现在不但缺少在文化上的进取心，更变得像一个败家子儿。当今的中国急需在文化的高度上提出自己的观点，伴随着经济实力的提升，并且在全球及国际事务中扮演日益重要的角色，目前迫切地需要提高自身的软实力，文化艺术上的成就可以带来全民族的文化自信，甚至能够平息各类社会矛盾与恐慌，推动社会的进步，更可以加深西方对中国的了解，从而赢得我们急需的大国崛起的国际空间。没有了自身文化的诉求，未来国际社会中我们只是一个有钱的奴仆，因为，只有制定规则的才是真正的主人。

从意大利回到北京，望着古都京城的阑珊夜色，衣着光鲜的人们行色匆匆，享受着夜的生活，灯火辉煌处甚至胜过了米兰；这是一种既熟悉又陌生的繁荣，醉心于经济增长的人们忽视了在物质繁华的背后有种东西在枯萎，没有了它，财富也只是飘浮的云烟，总会散去。

历史就是不断地得到和失落，于是，看见的，看不见了，繁华的，荒芜了。

工地综合征

施工图，出完了。

设计费也收得差不多了，至多留点儿尾款。

对于设计院里所有的人这似乎是个信号：项目已经基本结束了，只剩一点儿事——工地配合，就像那点儿尾款，十不足一。于是项目组中大部分的人开始了新的设计项目，不久之后新的工地又产生了，伴随又一个新任务的接手……

这是标准的设计院链条，周而复始，循环往复。很多年了，没有人怀疑这有什么错，也许本身就没有什么错，因为传统的设计院概念中工地阶段就是配合，就是补图纸的漏、改图纸的错。按照这样的逻辑推导：总是泡在工地上的人，老是说工地配合工作量巨大的人，他画的施工图一定错漏很多。图纸没啥问题，还总泡工地、改图纸、出变更，他一定是有病了？

还别说，建筑师队伍里还真有这样的"病人"，有的"高烧不退"，更有甚者，不可救药。

他们很多人先是受到境外建筑师的感染，此后又在建筑师团体里、聚会中交叉感染，并试图传染给他人。

他们"症"在言行，"病"在大脑：执着地认为建筑师工作的终极目的不是一套优质的图纸和收清设计费，而是要拿出一座优秀的房子来，不光是为了实现自己对建筑的理解，更是对业主和社会负责。因而工地阶段不仅是图纸的改错补漏，更是设计的延续和控制：给招标公司提供多达十项的招标技术要求：电梯型号、厨房布置、卫生洁具确定后要核对图纸、细化设计，大到吊顶、地材，小到锁具、五金、扶手，设备面板需要定色定样，门窗、幕墙、室内装修、室外环境等二次深化设计必须由建筑师控制，设计深入了，问题也自然暴露了，要调，要改。建筑师再大牌，设计细节上也要随着专业设计的深入来调整自己的想法，一次性把设计做到位，不调不改的，要么是神，要么不是建筑师。

其实，建筑师要做的事不是配合施工队，而是让施工队配合建筑师。这一点，我更习惯给工地列一个表，要求他们来配合我的工作，不然工地总会有各种理由篡改设计，逼建筑师就范，常用理由有"订货""加工来不及""赶工来不及"等。

不知道自己是何时患上"工地综合征"的，具体又是被谁传染的？反正从"北师大"到"中软"再到"检察院"，病情是越来越重。在建筑师间交叉传染的过程中，发现他们性格不同，工作方式不同，表现的症状也不同。即使同一个建筑师，不同的项目，不同的阶段，"发病"情况都不尽相同。

综合我在"中软"和"检察院"的"临床"表现，总结了六大基本症状。

症状一：迎着责难上，没有责难，制造责难也要上。

"中软"的业主对突破预算很敏感，给建筑师做了个规定：涉及增加预算两万元以上的变更要写清楚原因：是设计错误、设计遗漏，还是设计深度不够。这就等于出一份变更就要自己承认一次错误，根据现场的施工情况若要调整和优化原有设计，就极有可能被业主秋后算账。我完全可以能不改就不改，反正一不影响使用，二不违反规范，省得事后遭人责难。但正相反，随着施工的深入，我对建筑的理解也越来越深入，许多的节点改动了，还好"中软"的领导在"秋后"不但没有责难，反而在各种场合给予了肯定。

也许是运气好，遇上了好业主，也许是敬业、自律，得以投桃报李。

症状二：不图安稳，诚心找累受。

"检察院"项目业主在施工阶段明确提出："外墙想用石材。"
"为什么？不会有奢侈感吗？"我问。
"我们喜欢石材的重量感、永恒感，适合检察院。"业主说。
"可是，清水混凝土更适合，朴素而厚重、尺度大。作为高层建筑，我们可以用干挂板系统。"
"那是什么东西，没见过，没把握……"

于是，我找了大量实例资料，还带业主去了大连考察，前后三次给各级领导汇报。但业主仍旧心存疑虑，经常抛出一句让我备感压力的话："挂石材效果不好我们负责，挂水泥板效果不好你负责。"以前没接触过此类材料，是第一次用，因而自己也要学习，看书、问人、参观，没少为这事折腾。

凭着对建筑的理解和信念，稳妥和挑战之间，建筑师往往选择挑战。

症状三："吃了堑不长智"，血的教训也不吸取。

老说工地危险，以前只听过没见过。直到1993年底在"中软"工地，我正抬头看一段要修改的管线时，一颗带锈的钉子透过鞋底扎进了脚板，结果耽误了大半天时间，被送到昌平医院包扎，还打了破伤风针。这时我才认识到工地处处有危险。紧接着，年初在"检察院"磕伤了脚踝，之前一个月在"中软"又破了相，鲜血直流，至今额头伤疤明晰可见。总之，就算吃十堑，也不长一智，血的教训不吸取！

工地危险，却以极大的热情投入，其实这真的不算什么，因为建筑师们大都如此。苗苗建筑师在院刊上写了篇文章，提到应该为每一位下工地的建筑师买份保险。虽然这不是什么"金钟罩""铁布衫"，不能避免皮肉与钢筋、水泥的冲突，但在发生重大伤害事件时，多少也是个安慰。

症状四：脸部皮层明显增厚。

"检察院"的领导多是军人出身，直率而且性子急，加之办案多年，一不留神就把各种审案的习惯用语使到我身上，多难听的都有。所以在高检工地，时不时地有一种被审判的感觉。

白京华是"检察院"的项目经理，私下里对我说："听他们训人，我得戴上钢盔，穿上雨衣"。我说："我不用！脸部皮厚，自带装甲。"

其实这是戏言，都说建筑师执着，执着怎么能没脾气呢？有时候我真想跟他急，可要想把事情解决好，只能是他急你不急。

几个月下来去工地的次数密了，几乎天天见面，还经常一同出差，时间长了，也是将心比心，他们被我们的敬业精神所打动，逐渐地开始理解建筑师，私下我们开始以"哥们儿"相称了。

信任由此产生，直接结果是：在"检察院"工地中建筑师具有了更多的权威性。

症状五：视觉过敏，导致夜不能眠。

曾多次带建筑师朋友去已经基本竣工的"中软"工地，虽然朋友们多是赞扬，说的也是一些鼓励我的话，可我就是不痛快。看着不到位的施工，看着被篡改的设计，尤其是曾经下了功夫、花了精力设计的地方，被工地和业主以各种理由篡改了，心里特难受。那些地方哪怕是微小的细节，也让我感到特别刺目。后来，还有一些建筑师要求看房子，我总是有点犹豫，主要是自己视觉过敏，怕业主在那已打折了的室内外环境中改了些什么，或添点什么让我添堵儿的屏风或大花瓶之类的东西。唉！心理太脆弱，受不了这份儿刺激。

"中软"验收前，发现连廊吊顶用的金属穿孔板猛一看还行，可细看板是人工打孔的，板不平、孔不齐、胶不严。我当时火了，要工地换板整改。工地的人求情说："您别再让我们改了，这活业主就批了这么多钱，我们赔不起，换板也赶不上验收时间啊。"我心一软，将就将就，算了。晚上回到家躺到床上，心里总觉得不对头，那块刺目的吊顶总在眼前晃悠，就这么几乎一夜未睡。第二天一早打电话给工地："对不起！你们必须换板整改，不然我睡不好觉。"

现在想起来自己也挺坏的：凭啥自己没睡好觉，就叫别人的利润少了一块。

症状六：不但自己病了，还要努力传染别人。

工地进入紧张施工期时，我要是三天不去工地，心里真有些不踏实。

我自己爱去工地，也爱把自己去工地的经验和感受介绍给别的建筑师，尤其是院内、所内更年轻的建筑师。在"中软"及"检察院"项目中，我经常鼓动他们一有空也跟着我到工地走走，让他们的眼睛不再只专注于图纸，去了解建筑师工作的另一面，去发现建筑设计的另一个延伸阶段。来工地现场对于形式的判断往往比图纸更准确，有时候，工地现场还能激发出特有的灵感。

想起来仅"中软"一个项目，先后被我带到工地的年轻建筑师已不下二十个人了。让他们认识到施工图设计的结束并不是项目设计的结束，这一点很重要，因为他们将来都会主持工程，相信那时他们会比我做得更好。

关于工地的甘苦，要说的真是很多。工地很有意思，每个工地都有很多可以入书的有趣段子，建筑师单调的生活也因此丰富了很多。工地又很磨人："中软"对于工程造价严格控制，其措施几近变态；"检察院"室内平面频繁地调整，使设计人成了"老改犯"，楼都封顶了，二次结构墙都砌了，仍然阻挡不了他们改平面的决心。因而建筑师在历练中变得"狡猾"，他们为了实现自己对建筑的理解，可以费尽心机。可他们从来就很单纯，因为他们只是想实现自己对建筑的理解。

我们总想做专做优，可在工地设计阶段，国内许多中小型的设计事务所（华汇、都市实践、九三等）已经做得比我们专业得多，他们专门设置了控制工地现场建筑师，这样项目建筑师就可以省去一些烦琐的事务，腾出时间多做一些项目。但无论怎样，建筑师都是工地现场永远的主角。

工地对于建筑师真的就像一个舞台，建筑师对于知识和技术的掌握，对于概念、观念的理解，以及建筑师做人处世的态度，都将在工地中展现出来，并深刻地影响着未来将要建成的房子。

如此，建筑师多少都有点儿"病"，而工地综合征还只是他们所患的诸多病症之一。

虚弱的形式

以前只是觉得拍电影和做建筑有很多相似处，但笔落此处，突然觉得两者就是一码事。如果你最终确定的形式，不是这个建筑本身所应具有的，脱离了构建它的最基本的元素，只会成为飘浮于表层的东西，那么这些貌似强大的形式随着房子的建成和使用，随着时间的推移将变得虚弱和可笑，建筑师也很可能因此落入形态上的陷阱而不能自拔。

就说前些年自己做建筑，觉得首先要靠平时的积累：多看书，多积累心得，希望举一反三，以备任务来时头脑里有东西，可以大笔一挥或是信手拈来。这样在看完任务书后，排排平面，心中已经对建筑的大体形式有了模样，剩下的只是比例的推敲和具体问题的解决，以后的设计过程基本是按照大脑中预先设定好的形式推进方案。而要设定这样的形式只有靠平时的积累，选取大脑中固有的好的形式，好的空间组合。可能是执着的原因，有时一些打动我的东西，还常常有一种不用不足以解渴的感觉。

想起来很可怕，因为这样的工作状态和方式我几乎持续了将近十年，那么长的时间只是在关心形式本身，做方案只是反映自我主观对形式的好恶。反思自己做的东西，发现几年前原来自认为不错的东西，我却不喜欢了，甚至觉得庸俗、程式化，有些经典而又有力度的形式规则，在方案中常显得苍白无力。

话又转到一年前，一次简单的对话对我触动很大，那是在成都开会的会间，一位朋友曾问我："你觉得你做的设计，是你自己的设计吗？"

我回答："应该是吧，因为我没有抄别人的。"

"可是不抄别人，你凭什么做设计？"

"凭我平时的积累，平时的学习。"

"平时学的都是别人的东西，积累的也是别人的成果，用来做设计能算是自己的吗？"

"至少会有一些是自己的吧，因为每个项目的条件总会不一样，结果自然不一样。"

"体积、高度、形状会有不同，可是建筑本质的东西并没有什么不同，我是在问你的设计到底和别人有什么不同？你到底凭什么做设计？"

"我，我……"

我记得我想了半天也没有回答上来，还可笑地说了些用工作模型把握设计的事例来搪塞。

这段记忆犹新的对话，只是由于在这一年里总是不断地在记忆中回现，反倒觉得有些虚幻，但朋友是真实的，就在身边，他的名字叫柴培根，思想比我深刻得多。

以后的日子里，让我思考了很多：到底凭什么做设计，什么才是真正持久和具有生命力的形式。提取记忆式的输出形式，只能僵硬和程式化，它让建筑丧失了真正与众不同的本质，丧失了表现个性化的机会，在强加的所谓有特点的形式面前，建筑只剩下畸形和浮躁了。

现实中因为放弃了对事物本质的思考，致使程式化的设计太多，它总在按照视觉惯例告诉我们：它像什么，它代表着什么。这样的现实是可怕的，因为视觉的惯性反过来正使我们的思想逐渐地懒惰起来，使我们失去了对建筑发现和体验的快乐。

我坚信好的画作代替不了好的设计，稍加思索，就拿起铅笔潇洒地在草图上勾勒的人，自以为建筑设计是厚积薄发的，是用灵感创作的，其实都是简单的输出，是程式化的罪魁。胡适先生提出的"少谈些主义，多研究些问题"也许用于现今日趋程式化的建筑设计再好不过了，因为建筑设计远不是简单认知意义上的绘画和雕塑，建筑的出现意义在于以物化的手段解决社会问题，诸如居住、工作、娱乐等，由此而引发出的空间遮蔽、开敞、采光、视线、节能、经济以及行为方式等各类基本问题。这类问题是基本的，但解决问题却是复杂的，所以在项目中具有针对这些基本问题的分析、学习、推导才是推进设计的原动力。当这些建筑最基本问题的研究成为设计开始的原

北京市人民检察院新办公楼

点时，设计中所有原本固有的模式就会被动摇，密度、容积率、尺度、比例都被重新认知。新体系的建立和新结果的出现常常出乎建筑师自身的预料，在这之中自然形成而非刻意预制的形式才是真正持久和动人的，设计也会因此成为最让人沉醉和妙不可言的事情。

其实，做建筑和拍电影真的很一样：强加的主观设定，无论你怎么强调都是虚弱的，寻找本质中蕴含的形式才有力量。

叶欣：Penn 之琐忆

叶欣：1978 年生，现为中广电广播电影电视设计研究院主任建筑师。代表作：中央财经大学科研教学综合楼、成都妇女儿童中心、北京音乐厅改造工程、老挝国家电视台、中央财经大学沙河新校区。著有《中央财经大学科研教学综合楼》，译有《催化形制——建筑与数字化设计》。

一

美国费城西面有个叫 Penn（即宾夕法尼亚大学）的地方，曾经有那样一群人来过，又走了。

"爱上一座城，是因为城中住着某个喜欢的人。其实不然，爱上一座城，或许，仅仅为的只是这座城。"对此言，我深以为然。常忆起在费城以及宾夕法尼亚大学度过的那段时光，每一处用双脚丈量过的风景都记忆犹新，至今难忘。

三百多年前，美丽的特拉华河和斯库基尔河汇流处，英国探险家威廉·佩恩（William Penn）发现了这个地方，并为之取了一个好听的名

叶欣与妻子在宾大校园中

字——费拉德尔菲亚，这是希腊语"兄弟之爱"的意思。某种意义上讲，这里孕生了今日之美国精神，因为，美国历史上的巨著——《独立宣言》和《美国宪法》都诞生于此。这两部世界级文献是人类文明史上的不朽篇章，也是美国的立国之本和信心依靠。

1918 年，中国建筑师朱彬来到宾大，之后，赵深、杨廷宝、陈植相继前往。1924 年，梁思成开始了他在宾大建筑系的学业。在他后面，又来了童寯、哈雄文……那段岁月里，先后有 25 位中国学子到宾大学习建筑。他们后来都在中国现代建筑设计、建筑教育方面取得了赫赫成就。

那时的费城是美国第三大城市，正处在工业化的顶峰。"城市美化运动"方兴未艾，美国建国 150 周年庆祝仪式也在这里举行。梁思成离开费城之前，包括市政厅、火车站和博物馆在内的一系列宏伟建筑尽数完工。对于学习建筑的学生来说，当时的宾大可谓意义深远。1903 年，保尔·克雷（Paul Cret）从法国来到宾大建筑系任教，带来"布杂"（Beaux-Arts）体系的真传，一手将宾大打造成了法国之外最让学子趋之若鹜的学院派建筑圣殿。

每个城市都有自己的性格，像一个个有着独特个性的人。费城在当时是世界首屈一指的城市，如风华正茂的女郎，正处于人生的黄金时代。

随着岁月的变迁，如今的费城在全美城市排名已是第五。多数中国人想起它的时候可能更多会想到丹泽尔·华盛顿和汤姆·汉克斯讲述的《费城故事》；如果还有，则可能是那口自由大钟和本杰明的铜像。此时在我眼中的费城，如美人迟暮，带着往日的辉煌和经年沉淀的风韵，拖着缓慢的步伐，走在行色匆匆的时代里。

初至宾大时，我正巧遇到上一届学生的毕业典礼。丹泽尔·华盛顿作为邀请嘉宾，在宾大运动场上发表了精彩的演说。不同肤色不同语言的青年学子与他们的父母兄妹汇集于此，个个盛装出席，情绪饱满。典礼场面壮观，如同节日般绚丽多姿。掌声、音乐声、欢呼声不绝于耳，有人甚至带来了"呜呜祖拉"（Vuvuzela），为自己的至亲好友能拿到宾大的那张毕业证而欢欣鼓舞。身临其境者，无不为之动容。

二

2010 年，在我做访学准备的时候，中央电视台播放了八集纪录片《梁思成与林徽因》，唯美地讲述了在那个跌宕起伏的大时代里梁林的往事。从影像中我得知在宾大的费舍尔艺术图书馆（Fisher Fine Arts Library）有个荣誉档案室，里面可寻找到已故大师们的身影。到宾大后，有缘与北京交通大学的夏院长、北京林业大学的张博士相约，一道前去探访这个荣誉档案室。

在电视里见过的档案室负责人威廉·惠特克热情地接待了我们，他很高

久负盛名的费舍尔艺术图书馆

兴我送他中文版的梁林影像。他让我们参观了档案室保存的大量史实文件，或许因为聊得开心，他让我们一饱眼福，把一些没有给央视展示的资料也给我们看了。尘封的历史又一次展现在眼前：梁林穿着自制的奇装异服在舞会上的相片，杨廷宝的素描和水彩画真迹，以及那一批学生的成绩单……有趣的是那时候照片里大部分中国学生都不苟言笑，唯独有两人笑容可掬，他们是陈植和林徽因。陈植曾是清华管乐队法国圆号手，进入宾大建筑系后，他是合唱团里唯一的东方学生，经常随团在费城附近演出。1927 年，宾大合唱团和费城女声合唱团应纽约交响乐队指挥华·丹慕拉旭的邀请，参加他的65 岁告别演出，演奏贝多芬的第九交响乐，陈植随团受到了当时美国总统柯立芝在白宫的接见。

　　兴趣爱好之余，他们在学业上的成就更是有目共睹。在那批中国学生的成绩单里，可以看到很多"D"。20 世纪20 年代，"D"的意思是"Distinguish"，是杰出的成绩之意。当时一半的设计奖项几乎都被中国学生包揽。童寯设计的教堂获一等奖，水彩画获二等奖。林徽因设计的圣诞贺卡也得了一等奖。不过当时的建筑明星当属杨廷宝，他两次获"布杂"设计大赛大奖，并多次上了报纸。

梁思成先生和他的同学们一笔一笔精心描绘的图画虽然纸张已泛黄，但仍能看出他们当年倾注的热情和心血，那是一种由灵魂透过非凡的才华绽放出来的美！"如果说政治是他们的父辈维新的手段，那么建筑则是站在世纪之初的他们思考中国现代化的方式。"除了家学渊源和深厚的文化底蕴外，博雅教育或者说通识教育对他们的影响是极为深刻的。建筑，是那个新时代赋予他们的使命，也是他们选择与思考世界的方式。难得的是他们将古老东方和西方的建筑文明有机地结合在了一起，显现出和谐交融独具一格的美。

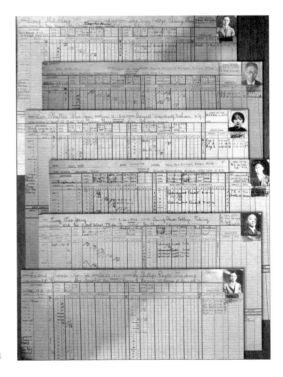

大师们当年在宾大的成绩单

林徽因学位照（左）和她参加舞会时穿着自制服装的照片

　　有同学告诉我，在宾大附近的 39 街云杉街（Spruce Street）有家旧书店，那是梁林在费城时居住过的地方。我特地过去看了——很有年代沧桑感的小楼，外观并不起眼。想到这是大师们生活过的地方，感慨良久。徜徉在校园里，总会不靠谱地猜想，这就是当年大师们走过的小径吗？他们当时在做什么？他们脑海里想的是什么？……

　　是我们留在了那一刻的光阴里，还是那一刻的光阴留在了我们的生命中？随着它的脚步匆匆而去的还有那时的我们……

　　三

　　每天从寓所到宾大设计学院的路上都要经过路易·康的杰作——理查德医学中心。这座房子并不十分显眼，比起北边高大上的沃顿商学院显得更为含蓄朴素。理查德医学中心南面有个小池塘，常钻出几只乌龟在池边晒太

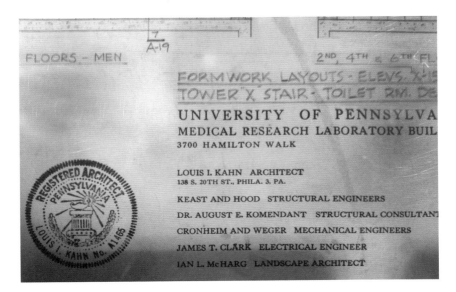

阳，底层架空的门廊处总有几只小松鼠快活地跑来跑去。斜阳照过，树影斑驳，落英缤纷，点点花痕；间或陪来宾大探访的朋友参观这座建筑时，愈发感知到大师的气场。功能空间和公共空间秩序井然，建筑结构近乎苛刻的构造表达令人叹为观止。大师过于缜密的逻辑思维和语言体系只能让我们看到一个渐行渐远孤独的背影。学界膜拜他的人很多，懂他的又有几个呢？我的导师阿里·拉希姆（Ali Rahim）早年曾是宾大路易·康研究室的主任，现在也已转而致力于参数化设计了。

　　熟记着路易·康与砖墙的那段经典对话，也曾尝试过材质的游戏。在大师眼中材质突然有了生命，我却无法对墙说什么。光是那些挂板分割、砌块对位、饰木交接、方钢传热，就令人疲惫不堪、应接不暇了，大师一定会嘲笑我的笨拙吧。磨砖对缝、真材实料在当下缺失的工艺和低造价面前只能成为奢望。同时也自然成了我们这代建筑师的借口和困惑……陈植回忆路易·康说："康不似保尔·克雷一般保守……康是个天才！你给他一段旋律，他就能在钢琴上弹出曲子来。"康1906年从东欧移民到美国时身无分文，曾靠画画为生，后来又通过为无声电影钢琴配乐养家糊口。只可惜大师的很多画作都已遗失，或被他貌合神离的夫人处理掉了，如今在宾大荣誉档案室仅保留了一张康的大幅素描作品，让我们唏嘘不已。

人和历史对话，出现了一个叫马克思的人；

人和自己对话，出现了一个叫弗洛伊德的人；

人和科学对话，出现了一个叫爱因斯坦的人；

人和砖对话，出现了一个叫路易·康的人。

四

距离宾大设计学院咫尺之遥，便是赫赫有名的宾夕法尼亚大学考古和人类学博物馆。这所博物馆是一座有着世界级水准的古代艺术博物馆，里面有古代两河流域、埃及以及古罗马的大量出土文物，馆藏之精美，甚至可以和卢浮宫、大英博物馆相提并论，也是全美规模最大的大学博物馆。

春意中的宾大博物馆

中国艺术也是宾大博物馆的收藏特色之一。中国展厅设在博物馆建筑最核心的区域——一座圆形的大厅内，其藏品的主体大多是在1914年到1927年间进入展馆的。

我特意选修了亚洲研究中心夏·南悉教授的东方文化艺术史，听她讲述这所博物馆"中国圆厅"主穹顶下收藏着的艺术奇珍。

总体而言，在古代青铜器、陵墓石刻、佛教雕塑和寺观壁画等许多方面，宾大都是海外博物馆中的领先者，其收藏的中国古代雕刻，尤其是北朝时期的佛教雕刻，是最为人称道的部分。馆藏的中国北朝艺术的绝响——北响堂大北洞中心柱南龛、左右胁侍菩萨的两具头像，是公认的最为精美的响堂山石刻之一。

"中国圆厅"内最令人激动的展品应该是来自唐太宗昭陵的两匹神马——"飒露紫"和"拳毛䯄"。陈植回忆："思成兄、徽因与我每往，必对这一浑厚雄壮的浮雕凝视默赏。思成兄本人又常徘徊于汉唐冥器之间，中国传统艺术已开始从喜爱逐渐成为他致志的方向。"

夏·南悉教授还谈道："梁思成来宾大学习建筑，可一开始他并没有意识到日后要做一名建筑师和担负起建筑史学家的使命。他自己的国家正在艰难地步入到近代化过程中，当他亲身感受了西方的建筑学和艺术体系之后，他开始有了方向。"

五

一人，一书，一茶，一梦。

归国已三载，细细回想，去费城之前，悸动不安；等到了宾大，发觉可以坐进图书馆，关上手机，品味那份书香，喜不自禁。原认为读万卷书和行万里路，只要能做好其中一件事就该很满足了，人却总希冀索取更多。计划、听课、助教、设计、远游、参观、讲座……时光在白驹过隙中飞逝。

从费城回到北京，周围生态环境突变，雾霾罩城，久驱不散，几乎月余

"中国圆厅"传奇

自锁家中，无心出门。车堵西二环，再次感到空气如此刺鼻，怀念费城清新的空气和满目的鲜花。面对灰白世界，"雾都孤儿"的落寞油然而起，心情压抑但又无处发泄的愤懑，估计很多人都有体会，几乎人人能看见，亦都默默在忍受，更何况当下之"精神雾霾"。

　　每天都在机械地翻看着微信朋友圈，了解着相识或不太相识的人们的欢娱、饕餮、乐游、感怀……被注入大量鸡汤的人生文字，励志感言滥觞，被抛起，再被降落，已经谈不上喜与忧了。

　　怎么办？

　　再次求助于我的人生导师张钦楠先生，将困惑告诉他。张先生跟我聊了许多，又专门写信鼓励我，还送给我他近年编写的《约园谈古》等三本著作和文集《守庐杂著》。

　　秉烛夜读，久旱逢甘露，感慨万千。由书中看到了一位智者爷爷在书房中忽起忽坐，品经阅史，谈笑风生，魔幻般的对话，从容又自在；看到先生对事物的认识，对人生的解读；也看到了作为早年留学麻省理工的谦谦学者，"枪林弹雨之中，汗竹秋灯之下"经历的世间百态，人生冷暖。书中

道："学须静也，才须学也。非学无以广才，非志无以成学。淫慢则不能励
精，险躁则不能冶性。能亲历目睹世界与国家之大变，幸甚。理想世界，恐
至少仍需百年出现，然时无止境，亦不足惜。"

　　忽地明白，人生不仅需要平实安静，更需要背后的韧性和逻辑，需要非
常的用心，非常的视界，静下来，慢下来，细细想，好好做。我鼓足力气，
逾界尝试，翻译了我的宾大导师阿里·拉希姆的著作《催化形制——建筑与
数字化设计》（355 千字）。耄耋之年的张钦楠先生拨冗审阅定稿，最终由中
国建筑工业出版社付梓发行，算是对宾大所学所思的一点总结，也为宾大献
上了一朵自制的小花。

　　渐渐懂得，真正的平静，不是避开浮光掠影、车马喧嚣。我们经常太过
忙碌，以致忽略了喧杂街巷中隐藏的亮丽景致；我们也常在快速前进中不经
意错过了某些重要的片段。看似拥有的，未必拥有；看似离去的，未必离

叶欣与张钦楠先生

去。流年似水，背上行囊，都是过客；放下包袱，就寻回故乡。人没有绝对的安稳，携一颗淡泊的心活在当下，做想做的事，在心中修篱种菊，除却火气，细看每一道风景，珍惜每一位路人，才可端坐磐石上，醉倒落花前。

　　当我们继续前行，一定要坚信，无论何种经历都是我们生命中无尽的财富，待我们老了，心中积淀满满的回忆，如同光，形同盐，既可释放能量，亦可承担压力。神自会眷顾孜孜以求者，伴随喜乐、满足和欣慰，只要我们记住：慢慢走，欣赏啊⋯⋯

薄宏涛：奇不奇怪

薄宏涛： 1974 年生，现为 CCTN 筑境建筑董事副总建筑师。代表作：绿地长沙金融城、上海养云安缦酒店、绿地杭州大关路综合体、上海市果品公司北郊冷库改扩建。

2013 年的秋天，我参加了国家新闻出版广电总局在土耳其伊斯坦布尔主办的"蓬勃中国——中国当代建筑展"，展览的主办方选取了中国大陆的 19 例建筑作品来传递中国建筑师们作为对于中国建筑本土性和当下性的思考和探寻。

参展作品中面积最大的五万平方米，最小的仅有一百平方米出头。这样的体量在中国如火如荼的建筑市场中论个头排序显然都是些小房子。

虽然都是出自国内业界精英之手，但对于大量的公众媒体，这些小房子似乎还远不足以引起足够的关注，真正在公众媒体中受到关注的是各种可谓"奇葩"建筑的"大家伙"。"大"所以为"大"，不单是因为建筑面积多、个子大，更是因为社会关注多、影响大。

前些年，媒体关注的"奇葩"建筑是以几年为时间单位出现。曾经引发轩然大波的那只国家大剧院的"水煮蛋"现在安安静静地趴在人民大会堂西边，没多少人关注了；著名的CCTV"大裤衩"吵了几年，一把大火之后也就没太多声音了（当然，2013年光棍节的前一天它突然得了全球最佳高层建筑奖，又吓人一跳）。令人错愕的是，这一两年间突然风起云涌、"奇葩"频现，大有你方唱罢我登场的架势。"大秋裤"（苏州"东方之门"）、"大马靴"（上海尚嘉中心）、"马桶盖"（湖州喜来登酒店）、"比基尼"（杭州奥体中心），这一堆怪名字没有最怪只有更怪。

　　其实，"东方之门"的立意是苏州门户，是金鸡湖规划中的重要轴线地标。这个设计早在若干年前就已定稿，看了这么多年，我从来也没有把它的形象和秋裤联系在一起。工程因为资金问题一拖再拖，终于快落成了，却不想被兜头打了一闷棍，变成"秋裤"了。尚嘉中心立面采用了现场冷弯单元式幕墙，具有很高的技术含量。因为高度限制和原设计追求的曲线形态，建出来的整体效果确实不咋地，可是"马靴"的调侃也还是有点离谱。MAD（系由中国建筑师马岩松2002年创立的在国内外颇具影响力的建筑事务所）做设计时设想的湖滨指环被戏称为"马桶盖"，估计设计师做梦也没想到（虽然，这个确实长得有点像）。杭州奥体是采用了参数化设计的力作，造型流畅生动，很符合体育建筑应有的特点。站在正常人的高度看，怎么也不会看出这所建筑像"胸罩"，可惜不知哪位"鸟人"飞到空中读出了让设计师哭笑不得的引申义。

　　我们的公众评价怎么了？是中国人的具象思维能力太强了？还是我们的公众评价被恶俗化了？

　　小时候，媒体资讯匮乏、娱乐生活也鲜见亮点，就有很多人喜欢围观街头看打架，唯恐当事双方不能打个头破血流，不是劝架，是围观起哄。遗憾的是，几十年过去，网络资讯的普及有能力让地球"变平"，却无力改变国人爱起哄的心态。

　　前述的那些"奇葩"建筑绰号，显然也逃不出起哄的老套路。

　　我的一个朋友在微信圈里贴出了一句话："谁糟蹋了这么一个本来很不错

的设计？"这个问题问得很朴素，却也一针见血！为什么大家看到了施工过程中带着脚手架的建筑，被某些别有用心之徒拍出的一张极具偶然性的照片之后那么兴奋？看到美国新闻节目播音员无良的调侃后那么群情激昂，像打了鸡血一样两眼放光，兴奋地谈论而口吐白沫？这和鲁迅先生笔下的愚民是何其相似？"五四"已经过去了近百年，在国家经济强势崛起的背景下，国人的心态是否真正脱离了恶俗和低级趣味？这值得我们严肃而慎重地思考。

"中国好声音"办得好，它弘扬的是一种积极的价值标准，英雄不问出处，不看长相只听声音。用音乐的方式品读音乐，是这档节目红遍大江南北的关键所在。"蓬勃中国"办得好，它向外宣扬了一种声音，一种来自中国的清醒、客观、带有文化自信的声音——公众最需要的、正确的建筑声音。

我们该怎么读"中国好建筑"？

如果我们的公众媒体大量关注报道这类正能量建筑事件，而不是关注所谓夺人眼球的奇葩绰号的时候，我们才能拥有可以认真品读"中国好建筑"的良性平台；我们只有放下恶俗的起哄的心态，才会有能力用心去聆听这些凝固音乐的建筑空间节奏中或舒缓轻快或高亢激扬的旋律，我们才能真正拥有了品读"中国好建筑"的良性心态。

在 2014 年的某个访谈节目中，在一个时间段内密集出现受访建筑师"最关注的建筑议题"栏目并谈及"奇奇怪怪的建筑"。在我印象中，这个瞬间成了"现象级"的词汇，几乎是大众媒体和专业媒体头一遭如此同步热议一个话题。几年间被大量吐槽的奇葩建筑顺理成章地被统统倒入了"奇奇怪怪"的垃圾桶，我所关注的"起哄"模式在大的舆论背景下峰回路转，堂皇转身，大家终于可以气定神闲、心安理得地盖棺论定。

其实，我以为，习近平总书记提出对"奇奇怪怪"关注正恰逢其时，其标准也正是中国大国崛起背景下文化觉醒、建立文化自信所必需的评价体系之准绳。唯愿我们的业界、社会能真正以良性心态来品读"中国好建筑"，也要有能力、有平常心解读"奇奇怪怪"。希望这个概念不会带来建筑规划界的矫枉过正，过犹不及。

徐聪艺：审视空间与细节

徐聪艺：1974 年生，现为北京市建筑设计研究院 EA4 设计所所长、设计总监。代表作：中国园林博物馆、北京丽泽金融商务中心区规划设计、西安曲江文化创意大厦。

　　说起建筑师的自白，未免些许惶恐，多次提笔，却不知如何成章。想想从业这些年，一直奋战在第一线，环顾周遭，应该还是有很多感受的，谈不上自白，就说说自己关于建筑师感触较深的一些感受吧。

　　建筑师是一个为城市和人服务的职业。我们这一代建筑师遇到了新中国成立以来三十多年迅速的经济发展和城市化进程时期，持续的大量的建设，为人们带来了很大的物质生活的改善，给城镇带来了形象上的脱胎换骨，也给建筑设计从业者带来无数的机会。近年来，随着社会认知、媒体，包括建筑师自己对建筑的关注愈发凸显，国际的、本土的，林林总总，不同风格、不同创意的作品涌现在我们的城市里，这些关注度导致了更多所谓的"创作"层出不穷，我们的城市整体形象迅速地甚至疯狂地变革着、增长着，大城市、小城市，一个一个不曾停止，于是各类的关于城市的问题开始出现，人们开始抱怨、反思，问题出在哪儿了？

城市发展是一个过程，环顾人类近代历史上那些成功的充满魅力的城市，不难发现一个美丽的城市并不是由一个个成功的单体建筑简单拼接而成的。我们对城市生活的体验和感受绝大部分来自于城市和区域的整体形态、城市空间的品质、区域的文化风貌和城市的公共服务系统，而不是一个个与众不同的单体建筑。博物馆、大剧院在城市生活中只占了很小的一部分。显然，建筑师作为一个社会公共服务者应该跳出单体建筑的个体趣味的局限，着眼于更大的区域范围，从城市的角度来思考建筑和城市问题。去审视城市的历史文脉，理性地对待未来的城市发展，城市的形象是由区域属性、生态环境、规划、文化、艺术、交通、建筑、景观、设施等各方面综合塑造出来的，也是各层面通过博弈、协调、整合的结果，建筑是为城市社会服务的。

解决中国当代的城市问题必然是个复杂而且漫长的过程，是个综合性的社会问题，作为建筑师，责任重大，可以从城市设计作为出发点去推动和改善我们的城市建设。我和我的设计团队在工作中提出了"集成规划"的思路，旨在通过将以上影响城市发展的各个因素尽可能集合起来，统筹考虑，使各因素之间尽量相互匹配，相互促进，形成更高层次的、结构有序的城市发展和效果控制模型。把城市设计的成果形成一个综合性的、指导性的，甚至法规性的城市设计导则。这种导则性的空间建设原则指导和衔接宏观规划与微观单体建筑、空间环境乃至城市设施等方面的建设，通过在相对长期的建设过程中的发展、调整和优化，对城市整体环境起到持续的控制和指导作用。这算是我们一定范围的尝试，从现在行业范围内去看，从城市整体效果角度去看建筑设计，应该已经越来越受关注，并一点点走上轨道，相信未来会更好。

同时，作为一个建筑师，在建筑单体的创作过程中，应该从城市周边环境出发、从地域文化出发、从城市使用者的直观感受入手去思考和工作。调

中国园林博物馆

整心态，去掉浮躁，别老想着放大招、成大师、名垂千古。从我做起，提升建筑师的基本空间和美学素养，认真研究环境，对待每一个空间、每一个细节，投入其中，真正面对我们的职业和责任，我想这是我们对城市和我们每一个使用者的基本态度。

回头看看自己写的想法，未免有些沉重，话题挺大，有杞人忧天之嫌。作为一名建筑师，能通过给城市和人们提供一个适宜的空间和场所，服务于他们，又或多或少地影响他们的生活，这其中的最朴素成就感就是建筑师的价值所在吧。

朱颖：并非杂忆闲记

朱颖：1976 年生，现为北京市建筑设计研究院约翰马丁国际建筑设计有限公司董事长、总建筑师。代表作：通用电气医疗（GEHC）中国科技园、公安部国产 DNA 试剂高技术产业化示范工程、上海世博会万科馆、中建翼之城。

我从 1993 年进入建筑系求学至今，走入建筑之门已逾 21 年。作为 20 世纪末走上职业生涯的一代学子，恰逢中华大地甚至全球有史以来最大规模的建设期，举国上下塔吊林立、开发区遍地开花、地产商日日催图、建筑师天天加班……如今迈入新常态，方有机会停下脚步回顾，却思绪颇杂，故将我建筑人生的 21 年分为三个阶段，每段七年，以闲记之。

第一阶段（1993—2000）：误打误撞来的建筑系新生

我小时候有很多理想，唯独没有想过做一名建筑师，读建筑系纯属误打误撞。当时同学们报考建筑系的原因和心态各异：有的是不愿意学枯燥的数理化；有受学哥学姐的宣传，认为建筑系的学生可以出去画画、学习比较有趣而入读建筑系的；还有很多同学是慕梁思成与林徽因先生大名而来的，有一定盲从心态；当然肯定更有从小就喜欢建筑，一心报考建筑系，把成为建筑大师当成人生目标的同学。最后一类同学属于建筑早熟者，我肯定不是。在报考建筑系时，我是把它当成结构专业来报考的，上大学之后才发现事实不尽如此。

在我人生第一个重要的十字路口——填报高考志愿时，对于身处黑龙江边陲小镇的我，父母唯一的也是最重要的要求就是到北京去。这可以实现他们两个心愿：一是离家不算太远；二是父母都是辽宁人，我到北京读书可以早日实现他们回故乡安度晚年的愿望。从小受够了天寒地冻，我倒是极其向往亚热带生活，希望去南方读书。二十多年前，交通和职业自由度均不似今日，父母觉着真到了南方就回不来了，所以对我南下读书的想法坚决反对。加之小时候我们每人心中都有一份对祖国首都的向往，父母没费太多口舌就让我放弃了南下的梦想，我决定所有的志愿全部填北京的学校！接下来需要决定的事情是学校和专业，在这件事上，父母表现出了绝对的民主作风，压根儿没过问，自始至终都不知道我填了什么。拿到志愿申报表，父母不管了，我决定去找一个主心骨——我的一位数学老师。他只在高一教了我们一年，他的课我总是认真听讲，我的数学成绩不错，他对我也另眼相看。这位老师被县里相中，在我上高二时就调走了，很快做了县计委的副主任。我那时乃初生牛犊，不知道计委官有多大，想好了去找老师，边走边问就到了政府大院，径直去敲门。老师正好在，让我进屋坐下。老师说你是来找我问高考的事儿吧，我如实回答是。老师说："建筑不错，计算机不错，自动化不错……"我拿来纸笔赶紧记下，寒暄之后告辞，一路小跑回到学校，从兜里取出圣旨般的纸条按顺序抄下："专业第一志愿：建筑系；第二志愿……"于是清华大学建筑学院多了一个误打误撞来的建筑系新生。

建筑第一课

怀着对大学生活的无限向往，我打点行囊坐上火车来到北京。到达北京正好是清晨，我很快坐上校车。旁边有个姐姐对北京很熟悉，一路介绍："这是二环，这是……"很快，她说："快到清华了。"我立马站起来，很想看到想象中的清华殿堂是个什么样子。校车顺着一条很窄的路（后来知道是主楼前边的中轴线，1993 年还是一条下雨就很泥泞的小路）向前开，穿过一个小门（前东门）后一转弯，我的眼前突然出现了一栋雄伟的建筑。旁边的姐姐说："快看，这是主楼……"校车顺着清华主楼前的半圆形道路很快穿过主楼的过街楼，前后不过十几秒钟，但那个建筑形象却深深地定格在了我心里。这是我一生中第一次感受到建筑的宏伟，第一次喜欢上一个建筑，也是通过主楼第一刻感受到清华大学的气息（我有时认为接新生的校车路线都有着刻意的安排）。这件事，伴随着我五年的大学求学生涯，甚至一直到我工作之后很多年还时常忆起。关于建筑、关于比例、关于尺度、关于对称、关于轴线、关于空间、关于群体、关于大学、关于庄严……这些与主楼相关的不相关的东西都影响着我。

很快我们知道主楼是关肇邺先生的作品，知道原来是打算建 14 层由于经济原因只建了 10 层。我毕业时，学校在准备进行加建主楼，听说关先生很不赞同，但学校还是在顶层加建了一层。后来，主楼前修了几十米宽几百米长的绿化轴线，两侧的建筑也竞相绽放，但却不再让我震撼。

清华主楼，我人生中的建筑第一课。

WW 工作室

建筑系的学习充实忙碌，五年时光匆匆而过。在人生的第二个十字路口，我再次选择了北京，来到了北京市建筑设计研究院。我刚参加工作时，被院里分配至院办公室，当然不是去做行政工作，而是到 WW（吴观张、王昌宁）工作室工作。两位先生在六十几岁时成立了工作室，每年会有三到四个毕业生去这里工作，人事关系放在院办公室。在两个老爷子这里工作很开心，除了俩老头，就是我们几个年轻人。不知谁背后给俩老头起了外号叫"老猫"，大家背后也偷偷地叫，结果有一天，俩老爷子突然不知从哪里弄来两只猫的剪影，吩咐我们贴在门的玻璃上。大家会心一笑，看来"老猫"这事俩老爷子一直知道，干脆把这外号公开，随你叫就是了。俩老头基本是手把手地教我们，每月还有专题课。学生就我们几个，偶尔还有设计部门的人来旁听，感觉和读研究生差不多。专题包括楼梯、视线、旅馆、核心筒……这点基础知识一直用到现在。WW 工作室大约运行了十年，两位老先生认真地教书育人，前后总共出了三四十位弟子，为北京市建筑设计院青年骨干建筑师的培养做出了巨大贡献。

第二年我被分到设计部门。最初干的活也基本是替设计部门老同志描描图之类的杂事儿。那时很多人计算机用得不好，我们这样的年轻人来了，计算机用得熟练，图画得快，但画的却不一定对，基本都要老同志重新改了才可以用。

从 WW 工作室开始，我在北京建院一直工作到今天。建筑学是一个以实践为主的学科，教育也以"传帮带"式的师傅带徒弟为主要模式，我很庆幸刚工作时遇到两位好师傅，除了教我们画图，还教我们做人。

工作的头两年，我一直住在院里的单身宿舍，楼上楼下都是我们这些刚出校门的毕业生。大家在一起非常快乐，画图、打游戏、吃吃喝喝什么的，总体感觉和学生时代也差不多，所以我坚持把这两年和大学五年合成七年划入求学阶段。

第二阶段（2001—2007）：懵懂入门和建筑游历

懵懂入门

进入新世纪，中国有史以来最大规模的建设开始了。欧洲有本杂志封面写的是 *A BOMBING CHINA CONSTRUCTION*（爆炸的中国建设），大

偶遇密斯名作

街头偶得——米高莱斯设计的菜市场

体就是这个意思了。2001 年成功申办奥运给北京带来了一次城市建设的跨越式发展。设计院开始人才短缺，于是我很快被当作负责人来用——实际能力还差得很远，但自己当时也没有足够意识。自己的建筑人生已然开始，参加投标、盯表现图、盯模型、背规范、当主持人、下工地，半成手被当成手用——很多青年建筑师都是这么过来的。这个阶段主要是纸上谈兵，对于建筑没有太多控制力，理想很多，靠谱的很少；图纸考虑得多，关于建筑本身思考得很少。我建筑人生的第二阶段开始了，这个阶段持续到 2007 年，其中有半年多在西班牙工作。在这个阶段，我有更多机会在国内或者去国外出差，实地体验原来书本知识的机会也越来越多。

建筑游历

建筑师的职业病大体相同：如果出去玩，回来后必会给大家看照片。若你看到对方拍的都是没有人的建筑照片时，那这人必是建筑师无疑了。一日和大学同学讨论建筑系教学改革，我的建议是加上"建筑游历"课，同学说"这是富二代的教法"，我不以为然。当年梁林两位先生除了在美国宾夕法尼亚大学学习建筑学之外，还游历了欧洲，回国后又实地考察国内建筑，可以说他们的斐然成就和他们的游历考察经历是分不开的。

我天生就爱"逛"——或者叫"徒步的建筑体验"，每次出差，如有时间，一定抽出时间去感受城市、考察建筑。在这几年中，我用脚步丈量了几十个城市。在马德里工作时，由于西班牙周五下午是提前下班的，我更是经常周五下午出行周一一早回；我大多愿意以步行为主，因为步行是感受城市和建筑的最佳方式。这些城市中，我对巴黎、巴塞罗那、柏林、圣塞瓦斯蒂安等城市印象尤为深刻。记得有一次在巴黎连续待了十天，巴黎在欧洲属于大城市，完全靠步行很困难，我特意从朋友处借了自行车。夏天巴黎早上 4 点多天就亮了，我早上 4 点醒了就出门，"逛"到 9 点去工作，下班接着"逛"，"逛"到晚上 9 点回来睡觉。我每日拿着地图，东西南北加上东南、西南、西北、东北，每次一个方向顺时针扫描，去回各顺一条主要大街寻访，十天下来基本把巴黎好的建筑都看了，也特别细致地感受了巴黎清晨的静谧、塞纳河畔傍晚的悠闲。

去柏林时正是冬天，冬日的柏林虽然很冷，但阳光很好。柏林在东西德合并之后建了很多新建筑，相对集中在几个区域，比如勃兰登堡门附近、波茨坦广场附近和使馆三角区附近等，是建筑师考察必去之地。印象深刻的是使馆三角区，那里有很多独具特色的新使馆建筑，精致内敛，每一座都是很不错的作品。

巴塞罗那是规划上极具特色的一个城市，整个城市基本都是以 130 米 × 130 米的街区为基础，加上一条横贯和一条斜贯城市的两条主干路作为骨架。街区尺度小，适合步行。去巴塞罗那除了看高迪设计的十几项几乎都是世界文化遗产的建筑，更值得一提的是有条兰布拉大街。"兰布拉"在西班牙语里的意思就是"闲逛"，这是一条特别"闲"的、特别适合"逛"的步行街。

我认为建筑照片展现的只是一个面，现场感受才是多维度、多角度的，能产生多感官的感知，包括视觉的、听觉的、触觉的。在闲逛中时常会有惊喜，无意中就发现很多非常好的建筑或者经典之作；有时也会为了看一个建筑，特地跑很远的路就为见上几分钟，就像老朋友必须见一面一样。

建筑是有性格的：有合群的、有不合群的，有的特立独行，有的急于展现自己，有的彬彬有礼，有的不懂谦让。我慢慢地走在路上，慢慢地体会着。

城市也是有个性的，每个城市都是一个自我。巴黎是缤纷外向的，巴塞罗那是市井的，柏林有点高傲，圣塞瓦蒂安很亲切，香港是步履匆匆的，东京则像一部完美的机器。中国内地有些城市在高速发展中，有时有些夸张，有时又有些拘谨，城市的火候还要拿捏。

第三阶段（2008—　　）：筑梦与坚守

时间到了 2007 年年底，北京建院领导找我谈话，派我去参与北京建院下属金田公司的重组工作，我建筑人生的第三个七年开始了。在实践中体验，在实践中锻炼，我更深深地体会到一个职业建筑师的艰辛。

回顾这几年，我希望今后能更好地处理好两个关系：一是建筑和区域环境的融合与建筑特质的辩证关系；二是建筑师和业主的关系，特别是两者价值观的统一。

我们设计的吉安文化艺术中心，用设计修正了城市空间，同时留出了一条重要的视觉通廊；我们在北京回龙观设计的琥珀天地项目，用长长的水平线条塑造了完整的城市街道景观；在某部委研发楼的设计中，项目位于山坡南麓，我们顶层采用玻璃并延伸到女儿墙，倒映的天空和树影使建筑和大自然融为一体，大大降低了建筑的尺度。建筑首先要在它的环境中存在，建筑和环境的辩证关系是设计的第一课题。

关于业主和建筑师

业主和建筑师到底是一种什么关系？是甲方和乙方？是投资人和导演？这个问题很难回答，每个人的答案都不一样。共同认识是：业主在建筑实施中至关重要，拥有一个好的业主，项目便成功了一半。

建筑首先是一个产品，业主是产品的采购者和实施者，建筑建成后才有可能具有一个公共产品的属性。在实施之前，建筑师接受业主委托按照业主的目标进行设计，所以业主在产品成为公共产品之前具有绝对的权力。建成后，建筑是业主的资产，能否得到好的维护和使用也决定了建筑能否拥有长久的生命力。

我希望我们可以和业主探讨，完美的和不完美的，统一的和不统一的，与业主共享建设过程中的快乐和艰辛。

我希望通过我们的努力，能让业主更信任我们，更尊重我们的专业知识，认可我们的敬业精神。

我希望我们可以影响业主，让他们能接受美，能感觉到实现一个有特质的建筑的愉悦；我希望影响参与项目的每一位，使他们热爱从事的工作，爱

吉安文化艺术中心

正在实施的建筑。

建筑是有感情的，建筑师对于建筑的爱，业主对于建筑的爱，都会固化在建筑中，让建筑充满生机。记得剧场建筑专家吴亭莉曾经讲过，中国援建的斯里兰卡班达拉奈克国际会议中心被该国维护得一尘不染，几十年了，虽设备陈旧，但历久弥新。一个充满生机的建筑会给人带来更多的愉悦，带来更美好的生活。

我庆幸我们遇到了很多好业主。记得在获得"江西省首届十佳建筑"的吉安文化艺术中心的设计和建设过程中，在主要的决定上，政府的领导都首先尊重设计者的意见，保证了设计的高完成度实现。竣工后，政府请保利文化帮助管理，每年有近两百场演出，使之真正成为当地一个文化场所。竣工三年后我们去回访，看到文广局将整个建筑和周围环境维护得井井有条打理得干干净净，他们对建筑的爱护精神让我们特别感动。

坚守

我们处在一个高速发展、诱惑很多的阶段，如果离开建筑设计行业，很多人可以得到更高的薪水。有人选择了离开，但更多的人选择了坚守，是什么让坚守者最终选择留下来呢？我想要么是对职业的爱，要么是对建筑的爱。

建筑本是实践艺术，遗憾必不可少。一个建筑从开始策划、设计、施工、竣工，到最后投入使用，少则三年，多则十年八年。一个建筑最后变成现实，可能会受到政府审批的影响、业主喜好的影响，可能会受到投资情况、政治形势的影响，可能会受到科技水平、施工能力的影响，可能会受到商业运行、物业管理的影响，还有建筑师的综合驾驭能力都会影响一个建筑的完成度和生命力。建筑师必须能游刃有余地处理这些问题，才能尽量减少遗憾。在这个漫长的过程中，建筑师的职业追求和对建筑的爱可能是其中至关重要的东西，我们能做的就是坚持、坚持、再坚持。

徐行川：我眼中的父亲——徐尚志

徐行川：1947年生，原为中国建筑西南设计研究院副总建筑师，现为成都协合设计行川建筑师事务所总建筑师。代表作：拉萨贡嘎机场候机楼、浣花溪公园观澜堂、华西医大附一院、建川博物馆聚落之川军馆及街坊。

《中国建筑文化遗产》：您的父亲是怎么培养您对建筑的兴趣的？

徐行川：我们那个年代的父母不像现在的家长，他们不会给孩子事无巨细的关心和帮助，也从不刻意地去培养孩子的兴趣爱好，更不会规划孩子未来的职业方向。但父亲作为一名成功的建筑师，在美术、音乐、文学等方面都有很好的修养，这些方面会在日常生活中或多或少地对子女产生潜移默化的影响。也许父亲把这些方面遗传给了我，我从小在音乐、体育、美术等方面爱好广泛，喜欢运动，喜欢古典音乐，有一段时间也喜欢绘画，可能有一点喜欢建筑设计的基因。我还记得初中时，搬个小板凳拿着画板坐在单元门口进行西南院老办公楼的写生。我记忆中有一次我学画水彩写真，在画两个苹果时，他拿过去给我画了一张示范画，这是他唯一一次指导我画画。

徐行川与父亲徐尚志

《中国建筑文化遗产》：您是怎么开始学习建筑设计的？是您父亲要您报考建筑学专业的吗？

徐行川：我是"老三届"学生，经历过"文化大革命"，有过两年"上山下乡"的知青生活，然后又当了七年建筑安装工人，生活经历也算很丰富的。"文革"结束、恢复高考时，我已经30岁了，因为在设计院的环境里长大，对这个行业还是有些了解，父亲也是建筑师，所以我想考建筑系。父亲开始不太赞成，他说建筑师很不容易学成，需要很深厚的功力，而我开始得太晚。他举了一个例子，当时中建西南院有一百多个建筑师，可真正能拿出像样作品的人只有十几个。他建议我报考暖通专业，可能是认为我当了几年安装工人，了解一些建筑技术知识的原因。我还是坚持报考建筑学专业，那时建筑系还没有艺术加试的项目，我只画了一张铅笔素描静物写生寄给学校，最后顺利地考入重庆建工大学的建筑系。大学四年我勤奋努力，设计课成绩几乎是全优，也算是没有辜负他老人家。

《中国建筑文化遗产》：请谈一谈您父亲对您工作的影响？

徐行川：毕业后我被分到西南院工作，虽然当时父亲还在那里工作，但我并没有得到参加父亲所主持的项目的机会。按理说，我成长在一个建筑师的家庭里，应该直接从父亲那里学习技术和设计手法，但实际上我反而因为父子关系或自己性格的原因，很少拿着方案去向父亲请教，总是喜欢按照自己的方式去做，只是对某些不太有把握的问题会让他帮忙提提意见。父亲也很少要求我把某个设计拿去给他过目。

　　在我和父亲的接触中，他对技术方面提得比较多的，一是建筑一定要充分考虑周边环境，一是对比例和尺度的把控。他自己设计的项目在这两方面都是非常讲究的。以他设计的锦江宾馆项目为例，他将建筑与环境设计融为一体，使宏伟的建筑物与周围的道路、河流、桥梁形成和谐的关系，互相衬托。建筑的比例尺度放在那个特定的环境里非常合适，即使是后来的局部改造对建筑的整体美感有所影响，但锦江宾馆在成都来说仍是新中国成立以来最重要的建筑，至今半个世纪过去了，它依然是成都的标志。

　　我在中建西南院大院里长大，很喜欢父亲设计的设计院老办公大楼。我做了建筑师之后曾去分析过它，感觉它的比例尺度和细节做得很好，施工质量也十分精细。它的风格既受当时苏联建筑的影响，细部处理又有中式的纹

建川博物馆川军抗战馆

样。从它旁边路过时，我都会抬头对建筑的细部津津有味地欣赏一番。

　　我们父子之间有时也会对设计方案发生争论，比如讨论四川大邑县的建川博物馆川军抗战馆的设计方案时就产生了争论。此馆是以我们父子二人的名义共同进行设计的。甲方邀请父亲代表成都老一辈建筑师参与这个项目，当然具体设计是由我做的。我在二层混凝土平台上面放上一个个木结构的盒子，用以表现四川地域建筑风格，并希望从建构的关系上探索一种新的方式。父亲当时不太同意，他认为结构形式应该统一，不能把混凝土结构和木结构混在一起。我坚持自己的看法，认为只有用木结构才能把传统建筑的细部最真实地表现出来。我们二人在中建西南院建筑方案评审会上讨论工作

徐尚志（中排左三）在成都锦江宾馆完成后与同事合影

时，也有意见不同而产生分歧的时候，但父亲认为这是很正常的。

《中国建筑文化遗产》：请您谈谈对您父亲的设计理论思想的看法。

徐行川：父亲的设计思想和理论研究主要表现有两个方面：一个是他于 1959 年在全国住宅设计和建筑创作座谈会上的讲话中提出的"此时·此地·此事"的设计思想，至今仍可以作为当今建筑师们的时髦口号；另一个是 1981 年在《建筑学报》上发表的《建筑风格来自民间》一文，这是在他对西南地区的民居建筑做了大量系统的调研后提出来的，当时就引起了建筑设计界的争论。如今的许多优秀建筑作品，以及现在时兴的本土建筑艺术思想，都证明了这种理论的正确性。

父亲在他的设计生涯中一直是努力实践这两种思想理论的。例如：1972 年在四川炉霍地震灾区设计的援建项目中，借鉴当地民居的建筑形式设计了既抗震又有地方风格的建筑；1981 年主持设计的肯尼亚莫伊国际体育中心建筑群，也是在调研当地民间建筑的基础上采用了风格性较强的建筑形式，建成了极获当地好评的优秀建筑，并获建设部优秀设计二等奖，此建筑成为联结肯中人民友谊的桥梁。

我十分赞成父亲在传统地域建筑方面的理论思想，这对我个人设计思想的形成也有比较大的影响。我在设计工作中很重视传统地域风格的运用，但并不是每个项目都有把传统民居和现代建筑风格结合起来的条件，所以只要有机会就会尽量去做这方面的尝试。我最早开始进行这种现代与传统民居融合的实践是 1986 年设计一所小学的教师培训中心，那是一个外圈是方形、中间是个圆形院落的建筑。当时施工图都做完了，可惜最后因为土地的问题没有建成。第二次是我 1989 年设计的拉萨贡嘎机场候机楼，在藏区做一个功能非常现代的项目，还要表现西藏建筑的风格特点，我在建筑形体上借用了藏式建筑的总体特征，又运用混凝土的塑形特性结合藏族祭祀的一些元素，形成雕塑感的局部造型，再加上很写实的细节，完成了这个既没有照搬藏式建筑做法，又有藏区建筑风格的现代建筑，此设计获得了国家银奖。

我自认为做得比较满意的作品都是与地域建筑有关的建筑，包括建川博物馆川军抗战馆。那是一个多方面把现代和传统民居结合得比较恰当的作品，无论从空间关系、结构形式、建造手法还是建筑材料都做得比较到位。父亲这方面的思想对我影响很大，虽然他没有直接给我讲要如何做方案，但从他以前的设计理念中渗透出的这种观点让我在潜移默化中认同了这样的概念，并为之付出身体力行的实践。

《中国建筑文化遗产》：请您再谈谈其他方面的感受。

徐行川：从我父亲的一生来看，他们这代建筑师的运气不太好。20 世纪 40 年代和 50 年代他在重庆和成都做了一批工程项目，但西南地区当时经济发展相对落后，像锦江宾馆这种现在看来尺度比较小的建筑在当时已经算是大型公共建筑了。20 世纪 60 年代困难时期到"文革"开始的十几年时间里基本上没有工作的机会，浪费了年富力强的大好时光。父亲于 1972 年得到完全的解放之后才开始工作，是西南院"最后一个走出牛棚的人"。他们这辈人经过了各种各样的"运动"和打压，到了真正能够发挥的时候，年龄都很大了，有的都该退休了。中国援建项目"肯尼亚莫伊国际体育中心"是他主持的最后一个大型项目。当国内大规模的建设开始时，他已离设计院的生产工作比较远了，但真正留下来的建筑，比如比较经典的锦江宾馆，对

1973 年，徐尚志（右一）在四
川炉霍大地震后于当地留影

徐尚志设计的锦江大礼堂现貌

后辈建筑师还是有很大影响的。

正因为上述经历，父亲一直到老都还有一种壮志未酬的感觉。一旦有工作的机会，他都主动揽下来做。父亲晚年在四川省人大工作，凡是省人大找他把关的项目，他都会从选址开始介入，然后亲自设计方案，到90岁时还拿着丁字尺用铅笔在小图板上画方案。他用实际行动教育我，哪怕是很小的建筑也应该认真对待。他从来不是一个追求功利的人，甚至有时候他自己想当然地对根本不可能修建的项目他也要做出方案。他们那一辈人没赶上最好的时代，我们更应该珍惜当今的岁月。

父亲早年在重庆自己开办设计事务所，但新中国成立后不可能再继续了，可他这种创业情结一直未了。所以当我要离开大设计院出来开事务所时，父亲是相当支持的。为了使报批更顺利，还用了他的名义来办：徐尚志建筑师事务所。不过父亲到了晚年却嘱咐儿女说，我家第四代不要再学建筑了，一是因为城乡的房子终归要修完，慢慢地就没有发挥空间了；二是建筑师的工作在国内受到太多外界因素的干扰，不能真正实现自己的建筑理想。这也许就是他壮志未酬的遗憾吧。

崔彤：我的"辩白"

崔彤：1962 年生，现为中国科学院建筑设计研究院副院长、总建筑师。代表作：中国科学院国家科学图书馆、中国科学院研究生院教学楼、辉煌时代大厦、北京林业大学学研中心。著有《中国建筑100 丛书——中国科学院图书馆》等。

在众多媒体、业主眼中，我和我的作品被善意地贴上了"中国的、传统的"标签，甚至称为"中国建筑精神的捍卫者"；由于"空间化的形式"和"建构化的形式"的提出，又被认为是"形式至上"；又因"研究式设计和设计式研究"的国科大建筑中心的创办，又被称作"理论型建筑师"。

这些，我似乎欣然接受，但又"受之有愧"，一方面是难以承受的荣誉，一方面恐怕是对作品的误读。其实我没那么传统，没那么形式至上，也没那么理论化。

一、没那么传统

说实话，我对中国传统的研究还不够深、不够广。现在对传统越来越关注可能是这么几个原因：

1. 父亲讲中国古典文学，母亲讲西方现代文学，父母又长年共同致力于中西文学比较。为此，父母留下来的一些资料，不看可惜。

2. 属于"被革命"过的家庭，原来家里总还有些线装书、古字画、古董家具什么的，一抄家什么都没了。小时候觉得都是"封资修"的"黑货"，今天看来都是宝贝，儿时觉得那些"腐朽、没落"的东西甚至红木家具、国画等都没入我们的"法眼"，要画也是画西洋的素描和油画。只是成年后才对"中国的"越来越稀罕，一晃，这就到"知天命"的年纪了。

3. 读研期间的论文涉及中国建筑的现代化问题，恰巧这些年又做了一些中国在海外的文化中心和大使馆的项目，中国的、传统的、文化的等等问题想躲都躲不开。也是机缘或命中注定要做这些作品，如：中国科学院国家科学图书馆、中国美术馆、国家开发银行、中国工艺美术馆及非物质文化遗产馆，都是围绕"中国问题"展开的。

"没那么传统"，是因为我只是一个建筑实践者，既不是史学家也不是考古学家。我情愿自己成为一个旁观者、思考者，这样容易让自己从容、冷静甚至叛逆，比如当我们沿着那根历时性的线索追踪时，会突然发现外来文化对我们的影响，远不及我们对世界的影响或对现代建筑的影响，但不幸的是中国传统建筑对中国本土建筑师的影响只是皮毛，中国传统建筑不是考古的、史学的、民俗的"精英史论"，就是"上下一致"的"符号化"理解。建筑实践不是全面"跪拜"的新中式，就是全面西化的"新中式"。

"没那么传统"，会让我时刻清醒"回望过去，只是为了面向未来"。因为中国人的时空观里的时间不像基督教那样是一根从过去到未来的直线，而是一种循环往复的轮回，但这个轮回也不是印度轮回中的"再现"。中国人特有的"时间之箭"是直线引导和生发的循环线，但终极是指向未来。因此，我们不需要回到历史的某个场景去再现，"还原"并不是"复制"。"还原"的目标是传统"精神结构"支撑下的优良"种子"发现、培养和生发，它需要一片肥沃土地，需要在时间的演化中成长和壮大，因此，"不那么传统"不是此时此地，而是"彼时此地"的建筑。所以说传统是动态的，传统是进化的，未来不会来自未来，未来源于过去，我寻找的是未来中的过去！

二、没那么形式至上

从年轻时，就常被人扣上"形式至上、从形式出发"的帽子，直到现在还会有人认为我过分钟情于形式和细部……

我倒是不觉得如此"误读"有何恶意，反而觉得这个老话题值得我们探究。

不可否认，我们学建筑专业的人对形式、色彩、声音有着极度的敏感性，但这并不意味着形式就要凌驾于建构、功能、空间之上，或者说形式要孤立地存在。形式或形态作为一种表象受诸多要素牵制，成为这些影响的呈现。在如此"图像阅读"的时代，我们也常被"面相"所迷惑。形式作为一种最易被人感知的表象，也因过分有形的"装束"掩盖了建筑的本质，建筑的评审、品评，最集中的"火力"还是聚焦在"作为雕塑、绘画的建筑"中，这实在不是一种进步。尤其是当前的两种极端倾向更让人失望，表现一：借以实验式数字技术，故作参数化表情，创造一种超然气度；表现二：低调式的"憨态"，在响应"城镇化"的号召下，对"乡村符号"的深入挖掘，原本那些平凡的、质朴的、慢慢生长出来的乡土建筑，被肢解、被符号化、被偷梁换柱式包裹在现代房子的外表，以表现所谓的"乡愁"。

其实，我一直对建筑的形式、空间、建构等若干要素的分解有着极大的怀疑。在人类居住之始，这三者并非如此剥离。建筑原本是这样的：首先是需要一个满足空间功能的遮蔽体，接下来是因地制宜，用适合的建构手段，如砖石砌筑和木构搭接构成一个坚固安全之所，之后便有了满足日照、遮

北京林业大学学研中心

阳、防雨、通风等基本需求的形式呈现，所谓的形式语言其实就是功能语言，如出檐是为了防雨和遮阳，木格栅窗户为了沟通内外，同时方便"推拉"和"支摘"等等。不知何时建筑形式与立面搅在一起，变成一种相当复杂的理论问题，形式也似乎可以游离于建筑的独立存在，对形式的认知不是基于比例、尺度、节奏、韵律等方面构图问题，就是表皮或界面形式问题，而这一切恰恰遮蔽了立面真实性；因为，形式原来就是功能化的形式，形式原本就是空间化的形式，形式原本就是结构化的形式。建筑形式并不独立存在，也不可能随心所欲地选取你认为的"美"包裹着与内部不相关的空间和结构。否则，我们的建筑就变成"化装舞会"或者是"披着羊皮的狼"，因此，没有依据的"表皮主义"就是一张"画"。同样，我们也不能理解一个木构建筑被砖石形态"包裹"，或者一个砖石建筑被木构形态所"伪装"的伪形式。

我们所要的形式既不是决定论下的二元对峙的转化（如功能决定形式），也不是无中生有的形式。我欣赏真实、健康、表里一致的形式呈现，中国传统建筑中木构逻辑的真实再现，结构即形式，结构美即形式美；同样，哥特式建筑也有这般优秀的品质：均质纵深的空间，束柱、交叉肋骨拱所形成清晰的建构，并由内而外的全面呈现，从而形成空间化的形式和空间的形式。现代主义早期对真实性的追求，高技派对建构的颂扬，以及"新现代建筑"对结构化形式和空间形成的进一步探索都让我们看到形式、建构、空间，彼此分离之前所应有的状态，形式从来就不可能独立存在！

三、没那么理论

我喜欢设计，喜欢画图，喜欢盖房子，这辈子恐怕也离不开这些了，没有想过深入的理论研究，只是因为画多了，见多了，招儿就多了。经验再加上几招就成了"技艺"。我不曾想几年前的偶然机会让自己的一只脚又踏入校园，于是几分欢喜几分忧，那么怎样让自己的招儿变成学生的"菜"，而且还得有"营养"，确实有点难。

眼下还在流行"建筑师教师"，也许正好赶上了这个"潮流"，四年前我在中国科学院创办了一个教学基地——中国科学院大学建筑中心，第一批硕士研究生今年毕业，他们被分到了北京市建筑设计研究院、中国建筑设计研究院、中国规划设计研究院、北京规委等处，还有学生选择了去国外深造。现在想来，这份教学工作有艰辛，更有收获，自己也得到了成长。

尽管，我们有时被称为学术型或理论型建筑师，但这些理论终究还是一些经验或感悟。的确，建筑学科从本质上讲还属应用型和实践型学科，与传统的基础学科如数、理、化、天、地、生有很大区别，也注定了它不应该是那种理论推导和求解的学科。作为一个最接地气的建筑学科，最重要的还是"在地"和遵从"地脉"，即所谓场所性和环境观；作为一个最通"人气"的建筑，归根到底还是为人服务，如宋代郭熙在《林泉高致》中所向往的可行、可观、可游、可居的人居环境；作为一个最具"匠气"的建筑专业，最终还是要被建造出来，建构的技艺和工匠精神是"好活儿"的必然条件。

建筑是行与言、心与行、悟与心"二元中和"的产物。行、言、心、悟相互支撑、相互作用、相互转化，构成了一个动态平衡的开放体系。

行胜于言：建筑设计是行动主导下的图像建构，过度的建筑理论会产生副作用。行胜于言的重要性在于建筑设计应归于建筑实践的本源，让思想蕴含在物体之内，显现建筑真实存在的意义。设计作为"劳作"，可以认知手工技艺如何决定机械技艺，又如何影响电脑科技。行胜于言，在于动手。

心胜于行：建筑师有别于工匠，在于学会思考"如何思考建筑"。心胜于行强调建筑师的"精神结构"对"身体结构"控制的对应关系，表现在心体合一、手脑共用，方可练就一双思考的手。肢体的感知、直觉的判断最终借助理性的智慧产生一种思辨的力量。

悟胜于心：设计过程是一种修炼的过程。设计中不断地积累、放弃、酝酿，终会有一个觉悟。"悟"源于实践之上，发展为超理性的感知系统，"觉悟"可以为苦思冥想，辗转心神之间，虽寄迹翰墨，以求景象万千。言、行、心、悟彼此氤氲化醇，最终获得对事物本质的认知。因此，不存在未经培训的先知先觉，设计便是"心思"和"觉悟"。

我以为有了行、言、心、悟便可以不那么理论，不那么形式至上，不那么传统，便可以无为而治。

后记：为"自白"的自白

金磊

金磊：中国文物学会 20 世纪建筑遗产委员会副会长、秘书长，《中国建筑文化遗产》《建筑评论》"两刊"总编辑。

　　如果说策划主编出版《建筑师的童年》一书是让我感慨且感动的事，那么 2014 年 5 月 28 日，在位于全国重点文物保护单位、拥有三百五十多年历史的克勤郡王府中的北京第二实验小学举办"建筑文化的'乡愁'记忆——《建筑师的童年》首发暨出版座谈会"更使我动容。在三个多小时的座谈会上，被感染的不仅仅有该书的二十几位亲临现场的作者，更有来自北京八所大、中、小学图书馆的馆长，还有建筑界内人士，也有为此无法释怀的传媒界朋友。

　　《建筑师的童年》一书出版后，出乎我的意料，业界有一定反响；这完全要感谢 41 位年龄相距 50 载的"三代"建筑学人的心声与挚语。值得庆幸的是《建筑师的童年》出版整一年后，它竟重印了两次，足以见出这类质朴的建筑人文类图书对业界内外的用处。事实上，在 2014 年 5 月 28 日出版会上，已有不少建筑学同仁建言，应将此题目继续做下去，应做出建筑界人生职业教育的"三部曲"。我很激动，当时也无法表态。不过我想到，已故的中国建筑工业出版社杨永生编审是当代中国建筑出版大家，他从《中国四代建筑师》的图书创举，到建筑百家系列的数十集著作的出版，都是在离休后策划完成的；他生前曾是我们编辑部的学术顾问，他身后更是我们的精神支柱及为人楷模。杨总是个对题材极具挖掘能力的人，他在 1999 年版《建筑百家书信集》"编者的话"中自责："懊悔这件事办晚了，遗憾多多。"在思考研究以后，我于 2014 年 9 月正式向近六十位业界建筑设计大家提交了《建筑师的自白》的稿件邀请函。以下说说其中几次修改的邀请函主旨及观点，以来呈现此书的形成过程。

如果说，读书与著书是推开生命的另一扇门，那我代表《中国建筑文化遗产》与《建筑评论》"两刊"发自肺腑地表示：我们要深入做好文化为魂的建筑出版与研究，在怀着希冀前行时，要勇于给建筑师以洗礼的庄严与激情，绝不做思想的缺席者。为此，近来在反复思考"诘问"一词时，从它"追问、责问、质问"的含义中，感受到中国建筑界需要文化思辨的力量，中国建筑出版物的确需要太多的思想申诉与檄文。有时我想，圣哲王阳明的"知行合一"学说之所以影响至今，是因为不仅思想要成为行动之头脑，行动更要成为思想之躯体。于是我们决定在《建筑师的童年》一书之后，再请中国建筑师——中国新一代"建筑思想家们"做一本新书。如果说传承中国建筑文化是一种责任和使命，那我更以为要告知中国及世界：卓越建筑师的涌现，不仅使我们城市精神的天空星光灿烂，更描绘出了中国建筑文化的"思想地图"，这是中国建筑界应受瞩目的精神高地之一。

《建筑师的自白》一书中的"自白"含义异常丰富，有表明自身意图、披露内心隐秘的本意，更指轻松、坦诚地表达各自对建筑的热爱与喜忧。建筑师的生涯有太多的苦涩酸甜：有平淡无奇的设计，也有智慧启悟的一次次远征；有新高地的跋涉，也有理念探寻的未尽思考；有不止息的创作与屡屡受挫，也有人到无求品自高的境界；有市场打拼的艰辛，也有奋争中的所见所闻与所事所言。有成功，有失败，有兴奋，有悲怀。基于此：我坦言用"自白"为建筑师、也为行业书写感言的体验是极有意义的题目，或许这种求索是痛苦的，是一种对传统观念的背离，是人生的体悟和境界的反照，是一种极其宝贵的自省与反思，可它定将带来思考上的飞跃，成为有深度的小结。《建筑师的自白》一书，汇集了新中国一同走来的一个优秀的建筑师的群体，这里有意味隽永的生命故事，有撼人心魄的心灵感悟，更有对中国建筑未来发展的精心创作与广义的文化思考。

如果说《建筑师的童年》一书是为了表达建筑师的人文情感与"乡愁"追求，那么本书则旨在反映建筑师的理性追求，表达中国优秀建筑师群体的"建筑思想界"之动态，它力求填补长此以往视建筑师存有理性"空白"的怪圈之说，它要回答中国建筑师是有理性与创意的，"奇奇怪怪的建筑"不属于这个群体。从《建筑师的童年》到《建筑师的自白》有一定跨越，但它们的共同旨趣都在撬动长期隐藏在建筑师心中的创意点。"自白"一词有许多释义，我最初想到这个词，是因想到中国共产党早期的领袖之一、学贯中西的杰出文化人瞿秋白，在他从被捕到牺牲的四个月中，他从未停止过对理想的思索。他在狱中所写的自白《多余的话》中说："这世界对于我依然是非常美丽的，一切新的、斗争的、勇敢的都在前进……"那么，建筑界何以从革命知识分子瞿秋白的"自白"引申到建筑师的自白呢？当下中国建筑师在以设计为生计时，还需要自白吗？其实，城市化发展的高速时代，何以重建我们的文化；缺乏反思的碎片化时代，建筑师如何不盲目地感性设计，都是我们应该"自白"的命题。还有重实际、重实效、重实证的费孝通先生，曾因历史原因造成了他一段时期的学术空白，1985 年费老就写了一篇"自白"——《社会调查自白》，他说："时代变了，时代对我们的要求也变了。怎能还安心在茶馆吃茶呢？"多么意味深长的话语及警示。

我很欣赏美国杰出的建筑家与规划师罗伯特·格迪斯写的《适合——一个建筑师的宣言》一书，在书中，他说，建筑、景观和城市的设计应遵循"适合"的原则，即：与建筑目的相适合，与周围环境相适合，与未来改建相适合。这本仅五万字的小书充满着建筑师的"宣言"，酷似"自白"主题语。书中，罗伯特·格迪斯批评道："对一些建筑师而言太喜欢扮演角色，'自主性'似乎有着不可抗拒的吸引力，甚至在说'建筑就是建筑师为自己所做的设计……我最好的作品没有任何目的'。这种自我陶醉的言论或许只是一种挑衅，它不符合'适合'原则，他们简直不明白为何设计。"建筑不是凭空的艺术，它留下的自白语义是：建筑同时根植于社会和物理之中，建筑的一切都需要体验，需要理解，人类解读建筑，不仅要看表面，更要读懂建筑中蕴含的丰富情感。作为建筑的更高层面，建筑的遗产是形式、更是内容，是重要的设计思想传承。

《建筑师的自白》在长达九个月的策划与组稿中，要感谢51位"一线"建筑大家提供的优秀文稿，感谢他们从不同侧面阐发了建筑文化与心灵的"自白"；感谢《中国建筑文化遗产》《建筑评论》"两刊"编辑部的苗淼、李沉、朱有恒、冯娴、董晨曦、陈鹤等人的积极参与，他们或主动采编，或整理文稿，或查阅历史信息，给我以"多臂"之力。

《建筑师的自白》一书是时代的产物，是中国建筑师的对话，是一种新形势下的"建筑评论"，我由衷地寄希望于它。它有望成为令业界内外信服的中国建筑文化自觉、自信的"声明书"。如果这种平台作用起到了，那么我们的工作就是有价值的。

2015 年 12 月于北京